U0313081

奇异微分方程边值问题
解的研究

曹忠威　祖　力　著

吉林财经大学出版资助图书

科学出版社

北　京

内 容 简 介

非线性奇异微分方程边值问题与奇异积分方程问题是方程理论中的重要课题,是科学研究和解决技术问题的主要工具,具有广泛的应用价值,它丰富的理论和先进的方法为解决当今科技领域中层出不穷的非线性问题提供了富有成效的理论工具,在处理实际问题中发挥着不可替代的作用,对于这类方程的求解也因此成为了研究的热点和难点之一. 本书在前人研究的基础上,利用不动点定理证明出了弱奇性条件下奇异微分方程周期正解的存在性、奇异积分方程正解的存在性、脉冲微分方程正解的存在性,重点强调的是弱奇性有助于周期解的存在. 为了验证理论,本书还列举了四阶边值问题、$(k,n-k)$ 共轭边值问题、二阶奇异耦合 Dirichlet 系统、二阶脉冲奇异半正定 Dirichlet 系统等实例来说明,并利用上下解定理和锥不动点定理得到系统存在多个正解的条件. 对于一维 p-Laplace 二阶脉冲奇异微分方程,利用 Schauder 不动点定理和 Leray-Schauder 非线性变换获得一个普遍适用的存在性原则,并利用 Arzela-Ascoli 定理得到正解的存在性.

本书内容充实、研究深入、论证严谨、写作思路清晰,适合数学专业高年级本科生、非线性泛函分析方向或应用微分方程方向研究生及对边值问题研究有兴趣的科研人员阅读参考.

图书在版编目(CIP)数据

奇异微分方程边值问题解的研究/曹忠威,祖力著. —北京:科学出版社,2017.8

ISBN 978-7-03-054047-8

Ⅰ.①奇… Ⅱ.①曹… ②祖… Ⅲ.①微分方程-边值问题-研究 Ⅳ.①O175.8

中国版本图书馆 CIP 数据核字(2017)第 182974 号

责任编辑:张中兴 梁 清/责任校对:彭 涛
责任印制:徐晓晨/封面设计:迷底书装

科学出版社 出版
北京东黄城根北街 16 号
邮政编码:100717
http://www.sciencep.com

北京教图印刷有限公司 印刷
科学出版社发行 各地新华书店经销

*

2017 年 8 月第 一 版 开本:720×1000 B5
2017 年 11 月第二次印刷 印张:11 3/4
字数:251 000
定价:**51.00 元**
(如有印装质量问题,我社负责调换)

作 者 简 介

曹忠威，女，1981 年 2 月出生．副教授，理学博士，吉林财经大学应用数学学院副院长，吉林省数学会理事，荣获吉林财经大学"青年学俊"、"巾帼建功标兵"、"青年教师之星"、"亚泰杯最受欢迎教师"等荣誉称号，是省级优秀教学团队和校级优秀团队主要参加人，省级精品课以及省级优秀课主要参加人．

曹忠威副教授的主攻专业为应用数学，研究方向为微分方程，近年来以第一作者身份在 *Nonlinear Analysis*, *Journal of Nonlinear Science Applications* 等国际学术刊物上公开发表 SCI 检索论文 5 篇，EI 检索论文 1 篇，获得吉林省自然科学学术成果奖二等奖和三等奖各 1 项，校级特等奖和二等奖各 1 项．主持完成国家自然科学基金项目 1 项，参与国家自然科学基金项目 1 项；主持省厅级科研项目 4 项，教研项目 2 项；参与吉林省厅级科研项目 8 项，教研项目 2 项；公开出版教材 1 部．获得吉林省教育厅省级二等奖和三等奖各 1 项，获吉林财经大学优秀教研成果二等奖 1 项，青年教师教学竞赛三等奖 1 次．带领本科生参加全国大学生数学建模竞赛多次获得省级一等奖和二等奖．多年来，承担微积分、线性代数、高等代数、概率论与数理统计、数学实验等多门通识基础课和专业课的讲授．

祖力，女，1979 年 4 月出生．2002 年在东北师范大学取得理学学士学位，2007 年、2013 年在东北师范大学分别取得应用数学专业硕士学位和博士学位．2002 年 7 月—2014 年 7 月在长春大学理学院任教，2014 年 8 月至今在海南师范大学数学与统计学院任教．荣获 2016 年海南省"515 人才工程"第三层次人才称号．

祖力副教授的主攻专业为应用数学，研究方向为常微分方程和随机微分方程．自 2007 年以来，在 *Communications in Nonlinear Science and Numerical Simulation*, *Journal of Mathematical Analysis and Applications*, *Nonlinear Analysis-Real World Applications* 和 *Applied Mathematics and Computations* 等 SCI 检索期刊上发表论文十余篇．

前　　言

非线性常微分方程奇异边值问题来源于力学、边界层理论、反应扩散过程、生物学等应用学科, 是常微分方程理论中一个重要的研究课题. 自上世纪以来, 奇异常微分方程经常出现在许多应用学科的数学模型中, 大量的关于特征形式的奇异方程的边值问题的研究结果也随之出现. 由于奇异边值问题在应用数学中的地位越来越重要, 近五十年来, 数学工作者开始系统地研究这类问题. 他们在常微分方程边值问题、泛函微分方程边值问题和定性理论方面, 在非线性力学边界层理论和反应扩散过程方面, 以及在生态学等方面都做出了有一定深度、难度和分量的工作. 对这方面的问题进行理论分析, 即研究边值问题与周期解的存在唯一性、稳定性及渐近性等, 建立先验估计, 可以为数值计算和实际应用提供信息资料. 常微分方程边值问题涉及二阶及高阶常微分方程边值问题, 其中最突出的工作是奇异问题的研究工作, 例如天体力学中的 N 体问题、边界层理论、反应扩散理论、非 Newtonian 流理论等.

本书致力于研究弱奇性场合下半正的微分、积分方程 (组) 周期正解的存在性. 众所周知, 通过对线性齐次的 Hill 方程添加奇异扰动项可构成一般形式的二阶奇异方程, 习惯上称之为奇异扰动方程. 这类方程可用于描述工程、物理和天文学等领域的诸多现象, 如 Brillouin 聚焦、非线性拉伸以及引力场等. 就数学理论本身而言, 非线性扰动方程蕴含着丰富的动力学性质, 如周期性、概周期性、拟周期性与混沌等. 脉冲现象作为一种瞬时突变现象, 在现代科技各领域的实际问题中普遍存在. 这类系统在航天技术、信息科学、控制系统、通信、生命科学、医学、经济领域均被重要应用. 鉴于上述背景, 近二十年来, 许多分析学家逐渐开始关注二阶奇异微分方程的基本数学理论, 尤其是在实践中具有广泛意义的周期解的存在性问题, 以及脉冲现象对系统一个或多个正解存在性的影响. 研究弱奇性理论完全可能发现新的数学现象, 并在这一过程中发展新的分析工具. 从这个意义上讲, 本书从事的研究是分析数学领域里一项很有意义的基础性工作. 将现有结果推广到更一般的扰动方程或耦合系统中去, 同时获得一些更深刻更本质的结果, 尤其是最优条件. 具体地讲, 在借鉴并综合利用现有方法和工具的基础上, 考虑了更加一般的甚至是全新的微分、积分方程 (组) 周期正解的存在性.

本书共分 6 章, 主要研究工作如下:

(1) 首先利用 Schauder 不动点定理证明了半正情形下奇异微分方程周期解的存在性; 其次, 利用 Leray-Schauder 二择一原则和锥不动点定理证明带有非线性扰动 Hill 方程周期正解的存在性和多重性.

(2) 弱奇性条件下利用 Schauder 不动点定理对奇异积分方程正解的存在性进行讨论; 其次利用锥不动点定理和 Leray-Schauder 非线性二择一定理, 讨论了在正的情形和半正情形下奇异积分方程多重正解的存在性; 最后举例加以说明.

(3) 对于二阶非自治奇异耦合系统周期解的存在性、二阶奇异耦合积分方程组正解、$(k, n-k)$ 耦合边值问题正解的存在性, 构造适当的格林函数, 利用锥不动点定理, 分情况进行深入论证.

(4) 对于脉冲微分方程, 研究了二阶脉冲奇异半正定 Dirichlet 系统, 并利用上下解定理和锥不动点定理得到系统存在多个正解的条件; 研究了一维 p-Laplace 二阶脉冲奇异微分方程, 利用到 Schauder 不动点定理和 Leray-Schauder 非线性变换获得一个普遍适用的存在性原则, 并利用 Arzela-Ascoli 定理得到正解的存在性.

本书是在国家自然科学基金项目 (项目编号: 11426113)、吉林省科技发展计划项目 (项目编号: 20160520110JH)、吉林财经大学校级重点项目 (项目编号: 0800091602)、吉林财经大学 2016 年专著出版资助计划的资助和支持下完成的.

由于作者水平有限, 书中难免有考虑不周和疏漏之处, 诚请广大读者批评指正.

曹忠威　祖　力

2017 年 3 月

目　　录

第1章 绪　　论

1.1　概　　述

非线性泛函分析理论与应用的研究, 特别是近几十年来, 国内外的很多学者都做了大量而深刻的工作, 取得了丰硕的成果. 例如, 张恭庆教授、陈文原教授、郭大钧教授、章梅荣教授、孙经先教授、蒋达清教授、储继峰教授等都在这个领域做出了深刻的工作. 国外一些著名的数学家, 如 D.O'Regan、E.N.Dancer、F.E.Browder、H.Aman、H.Brezis、J.Nieto、K.Deimling、M.A.Krasnosel'skii、N.S.Trudinger、J.R.L. Webb、R.P.Agarwal 等教授在这一领域也做了许多很好很丰富的结果.

郭大钧先生等在专著 [1] 和综述报告 [2] 中, 介绍了如何利用锥理论研究非线性问题, 在专著 [3] 中研究了非线性分析中的半序方法, 总结了几年来的最新成果. 在专著 [4] 中讨论了各种各样积分方程解的存在性. 在专著 [5] 中研究了非线性常微分方程的函数方法. Deimling 的专著 [6] 包含了非线性泛函分析这一领域各方面的成果. 抽象空间中的常微分方程是近年来新发展起来的数学分支, 它把泛函分析理论和微分方程理论相结合, 借助泛函分析的方法研究抽象空间的微分方程. 国内在这一课题的第一本著作是郭大钧教授和孙经先教授的专著 [7], 概括了 Banach 空间的常微分理论和方法. 文献 [8]—[11] 综述了抽象空间中非线性微分方程各个分支的内容, 包括证明解得存在性所用的方法和解的某些性质. 文献 [12] 是一篇综述报告, 概括了微分方程发展的最新成果. 非线性常微分方程奇异边值问题的研究, 虽然是非线性问题中一个困难而有趣的方面, 但在气体动力学、流体力学、边界层理论及传染病模型等实际问题中始终有着重要而广泛的作用. 著名的爱尔兰数学家 D.O'Regan 在专著 [13] 中对此类问题做了详细系统的论证.

随着科学家对自然界求知欲的增强, 研究微分方程周期解问题的工具和方法层出不穷, 如非线性泛函分析、最优控制论、临界点理论、牛顿连续性方法、连续同伦方法等 [14-34]. 奇异微分方程在伯努利聚焦系统 [35-38] 和非线性拉伸系统 [39, 40] 中都有应用, 文献 [41] 指出了 Ermakov-Pinney 方程正解存在性, 在纯量牛顿周期解的存在性和稳定性方面所发挥的作用. 近年来, 带有奇异扰动的非自治 Hill 方程的周期正解的存在性和多重正解的存在性吸引了众多科研工作者的注意, 也有了一些文献 [40], [42]—[49]. Fonda、Manásevich 和 Zanolin 在文献 [50] 中利用 Poincaré-Birkhoff 定理在一定条件下, 方程 $x'' + g(t, x) = 0$ 周期正解的存在性进行了证明. del Pino 和 Manásevich 也在文献 [39] 中给出了方程无穷多个周期解的存在性的证明. 同样地, del Pino, Manásevich 和 Montero 在文献 [40] 中证明了方程 $x'' + g(t, x) = h(t)$ 至少存在一个周期正解.

积分方程是继微分方程之后出现的一个新的重要的近代数学的分支, 与微分方程、计算数学、泛函分析、位势理论和随机分析都有密切的联系 [51−57]. D.HillDert 曾表示 [58], 积分方程对于定积分理论、线性微分方程理论、级数理论、变分法都非常重要 [52, 54]. 积分方程是科学研究和解决工程问题的重要数学工具, 在电动力学、静电学、弹性力学、流体力学、辐射学、电磁场理论、地球物理勘探以及航空航天、机械、土木等领域的研究中, 许多问题都可以转化为求解对应的积分方程, 因而有着非常广泛的应用 [51−57],[59].

一大批研究学者 V.Volterra、I.Fredholm 和 E.Schimidt 等关于积分方程的出色工作, 在相当长一段时间内使得积分方程这门学科的研究与探索成为了世界性的狂热, 也令积分方程的研究从深度和广度都有了巨大的进步和发展, 出现了大量的文献, 具有相当大的应用价值. 在我国, 最早从事积分方程研究的老一辈专家和学者有张世勋教授、陈传璋教授、张石生教授等. 随着泛函分析理论的发展和完善, 科学家把微分方程的研究置于抽象空间的框架里, 令积分方程的理论更加完善, 应用也日益广泛, 进一步为微分–积分方程的研究奠定了基础. 由于实际问题的需要, 非线性积分方程的研究出现了很多的结果. 但是, 对一般的非线性积分方程缺乏系统的理论, 对于方程的可解性的讨论也很困难 [4]. 一段时间内, 因为积分方程本身的复杂性, 学者的研究热度有所下降 [52], 但随着计算机科学技术的迅猛发展, 为科学界和工程界提供了非常有利的计算工具, 借助计算机大容量、高速度的特点, 可以用精确的符号计算, 机械化地实现积分方程求解, 使得积分方程及其应用的研究随之活跃起来, 相关的杂志、会议、出版物不断涌现, 预示着积分方程及其应用的研究又可能出现新的高潮 [54−57].

我们主要感兴趣的是 Hill 方程的扰动

$$x'' + a(t)x = f(t, x), \tag{1.1.1}$$

其中 $a(t)$ 连续且是 T-周期函数, 非线性项 $f(t,x)$ 连续且关于 t 是 T-周期的, $f(t,x)$ 在 $x = 0$ 有奇性. 由于在天体力学中有重要应用, 方程 (1.1.1) 一直是很多数学工作者关注的对象, 考虑较多的是方程 (1.1.1) 周期正解的存在性, 即方程 (1.1.1) 满足下面边值条件的正解:

$$x(0) = x(T), \quad x'(0) = x'(T). \tag{1.1.2}$$

从物理意义来解释, 方程 (1.1.1) 在 $x = 0$ 具有排斥奇性, 如果

$$\lim_{x \to 0^+} f(t,x) = +\infty, \tag{1.1.3}$$

关于 t 一致成立, 方程 (1.1.1) 在 $x = 0$ 具有吸引奇性, 如果

$$\lim_{x \to 0^+} f(t,x) = -\infty, \tag{1.1.4}$$

关于 t 一致成立. 总的来说, 方程 (1.1.1) 在 $x = 0$ 具有奇性, 如果 $\lim_{x \to 0^+} f(t,x) = \infty$, 关于 t 一致成立, $f(t,x)$ 在 $x = +\infty$ 处超线性指的是

$$\lim_{x \to 0^+} \frac{f(t,x)}{x} = +\infty, \tag{1.1.5}$$

关于 t 一致成立. 奇异性的相互作用最典型的应用是静电学和万有引力. 比如在伯努利聚焦系统 [35–38] 和非线性拉伸系统 [39, 40] 中都有应用, 奇异拉格朗日系统的无碰撞周期轨道的存在性问题也吸引了许多数学家和物理学家的广泛关注. 如文献 [60]–[66] 在这个领域主要分为两大研究主线, 第一条是变异的方法. 对于吸引的情况, 在奇点附近去确定在奇点有没有发生碰撞的临界点, 某些条件是十分必要的. 众所周知的例子是强制性条件, 它第一次是 Gordon 在文献 [67] 中命名的, 虽然这个想法最初时 Poincaré 在文献 [68] 中提出的, 这个条件在吸引情况中, 避免碰撞已经广泛应用起来. 考虑方程

$$x'' + g(t,x) = 0. \tag{1.1.6}$$

第一种情况, 超线性情形, 当 $g(t,x) = g(x) - h(t)$, 即 (1.1.6) 是线性自治 (即可积) 方程的扰动, 其中 $g \in C((0,\infty), R)$. 在 $x = 0$ 满足强制性条件:

$$\lim_{x \to 0^+} g(x) = -\infty, \quad \lim_{x \to 0^+} \int^x g(x) dx = +\infty,$$

在 $x = +\infty$ 满足超线性条件: $\lim\limits_{x \to +\infty} \dfrac{g(x)}{x} = +\infty$. 当 $g(t,x)$ 在 $x = +\infty$ 满足超线性条件且在 $x = 0$ 点满足强制性条件: 存在正常数 c, c', μ 使得 $\mu \geqslant 1$ 时, 对于所有的 t 和充分小的 x 有

$$c'x^{-\mu} \leqslant -g(t,x) \leqslant cx^{-\mu}. \tag{1.1.7}$$

显然, 奇异方程 (1.1.6) 的动力学行为和正则情形非常类似.

第二种情况, 当 $g(t,x)$ 在 $x = +\infty$ 满足半线性增长阶条件, del Pino、Manásevich 和 Montero 在 [40] 中证明方程

$$x'' + g(t,x) = h(t) \tag{1.1.8}$$

至少存在一个正周期解. 若 $g(t,x)$ 在 $x = 0$ 满足 (1.1.7), 在 $x = +\infty$ 满足下面的非共振条件: 存在整数 $k \geqslant 0$ 和充分小的正数 ϵ, 使得

$$\left(\frac{K\pi}{T}\right)^2 + \epsilon \leqslant \frac{g(t,x)}{x} \leqslant \left(\frac{(K+1)\pi}{T}\right)^2 - \epsilon \tag{1.1.9}$$

对于所有的 $t \in [0,1]$ 和 $x \gg 1$ 成立.

以上关系章梅荣教授在文献 [38] 中有所揭示, 并且对方程 (1.1.8) 在半线性情形做了一些工作, 在文献 [69] 中, 指出周期和反周期特征值在研究方程 (1.1.8) 正周期解存在性的问题中起到了重要的作用, 进一步揭示了与正则情形不一样的现象, 这些结果是应用重合度理论 [49] 得到的, 证明周期解存在性的方法, 除了重合度理论, 还有上下解方法, 如文献 [70]. 上下解理论同样是处理非奇异问题基本又重要的工具, 参考文献 [71]. 对于半线性奇异方程

$$x'' + a(t)x = \frac{b(t)}{x^\lambda} + e(t), \tag{1.1.10}$$

$a, b, e \in L^1[0,T], \lambda > 0$. $e(t)$ 可以取负值. 研究这类方程的兴趣起始于 Lazer 和 Solimini 的论文 [72], 他们证明了当 $a(t) \equiv 0, b(t) \equiv 1, \lambda \geqslant 1$ (即 Gordon 在文献 [67],[73] 中所定义的强制性条件) 时, 正周期解存在的充要条件是 c 的平均值小于 0, 即 $\bar{c} < 0$. 另外, 当 $0 < \lambda < 1$ 时, 他们找到了 $\bar{c} < 0$ 并且周期解不存在的例子. 从此, 强制性条件成了相关研究工作中的标准, 相关文献有 [38]—[40], [44], [47], [50], [74]—[79], 最近有文献 [80] 以及它们的参考书. 具有强奇性使原点

附近的能量变成无穷, 并且这个事实对于经典的度理论应用中所需要的先验约束和 Poincaré-Birkhoff 定理的快速旋转研究有很大的帮助.

关于全连续算子的锥不动点定理在研究方程正解的存在性问题上, 特别是研究可分离边值问题时发挥了非常重要的作用, 见文献 [81], [82]. 关于周期问题, 参考文献并不是特别丰富, 主要是因为应用锥不动点定理需要考虑格林函数的符号, 事实上对于周期问题, 研究格林函数的符号是很困难的. 值得一提的是, Torres 在文献 [48] 中, 根据文献 [84] 所发展的 L^α-反最大值原理成功地克服了困难, 并且结合格林函数的性质和锥压缩拉伸不动点定理研究了二阶微分方程周期解的存在性, 并将 I.Rachunkova、M.Tvrdy 和 I.Vrkoc 的工作进行了改进, 得到了弱奇性条件下的一些结果. 蒋达清教授在文献 [76] 和 [85] 中还得到了超线性排斥奇异周期边值问题多重正解的存在性和超线性排斥奇异方程多重正周期解的存在性, 分别研究是正的情形和半正的情形, 并给出具体的例子来验证结果. R.P.Agarwal 和 D.O'Regan 关于积分方程作了详细的研究, 见文献 [86]—[93], 证明了 Volterra 型和 Fredholm 型奇异积分方程解的存在性或多个解的存在性.

近来, Torres[81] 考虑了二阶半线性奇异方程 (1.1.10) 周期正解存在性的问题. 定义函数 $\gamma(t) = \int_0^T G(t,s)e(s)ds$, $\gamma_* = \min\limits_t \gamma(t)$, $\gamma^* = \max\limits_t \gamma(t)$. 在文献 [81] 中, 利用 Schauder 不动点定理证明了在 $\gamma^* > 0, \gamma_* = 0$ 和 $\gamma^* \leqslant 0$ 情况下, (1.1.10) 周期正解的存在性. 需要指出的是, 在 $\gamma_* = 0$ 和 $\gamma^* \leqslant 0$ 时, 弱奇性有助于周期解的产生, 用到了 $0 < \lambda < 1$ 这个条件. 并且, 在强制力条件下, 上述结果能不能成立还是未知的. 对照强制性的相关文献, 在弱奇性条件下周期解的存在性只是在最近研究了一些, 并且参考文献也比较少, 第一次关于存在性结果的研究出现在文献 [47] 中. 文献 [81] 中虽然解决了 $e(t)$ 变号的情况, 但却没有考虑到无穷远处的性质, 没有利用增长阶条件. 文献 [94] 中, 储继峰和 Torres 推广了文献 [81] 的结果, 考虑了如下二阶半线性奇异方程的周期问题

$$x'' + a(t)x = \frac{b(t)}{x^\alpha} + d(t)x^\beta + e(t), \qquad (1.1.11)$$

其中, $a, b, d, e \in C[0, T]$ 且 $\alpha, \beta > 0$. 利用 Schauder 不动点定理, 证明了当 $\gamma^* > 0$ 或 $\gamma_* = 0$ 时, (1.1.11) 周期正解的存在性. 文献 [16] 中, 储继峰, Torres 和章梅荣研究了二阶非自治动力系统周期正解的存在性, 并且对如下方程组进行了研究:

$$
\begin{cases}
x'' + a_1(t)x = \sqrt{(x^2+y^2)^{-\alpha}} + \mu\sqrt{(x^2+y^2)^{\beta}} + e_1(t), \\
y'' + a_2(t)y = \sqrt{(x^2+y^2)^{-\alpha}} + \mu\sqrt{(x^2+y^2)^{\beta}} + e_2(t),
\end{cases}
$$

其中, $a_1, a_2, e_1, e_2 \in C[0,T], \alpha, \beta > 0, \mu \in R, e_1, e_2$ 不一定是正数.

定义函数 $\gamma_i(t) = \int_0^T G_i(t,s)e_i(s)ds, \ i=1,2. \ \gamma_* = \min\limits_{i,t}\gamma_i(t), \ \gamma^* = \max\limits_{i,t}\gamma_i(t).$ 当 $\gamma_* > 0, \gamma_* = 0$ 时, 给出了弱奇性条件下, 方程组周期正解的存在性. 但是, 并没有真正解决 $e(t)$ 变号的情况, 他所考虑的都是 $e(t) \geqslant 0$ 的情形.

基于上述文献的思想, 本书是 Torres 和储继峰工作的延续, 重点研究了弱奇性条件下微分方程周期正解的存在性, 并且考虑到增长阶条件, 研究二阶半线性奇异方程 (1.1.11), 当 $\gamma^* \leqslant 0$ 或者 $\gamma_* < 0 < \gamma^*$ 时, 周期正解的存在性, 并随之推广到弱奇性条件下的二阶奇异耦合方程组周期正解的存在性, 得到了非常漂亮的结果. 可以说, 方程组解决半正问题少之又少, 解决耦合方程组的实际例子也很难找到. 并且, 我们是在 $G(t,s) \geqslant 0$ 的条件下证明的. 不能用传统的锥不动点定理实现, 锥不动点定理只能解决正的问题, 我们巧妙地利用了 Schauder 不动点定理来证明. 随后, 在 $G(t,s) > 0$ 条件下, 我们没有利用传统的重合度理论和上下解的方法, 而是利用 Leray-Schauder 二择一定理和锥不动点定理, 得到了奇异非线性 Hill 方程多重周期正解的存在性, 并给出了一个最经典的例子. 这是在之前文献中所没有的, 它指出了半正情形下带有增长阶的奇异微分方程周期正解的存在性.

接下来, 我们把微分方程得到的结果推广到积分方程, 同样在 $G(t,s) \geqslant 0$ 的条件下得到了弱奇性奇异积分方程和耦合方程组正解的存在性, 在 $G(t,s) > 0$ 的条件下得到了奇异积分方程多重正解的存在性. 不同的是, 多了可积性条件才能实现, 这一点要格外注意. 计算过程有些复杂, 但我们还是做到了, 为了验证理论, 我们还列举了四阶边值问题, $(k, n-k)$ 共轭边值问题等实例来说明. 特别地, 关于二阶奇异耦合 Dirichlet 系统周期正解的存在性也进行了详细说明.

全书共分 6 章.

第 1 章, 简要综述微分方程、积分方程的发展历史, 并且给出了本书要用到的相关知识内容, 介绍本书的主要工作.

第 2 章, 首先利用 Schauder 不动点定理证明了半正情形下奇异微分方程周期解的存在性以及二阶非自治奇异耦合系统周期解的存在性; 其次, 利用 Leray-Schauder 二择一原则和锥不动点定理证明带有非线性扰动 Hill 方程周期正解的存在性和多重性, 给出具体例子, 对于储继峰之前所研究的弱排斥 Hill 方程多重正周期解存在性给出更具普遍性的例子进行解释说明.

第 3 章, 首先在弱奇性条件下利用 Schauder 不动点定理对奇异积分方程和耦合方程组正解的存在性进行讨论; 其次我们利用锥不动点定理和 Leray-Schauder 非线性二择一定理, 讨论了在正的情形和半正情形下奇异积分方程多重正解的存在性; 最后举例加以说明.

第 4 章, 先研究了弱奇性二阶奇异耦合微分方程组周期正解的存在性并针对弱奇性二阶奇异耦合积分方程组给出正解存在性的充分条件. 对于弱奇性 $(k, n-k)$ 耦合边值问题, 利用 Schauder 不动点定理得到正解的存在性.

第 5 章, 主要研究了脉冲微分方程. 对于二阶脉冲奇异半正定 Dirichlet 系统, 利用锥不动点定理得到了多个正解存在的充分条件, 并讨论了一维 p-Laplace 二阶脉冲奇异微分方程正解的存在性.

第 6 章, 给出了一个具体实例, 即二阶奇异耦合 Dirichlet 系统正解的存在性, 然后给出结论.

1.2 预 备 知 识

定义 1.2.1 设 X 为实 Banach 空间, K 是 X 中的闭凸子集, 如果它满足

(1) 若 $x \in K, \lambda \geqslant 0$, 则 $\lambda x \in K$;

(2) 若 $x \in K, -x \in K$, 则 $x = 0$.

则称 K 是 X 中的闭锥 (简称锥).

若假设 Hill 方程

$$x'' + a(t)x = 0 \tag{1.2.1}$$

满足下面的标准条件:

(A) 关于非奇次周期问题

$$x'' + a(t)x = e(t), \quad x(0) = x(T), \quad x'(0) = x'(T) \tag{1.2.2}$$

的格林函数 $G(t,s)$ 满足 $G(t,s) > 0, \ \forall \ (t,s) \in [0,T] \times [0,T]$.

(B) 若 (1.2.2) 的格林函数 $G(t,s)$ 满足 $G(t,s) \geqslant 0, \ \forall \ (t,s) \in [0,T] \times [0,T]$.

换句话说, 条件 (A) 或者 (B) 保证了问题 (1.2.2) 的反最大值原理成立. 在这任意一种条件下, (1.2.2) 的解都可以表示成

$$x(t) := \int_0^1 G(t,s)e(s)ds. \tag{1.2.3}$$

文献 [84] 证明, 如果 $a(t)$ 满足 $a \succ 0$, 则 $G(t,s)$ 的正性等价于

$$\underline{\lambda}_1(a) > 0, \tag{1.2.4}$$

其中符号 $a \succ 0$ 意思是 $a(t) \geqslant 0$, $\forall\, t \in [0, T]$, 且在 $[0, T]$ 的某一正测度子集上恒为正; $\underline{\lambda}_1(a)$ 是方程

$$x'' + (\lambda + a(t))x = 0 \tag{1.2.5}$$

相对于反周期边值条件

$$x(0) = -x(T), \quad x'(0) = -x'(T) \tag{1.2.6}$$

的第一反周期特征值.

文献 [84] 中发现了一些保证条件 (A) 或 (B) 成立的 $a(t)$. 为了说明这些, 我们用 $\|\cdot\|_q$ 代表通常的 L^q-模, 其中指数 $q \in [1, \infty)$. q 的共轭指数用 q^*: $\frac{1}{q} + \frac{1}{q^*} = 1$ 来表示. $\boldsymbol{K}(q)$ 代表满足下面不等式的最佳 Sobolev 常数:

$$C\|u\|_q^2 \leqslant \|u'\|_2^2, \quad \forall\, u \in H_0^1(0, T).$$

$\boldsymbol{K}(q)$ 的精确表达式为

$$\boldsymbol{K}(q) = \begin{cases} \dfrac{2\pi}{qT^{1+2/q}} \left(\dfrac{2}{2+q}\right)^{1-2/q} \left(\dfrac{\Gamma\left(\dfrac{1}{q}\right)}{\Gamma\left(\dfrac{1}{2} + \dfrac{1}{q}\right)}\right)^2, & 1 \leqslant q < \infty, \\ \dfrac{4}{T}, & q = \infty, \end{cases} \tag{1.2.7}$$

其中 Γ 代表 Gamma 函数.

引理 1.2.1[48], [84]   如果 $a(t) \succ 0$ 且存在 $1 \leqslant p \leqslant \infty$ 使得 $a \in L^p[0, T]$,

$$\|a\|_p < K(2p^*), \tag{1.2.8}$$

则 (1.2.1) 满足标准假设 (A), 即 $G(t,s) > 0, \ \forall\ (t,s) \in [0,T] \times [0,T]$.

引理 1.2.2[48], [84]   如果 $a(t) \succ 0$ 且存在 $1 \leqslant p \leqslant \infty$ 使得 $a \in L^p[0,T]$,

$$\|a\|_p \leqslant K(2p^*), \tag{1.2.9}$$

则 (1.2.1) 满足标准假设 (B), 即 $G(t,s) \geqslant 0, \ \forall\ (t,s) \in [0,T] \times [0,T]$.

为了得到方程的解, 还需要用到下面的定理.

定理 1.2.1   假设 K 为 Banach 空间 X 的一个凸集, Ω 为 K 的一个相对开子集, $0 \in \Omega$, 映射 $T : \bar{\Omega} \to K$ 为一个全连续算子, 则下列两结论中必有一个成立:

(A_1) T 在 $\bar{\Omega}$ 上有一个不动点;

(A_2) 存在 $x \in \partial\Omega$ 和 $0 < \lambda < 1$, 使得 $x = \lambda T(x)$.

定理 1.2.2   设 X 是 Banach 空间, $K\ (\subset X)$ 是锥. 假设 Ω_1, Ω_2 为 X 的两个开子集且 $0 \in \Omega_1, \overline{\Omega}_1 \subset \Omega_2$, 令

$$T : K \cap (\overline{\Omega}_2 \setminus \Omega_1) \to K$$

是全连续算子并且满足

(i) $\|Tu\| \geqslant \|u\|, \ u \in K \cap \partial\Omega_1;\ \|Tu\| \leqslant \|u\|, \ u \in K \cap \partial\Omega_2$;

或

(ii) $\|Tu\| \leqslant \|u\|, \ u \in K \cap \partial\Omega_1;\ \|Tu\| \geqslant \|u\|, \ u \in K \cap \partial\Omega_2$.

则 T 在 $K \cap (\overline{\Omega}_2 \backslash \Omega_1)$ 中有唯一的不动点.

定理 1.2.3   若 E 是实 Banach 空间, $S \subset E$ 是有界非空闭凸集, $A : S \to S$ 全连续, 则 A 在 S 中至少有一个不动点.

第2章 奇异半正微分方程周期正解的存在性

2.1 弱奇性奇异微分方程周期正解的存在性

本节主要推广文献 [81] 和 [94], 采用 Schauder 不动点定理, 证明如下二阶微分方程的周期正解存在性:

$$x'' + a(t)x = f(t,x) + e(t), \tag{2.1.1}$$

其中, $a(t)$, $e(t)$ 连续并且是 T-周期函数. 非线性项 $f(t,x)$ 在 (t,x) 连续, 并且关于 t 为 T-周期的. 在 $x = 0$ 时, 是奇异的, e 可以取负值.

文献中, 这类问题定义为半正问题, 假如存在的话, 设 p^* 和 p_* 为函数 $p \in L^1[0,T]$ 的上确界和下确界. 对于几乎处处的 $t \in [0,T]$, 如果 $p \geqslant 0$, 记为 $p \succ 0$. 且 p 在一个正测度集上是正的. 函数 $\gamma(t)$ 定义为

$$\gamma(t) = \int_0^T G(t,s)e(s)ds.$$

Lazer 和 Solimini[72] 考虑了如下半线性奇异微分方程:

$$x'' + a(t)x = \frac{b(t)}{x^\lambda} + e(t), \tag{2.1.2}$$

其中, $a, b, e \in C[0,T]$, $\lambda > 0$,. 近来, Torres[81] 考虑二阶半线性方程 (2.1.2) 的周期问题. 文献 [81] 中, 如果 $\gamma_* > 0$, $\gamma_* = 0$ 和 $\gamma^* \leqslant 0$, 利用 Schauder 不动点定理证明了正解的存在性.

文献 [94] 中, Chu 和 Torres 推广了文献 [81] 的结果. 考虑如下二阶半线性奇异方程的周期问题:

$$x'' + a(t)x = \frac{b(t)}{x^\alpha} + d(t)x^\beta + e(t), \tag{2.1.3}$$

其中, $a, b, d, e \in C[0,1]$ 和 $\alpha, \beta > 0$. 当 $\gamma^* > 0$ 和 $\gamma_* = 0$ 时, 利用 Schauder 不动点定理, 证明了 (2.1.3) 周期正解的存在性.

当 $\gamma^* \leqslant 0$ 或者 $\gamma_* < 0 < \gamma^*$ 时, 基于上述文献的思想, 我们证明了 (2.1.3) 的周期正解的存在性. 证明过程有些复杂, 但是, 我们还是通过其他方法推广了文献 [81], [94].

假设 Hill 方程

$$x'' + a(t)x = 0 \tag{2.1.4}$$

满足周期条件

$$x(0) = x(T), \quad x'(0) = x'(T), \tag{2.1.5}$$

而且还满足如下标准假设 (见文献 [94]):

(A) 当 $(t, s) \in [0, T] \times [0, T]$ 时, Green 函数 $G(t, s)$ 是非负的.

换言之, 反极大值原理成立. 在这些假设条件下, 函数 $\gamma(t)$ 是下面方程的唯一 T-周期解,

$$x'' + a(t)x = e(t).$$

定理 2.1.1 假设 $a(t)$ 满足 (A). 假设

(H_1) 存在连续、非负函数 $g(x)$, $h(x)$ 和 $b(t)$, $c(t)$, $d(t)$, 对于任意的 $(t, x) \in [0, T] \times (0, \infty)$, 使得

$$c(t)g(x) \leqslant f(t, x) \leqslant b(t)g(x) + d(t)h(x),$$

这里 $b(t) \geqslant c(t) \succ 0$, $g(x) > 0$ 严格单调减且 $\dfrac{h(x)}{g(x)}$ 在 $x \in (0, \infty)$ 上单调不减.

(H_2) 存在正常数 $R > 0$ 使得

$$R > g(R) \left(B^* + \frac{h(R)}{g(R)} D^* \right) + \gamma^*$$

和

$$\gamma_* \geqslant g^{-1} \left(\frac{R - \gamma^*}{B^* + \dfrac{h(R)}{g(R)} D^*} \right) - g(R)C_*$$

成立, 其中,

$$C(t) = \int_0^T G(t, s)c(s)ds, \quad B(t) = \int_0^T G(t, s)b(s)ds,$$

$$D(t) = \int_0^T G(t, s)d(s)ds.$$

方程 (2.1.1) 至少有一个周期正解.

证明　(2.1.1) 的周期解是全连续映射 $T : C_T \to C_T$ 的不动点, T 的定义为

$$(Tx)(t) = \int_0^T G(t,s)[f(s,x(s)) + e(s)]ds$$

$$= \int_0^T G(t,s)f(s,x(s))ds + \gamma(t),$$

其中, C_T 即为全体全连续 T-周期函数组成的集合. 设 R 是满足(H_2) 的正的常数且

$$r = g^{-1}\left(\frac{R - \gamma^*}{B^* + \dfrac{h(R)}{g(R)}D^*}\right).$$

由于 $R \geqslant g(R)\left(B^* + \dfrac{h(R)}{g(R)}D^*\right) + \gamma^*$, 则有 $R > r > 0$. 现在定义集合, 任意的 $t \in [0,T]$,

$$\Omega = \{x \in C_T : r \leqslant x(t) \leqslant R\}.$$

显然, Ω 是一个闭凸集. 下面, 我们将要证明 $T(\Omega) \subset \Omega$ 成立.

事实上, 对于任意的 $x \in \Omega$, $t \in [0,T]$, 再由 $G(t,s)$ 的非负性和(H_1)及(H_2), 有

$$(Tx)(t) \geqslant \int_0^T G(t,s)c(s)g(x(s))ds + \gamma(t)$$

$$\geqslant g(R) \int_0^T G(t,s)c(s)ds + \gamma_*$$

$$\geqslant g(R)C_* + \gamma_*$$

$$\geqslant g^{-1}\left(\frac{R - \gamma^*}{B^* + \dfrac{h(R)}{g(R)}D^*}\right) = r.$$

另一方面, 由条件(H_1)及(H_2), 有

$$(Tx)(t) \leqslant \int_0^T G(t,s)(b(s)g(x(s)) + d(s)h(x(s)))ds + \gamma(t)$$

$$\leqslant \int_0^T G(t,s)g(x(s)) \left(b(s) + \frac{h(x(s))}{g(x(s))}d(s) \right) ds + \gamma(t)$$

$$\leqslant g(r) \int_0^T G(t,s) \left(b(s) + \frac{h(R)}{g(R)}d(s) \right) ds + \gamma(t)$$

$$\leqslant g(r) \left(B^* + \frac{h(R)}{g(R)}D^* \right) + \gamma^* = R.$$

因此, $T(\Omega) \subset \Omega$. 应用 Schauder 不动点定理, 定理证毕.

作为定理 2.1.1 的一个应用, 我们考虑 $\gamma^* \leqslant 0$ 的情况, 易得如下推论 2.1.1:

推论 2.1.1 假设 $a(t)$ 满足(A) 和(H_1).

(H_2^*) 存在正常数 $R > 0$ 使得

$$R > g(R) \left(B^* + \frac{h(R)}{g(R)}D^* \right),$$

且

$$\gamma_* \geqslant g^{-1} \left(\frac{R}{B^* + \dfrac{h(R)}{g(R)}D^*} \right) - g(R)C_*$$

成立, 其中 C_*, B^* 和 D^* 定义为定理 2.1.1.

如果 $\gamma^* \leqslant 0$, 则 (2.1.1) 至少有一个周期正解.

下面, 我们应用定理 2.1.1 和推论 2.1.1, 当 $\gamma_* \leqslant 0$ 时, 考虑 (2.1.3), 当 $\gamma_* < 0 < \gamma^*$ 时, 考虑 (2.1.2) 和 (2.1.3).

1. $\gamma^* \leqslant 0$ 的情况

定理 2.1.2 假设 $a(t)$ 满足(A), 且存在连续、非负函数 $b(t), c(t), d(t)$ 满足

(H_1^*) 对于任意的 $(t,x) \in [0,T] \times (0,\infty)$, 有 $c(t)x^{-\alpha} \leqslant f(t,x) \leqslant b(t)x^{-\alpha} + d(t)x^\beta$. $b(t) \geqslant c(t) \succ 0, 0 < \alpha, \beta < 1, 1 - \alpha - \alpha^2 - \beta > 0$.

如果 $\gamma^* \leqslant 0$ 且

$$\gamma_* \geqslant m_0^\alpha [(B^* m_0^{1-\alpha^2} + D^* m_0^{1-\alpha-\beta-\alpha^2})^{\frac{1}{\alpha}} - C_*]$$

成立, 其中 m_0 是如下方程的唯一正解:

$$\left(B^*m^{1-\alpha^2} + D^*m^{1-\alpha-\beta-\alpha^2}\right)^{\frac{1}{\alpha}-1}$$
$$\cdot\left[B^*m^{1-\alpha^2} + (1-\alpha-\beta)D^*m^{1-\alpha-\beta-\alpha^2}\right] = \alpha^2 C_*,$$

则 (2.1.3) 至少存在一个周期正解.

证明　由 (H_1^*), 有 $b(t) \geqslant c(t) \succ 0$, $g(x) = x^{-\alpha}$, $h(x) = x^\beta$, 则 $g(x) = x^{-\alpha} > 0$ 是严格单调减的且 $\dfrac{h(x)}{g(x)} = x^{\alpha+\beta}$ 在 $x \in (0,\infty)$ 上为单调不减的. 因此, 定理 2.1.1 中的 (H_1) 成立. 再由推论 2.1.1 中的 (H_2^*), 易找到 $R > 0$ 使得

$$R > R^{-\alpha}(B^* + R^{\alpha+\beta}D^*) \tag{2.1.6}$$

且

$$\gamma_* \geqslant \left(\frac{B^* + D^*R^{\alpha+\beta}}{R}\right)^{\frac{1}{\alpha}} - \frac{C_*}{R^\alpha}. \tag{2.1.7}$$

令 $m = \dfrac{1}{R}$, 则上面两个不等式等价于

$$m^{\alpha+1}(B^*m^{1-\alpha^2} + D^*m^{1-\alpha-\beta-\alpha^2})^{\frac{1}{\alpha}} < 1 \tag{2.1.8}$$

和

$$\gamma_* \geqslant \left[m\left(B^* + D^*\left(\frac{1}{m}\right)^{\alpha+\beta}\right)\right]^{\frac{1}{\alpha}} - C_*m^\alpha.$$

因此, 对于 $m \in (0, +\infty)$, 有

$$\gamma_* \geqslant \left[m\left(B^* + D^*\left(\frac{1}{m}\right)^{\alpha+\beta}\right)\right]^{\frac{1}{\alpha}} - C_*m^\alpha$$
$$= m^\alpha[(B^*m^{1-\alpha^2} + D^*m^{1-\alpha-\beta-\alpha^2})^{\frac{1}{\alpha}} - C_*] =: F(m).$$

计算得

$$
\begin{aligned}
F'(m) =\ & \alpha m^{\alpha-1}\left[\left(B^*m^{1-\alpha^2} + D^*m^{1-\alpha-\beta-\alpha^2}\right)^{\frac{1}{\alpha}} - C_*\right] \\
& + m^\alpha\left[\frac{1}{\alpha}\left(B^*m^{1-\alpha^2} + D^*m^{1-\alpha-\beta-\alpha^2}\right)^{\frac{1}{\alpha}-1}\left((1-\alpha^2)B^*m^{-\alpha^2}\right.\right. \\
& \left.\left. + (1-\alpha-\beta-\alpha^2)D^*m^{-\alpha-\beta-\alpha^2}\right)\right] \\
=\ & \frac{1}{\alpha}m^{\alpha-1}\left\{\alpha^2\left[\left(B^*m^{1-\alpha^2} + D^*m^{1-\alpha-\beta-\alpha^2}\right)^{\frac{1}{\alpha}} - C_*\right]\right. \\
& + m\left[\left(B^*m^{1-\alpha^2} + D^*m^{1-\alpha-\beta-\alpha^2}\right)^{\frac{1}{\alpha}-1}\left((1-\alpha^2)B^*m^{-\alpha^2}\right.\right. \\
& \left.\left.\left. + (1-\alpha-\beta-\alpha^2)D^*m^{-\alpha-\beta-\alpha^2}\right)\right]\right\} \\
=\ & \frac{1}{\alpha}m^{\alpha-1}\left\{\alpha^2\left[\left(B^*m^{1-\alpha^2} + D^*m^{1-\alpha-\beta-\alpha^2}\right)^{\frac{1}{\alpha}} - C_*\right]\right. \\
& + \left[\left(B^*m^{1-\alpha^2} + D^*m^{1-\alpha-\beta-\alpha^2}\right)^{\frac{1}{\alpha}-1}\left((1-\alpha^2)B^*m^{1-\alpha^2}\right.\right. \\
& \left.\left.\left. + (1-\alpha-\beta-\alpha^2)D^*m^{1-\alpha-\beta-\alpha^2}\right)\right]\right\} \\
=\ & \frac{1}{\alpha}m^{\alpha-1}\left\{\left[\alpha^2\left(B^*m^{1-\alpha^2} + D^*m^{1-\alpha-\beta-\alpha^2}\right)^{\frac{1}{\alpha}}\right.\right. \\
& + \left(B^*m^{1-\alpha^2} + D^*m^{1-\alpha-\beta-\alpha^2}\right)^{\frac{1}{\alpha}-1}\left((1-\alpha^2)B^*m^{1-\alpha^2}\right. \\
& \left.\left.\left. + (1-\alpha-\beta-\alpha^2)D^*m^{1-\alpha-\beta-\alpha^2}\right)\right] - \alpha^2C_*\right\} \\
=\ & \frac{1}{\alpha}m^{\alpha-1}\left\{\left(B^*m^{1-\alpha^2} + D^*m^{1-\alpha-\beta-\alpha^2}\right)^{\frac{1}{\alpha}-1}\right. \\
& \cdot\left[\alpha^2\left(B^*m^{1-\alpha^2} + D^*m^{1-\alpha-\beta-\alpha^2}\right)\right. \\
& \left.\left. + \left((1-\alpha^2)B^*m^{1-\alpha^2} + (1-\alpha-\beta-\alpha^2)D^*m^{1-\alpha-\beta-\alpha^2}\right)\right] - \alpha^2C_*\right\}
\end{aligned}
$$

$$
=\frac{1}{\alpha}m^{\alpha-1}\bigg\{\bigg(B^*m^{1-\alpha^2}+D^*m^{1-\alpha-\beta-\alpha^2}\bigg)^{\frac{1}{\alpha}-1}
$$

$$
\cdot\bigg[B^*m^{1-\alpha^2}+\bigg(\alpha^2+(1-\alpha-\beta-\alpha^2)\bigg)D^*m^{1-\alpha-\beta-\alpha^2}\bigg]-\alpha^2C_*\bigg\}
$$

$$
=\frac{1}{\alpha}m^{\alpha-1}\bigg\{\bigg(B^*m^{1-\alpha^2}+D^*m^{1-\alpha-\beta-\alpha^2}\bigg)^{\frac{1}{\alpha}-1}
$$

$$
\cdot\bigg[B^*m^{1-\alpha^2}+(1-\alpha-\beta)D^*m^{1-\alpha-\beta-\alpha^2}\bigg]-\alpha^2C_*\bigg\}.
$$

又因为 $F'(m)=0$, 我们有

$$
\frac{1}{\alpha}m^{\alpha-1}\bigg\{\bigg(B^*m^{1-\alpha^2}+D^*m^{1-\alpha-\beta-\alpha^2}\bigg)^{\frac{1}{\alpha}-1}
$$

$$
\cdot\bigg[B^*m^{1-\alpha^2}+(1-\alpha-\beta)D^*m^{1-\alpha-\beta-\alpha^2}\bigg]-\alpha^2C_*\bigg\}
$$

$$
=0,
$$

等价于

$$
\bigg(B^*m^{1-\alpha^2}+D^*m^{1-\alpha-\beta-\alpha^2}\bigg)^{\frac{1}{\alpha}-1}
$$

$$
\bigg[B^*m^{1-\alpha^2}+(1-\alpha-\beta)D^*m^{1-\alpha-\beta-\alpha^2}\bigg] \tag{2.1.9}
$$

$$
=\alpha^2C_*.
$$

现在定义算子 $\Phi(m)$ 为

$$
\Phi(m)=:\bigg(B^*m^{1-\alpha^2}+D^*m^{1-\alpha-\beta-\alpha^2}\bigg)^{\frac{1}{\alpha}-1}
$$

$$
\bigg[B^*m^{1-\alpha^2}+(1-\alpha-\beta)D^*m^{1-\alpha-\beta-\alpha^2}\bigg].
$$

为了求解方程 (2.1.9), 只需求解 $\Phi(m)=\alpha^2C_*$.

因为, 当 $m\in[0,+\infty)$ 时, $\Phi(m)$ 是单调递增的; 当 $\Phi(0)=0$, $m\to+\infty$ 时, $\Phi(m)\to+\infty$, 故 $\Phi(m)=\alpha^2C_*$ 在 $m_0\in(0,+\infty)$ 上有唯一解, 即为

$$
\bigg(B^*m_0^{1-\alpha^2}+D^*m_0^{1-\alpha-\beta-\alpha^2}\bigg)^{\frac{1}{\alpha}-1}\bigg[B^*m_0^{1-\alpha^2}+(1-\alpha-\beta)D^*m_0^{1-\alpha-\beta-\alpha^2}\bigg]=\alpha^2C_*
$$

和 $F'(m_0)=0$ 成立.

而且 $F'(m) = \dfrac{1}{\alpha} m^{\alpha-1}\{\Phi(m) - \alpha^2 C_*\}$, $F'(m_0) = 0$. $\Phi(m)$ 在区间 $m \in [0, +\infty)$ 上是递增的, 当 $0 < m < m_0$ 时, 有 $F'(m) < 0$; 当 $m > m_0$ 时, 有 $F'(m) > 0$. 从而函数 $F(m)$ 在 m_0 处, 存在最小值, 也即是 $F(m_0) = \inf\limits_{m>0} F(m)$.

取 $m = m_0$, 当 $\gamma_* \geqslant F(m_0)$ 时, (2.1.7) 成立. 我们将证明不等式 (2.1.6) 成立. 事实上, 由 (2.1.9) 有 $\alpha^2 C_* \geqslant (B^* m_0^{1-\alpha^2})^{\frac{1}{\alpha}-1}(B^* m_0^{1-\alpha^2}) = (B^* m_0^{1-\alpha^2})^{\frac{1}{\alpha}}$, 也即为

$$m_0 \leqslant \left(\frac{\alpha^2 C_*}{B^{*\frac{1}{\alpha}}} \right)^{\frac{\alpha}{1-\alpha^2}}. \tag{2.1.10}$$

再由 (2.1.9), 有

$$\alpha^2 C_* \geqslant \left(B^* m_0^{1-\alpha^2} + D^* m_0^{1-\alpha-\beta-\alpha^2} \right)^{\frac{1}{\alpha}-1} \left[(1-\alpha-\beta) B^* m_0^{1-\alpha^2} \right.$$
$$\left. + (1-\alpha-\beta) D^* m_0^{1-\alpha-\beta-\alpha^2} \right]$$
$$= (1-\alpha-\beta) \left(B^* m_0^{1-\alpha^2} + D^* m_0^{1-\alpha-\beta-\alpha^2} \right)^{\frac{1}{\alpha}},$$

即

$$\left(B^* m_0^{1-\alpha^2} + D^* m_0^{1-\alpha-\beta-\alpha^2} \right)^{\frac{1}{\alpha}} \leqslant \frac{\alpha^2 C_*}{(1-\alpha-\beta)}. \tag{2.1.11}$$

又由于 $0 < \alpha, \beta < 1$, $1-\alpha-\beta-\alpha^2 > 0$, (H_1^*), (2.1.10) 和 (2.1.11) 成立, 我们有

$$m_0^{\alpha+1}(B^* m_0^{1-\alpha^2} + D^* m_0^{1-\alpha-\beta-\alpha^2})^{\frac{1}{\alpha}}$$
$$< \left(\left(\frac{\alpha^2 C_*}{B^{*\frac{1}{\alpha}}} \right)^{\frac{\alpha}{1-\alpha^2}} \right)^{\alpha+1} \frac{\alpha^2 C_*}{(1-\alpha-\beta)}$$
$$= \left(\frac{\alpha^2 C_*}{B^{*\frac{1}{\alpha}}} \right)^{\frac{\alpha}{1-\alpha}} \frac{\alpha^2 C_*}{(1-\alpha-\beta)}$$
$$= \alpha^{\frac{2\alpha}{1-\alpha}} \left(\frac{C_*}{B^*} \right)^{\frac{\alpha}{1-\alpha}} \frac{\alpha^2}{(1-\alpha-\beta)} < 1.$$

因此 (2.1.8) 成立. 定理证毕.

2. $\gamma_* < 0 < \gamma^*$ 的情况

定理 2.1.3 假设 $a(t)$ 满足(A), 且存在 $b \succ 0$, $c \succ 0$ 使得对于任意的 $(t, x) \in [0, T] \times (0, \infty)$, 有

(H_1^{**}) $c(t)x^{-\alpha} \leqslant f(t, x) \leqslant b(t)x^{-\alpha}$ 和 $b(t) \geqslant c(t) \succ 0$, $0 < \alpha, \beta < 1$.

如果 $\gamma_* < 0 < \gamma^*$ 和

$$\gamma_* > m_0^\alpha \left[B^{*\frac{1}{\alpha}} m_0^{\frac{1-\alpha^2}{\alpha}} - C_*(1 + \gamma^* m_0)^{-\alpha} \right]$$

成立, 其中 m_0 是如下方程的唯一正解:

$$B^{*\frac{1}{\alpha}} m^{\frac{1-\alpha^2}{\alpha}} (1 + \gamma^* m)^{\alpha+1} = \alpha^2 C_*,$$

则 (2.1.2) 至少存在一个周期正解.

证明　由于 (H_1^{**}), 我们有 $b(t) \geqslant c(t) \succ 0$, $g(x) = x^{-\alpha} > 0$ 是严格单调减的, $\dfrac{h(x)}{g(x)} = x^{\alpha+\beta}$ 在 $x \in (0, \infty)$ 上是单调不减的. 因此, 定理 2.1.1 中的 (H_1) 成立. 再由定理 2.1.1 中的 (H_2), 易得 $R > 0$ 使得

$$R > R^{-\alpha} B^* + \gamma^*$$

和

$$\gamma_* \geqslant \left(\frac{B^*}{R - \gamma^*} \right)^{\frac{1}{\alpha}} - \frac{C_*}{R^\alpha}$$

成立.

实际上, 令 $m = \dfrac{1}{R - \gamma^*}$, 从而上面两个不等式等价为

$$B^{*\frac{1}{\alpha}} m^{1+\frac{1}{\alpha}} \leqslant 1 + \gamma^* m \tag{2.1.12}$$

和

$$\gamma_* \geqslant (B^* m)^{\frac{1}{\alpha}} - \frac{C_* m^\alpha}{(1 + \gamma^* m)^\alpha}. \tag{2.1.13}$$

因此,

$$\gamma_* = m^\alpha \left[B^{*\frac{1}{\alpha}} m^{\frac{1-\alpha^2}{\alpha}} - C_*(1 + \gamma^* m)^{-\alpha} \right] =: F(m), \quad m \in (0, +\infty).$$

计算得

$$
\begin{aligned}
F'(m) =& \alpha m^{\alpha-1}\left[B^{*\frac{1}{\alpha}}m^{\frac{1-\alpha^2}{\alpha}} - C_*(1+\gamma^*m)^{-\alpha}\right] \\
&+ m^\alpha\left[\frac{1-\alpha^2}{\alpha}B^{*\frac{1}{\alpha}}m^{\frac{1-\alpha^2}{\alpha}-1} + \alpha C_*\gamma^*(1+\gamma^*m)^{-\alpha-1}\right] \\
=& \frac{1}{\alpha}m^{\alpha-1}\Bigg\{\alpha^2\left[B^{*\frac{1}{\alpha}}m^{\frac{1-\alpha^2}{\alpha}} - C_*(1+\gamma^*m)^{-\alpha}\right] \\
&+ \alpha m\left[\frac{1-\alpha^2}{\alpha}B^{*\frac{1}{\alpha}}m^{\frac{1-\alpha^2}{\alpha}-1} + \alpha C_*\gamma^*(1+\gamma^*m)^{-\alpha-1}\right]\Bigg\} \\
=& \frac{1}{\alpha}m^{\alpha-1}\left[\alpha^2 B^{*\frac{1}{\alpha}}m^{\frac{1-\alpha^2}{\alpha}} - \alpha^2 C_*(1+\gamma^*m)^{-\alpha}\right. \\
&\left. + (1-\alpha^2)B^{*\frac{1}{\alpha}}m^{\frac{1-\alpha^2}{\alpha}} + \alpha^2 C_*\frac{\gamma^*m}{1+\gamma^*m}(1+\gamma^*m)^{-\alpha}\right] \\
=& \frac{1}{\alpha}m^{\alpha-1}\left[B^{*\frac{1}{\alpha}}m^{\frac{1-\alpha^2}{\alpha}} - \alpha^2 C_*\frac{1}{1+\gamma^*m}(1+\gamma^*m)^{-\alpha}\right] \\
=& \frac{m^{\alpha-1}}{\alpha(1+\gamma^*m)^{\alpha+1}}\left[B^{*\frac{1}{\alpha}}m^{\frac{1-\alpha^2}{\alpha}}(1+\gamma^*m)^{\alpha+1} - \alpha^2 C_*\right].
\end{aligned}
$$

又 $F'(m) = 0$, 我们有

$$
\frac{m^{\alpha-1}}{\alpha(1+\gamma^*m)^{\alpha+1}}\left[B^{*\frac{1}{\alpha}}m^{\frac{1-\alpha^2}{\alpha}}(1+\gamma^*m)^{\alpha+1} - \alpha^2 C_*\right] = 0. \tag{2.1.14}
$$

定义函数如下:

$$
\Phi(m) =: B^{*\frac{1}{\alpha}}m^{\frac{1-\alpha^2}{\alpha}}(1+\gamma^*m)^{\alpha+1}.
$$

因此, 求解 (2.1.14) 等价于求解 $\Phi(m) = \alpha^2 C_*$.

因为, 当 $m \in [0,+\infty)$ 时, 且 $\Phi(0) = 0$, $m \to +\infty$ 时, $\Phi(m) \to +\infty$, 因此, $\Phi(m) = \alpha^2 C_*$ 在 $(0,+\infty)$ 上有唯一解 m_0, 也即是

$$
B^{*\frac{1}{\alpha}}m_0^{\frac{1-\alpha^2}{\alpha}}(1+\gamma^*m_0)^{\alpha+1} = \alpha^2 C_*, \tag{2.1.15}
$$

类似于定理 2.1.2 的证明, 函数 $F(m)$ 在 m_0 处存在最小值, 也即是 $F(m_0) = \inf_{m>0} F(m)$.

取 $m = m_0$, 当 $\gamma_* \geqslant F(m_0)$ 时, 不等式 (2.1.13) 成立. 易知 (2.1.12) 成立. 实际上, 由 (2.1.15) 知

$$B^{*\frac{1}{\alpha}} m_0^{\frac{1-\alpha^2}{\alpha}} \leqslant \alpha^2 C_*,$$

即为

$$m_0 \leqslant \left(\frac{\alpha^2 C_*}{B^{*\frac{1}{\alpha}}}\right)^{\frac{\alpha}{1-\alpha^2}}. \tag{2.1.16}$$

又由于 (H_1^{**}) 和 (2.1.16) 成立, 有

$$B^{*\frac{1}{\alpha}} m_0^{1+\frac{1}{\alpha}} < B^{*\frac{1}{\alpha}} \left(\left(\frac{\alpha^2 C_*}{B^{*\frac{1}{\alpha}}}\right)^{\frac{\alpha}{1-\alpha^2}}\right)^{\frac{1+\alpha}{\alpha}} = B^{*\frac{1}{\alpha}} \left(\frac{\alpha^2 C_*}{B^{*\frac{1}{\alpha}}}\right)^{\frac{1}{1-\alpha}}$$

$$= \alpha^{\frac{2}{1-\alpha}} \left(\frac{C_*}{B^*}\right)^{\frac{1}{1-\alpha}} < 1 < 1 + \gamma^* m_0.$$

因此, (2.1.12) 成立. 定理证毕.

定理 2.1.4   假设 $a(t)$ 满足(A), 且存在 $b(t) \geqslant c(t) \succ 0, d \succ 0$ 使得对于任意的 $(t,x) \in [0,T] \times (0,\infty)$, 有

$(\mathrm{H}_1^{***})\ c(t)x^{-\alpha} \leqslant f(t,x) \leqslant b(t)x^{-\alpha} + d(t)x^\beta$ 和 $0 < \alpha, \beta < 1, 1-\alpha-\alpha^2-\beta > 0$

成立.

如果 $\gamma_* < 0 < \gamma^*$ 和

$$\gamma_* > m_0^\alpha [(B^* m_0^{1-\alpha^2} + D^* m_0^{1-\alpha-\beta-\alpha^2}(1+\gamma^* m_0)^{\alpha+\beta})^{\frac{1}{\alpha}} - C_*(1+\gamma^* m_0)^{-\alpha}]$$

成立, 其中 m_0 是如下方程的唯一正解:

$$\left(B^* m^{1-\alpha^2} + D^* m^{1-\alpha-\beta-\alpha^2}(1+\gamma^* m)^{\alpha+\beta}\right)^{\frac{1}{\alpha}-1} \left[B^* m^{1-\alpha^2}(1+\gamma^* m)^{\alpha+1}\right.$$

$$\left. + (1-\alpha-\beta+\gamma^* m)D^* m^{1-\alpha-\beta-\alpha^2}(1+\gamma^* m)^{2\alpha+\beta}\right] = \alpha^2 C_*,$$

则 (2.1.3) 至少存在一个周期正解.

证明   由于(H_1^{***}), 我们有 $b(t) \geqslant c(t) \succ 0, g(x) = x^{-\alpha} > 0$ 在 $x \in (0,\infty)$ 上是严格递减的. 因此, 定理 2.1.1 中的 (H_1) 成立. 又由于定理 2.1.1 中的 (H_2) 成立, 易得 $R > 0$ 使得 $R > R^{-\alpha}(B^* + R^{\alpha+\beta}D^*) + \gamma^*$ 和 $\gamma_* \geqslant \left(\dfrac{B^* + D^* R^{\alpha+\beta}}{R}\right)^{\frac{1}{\alpha}} - \dfrac{C_*}{R^\alpha}$

成立.

实际上, 令 $m = \dfrac{1}{R - \gamma^*}$, 上面两个不等式等价为

$$m^{\alpha+1}(B^* m^{1-\alpha^2} + D^* m^{1-\alpha-\beta-\alpha^2}(1+\gamma^* m)^{\alpha+\beta})^{\frac{1}{\alpha}} < 1 + \gamma^* m \qquad (2.1.17)$$

和

$$\gamma_* \geqslant \left[m\left(B^* + D^*\left(\frac{1+\gamma^* m}{m} \right)^{\alpha+\beta} \right) \right]^{\frac{1}{\alpha}} - \frac{C_* m^\alpha}{(1+\gamma^* m)^\alpha}. \qquad (2.1.18)$$

因此,

$$\begin{aligned}
\gamma_* &\geqslant \left[m\left(B^* + D^*\left(\frac{1+\gamma^* m}{m} \right)^{\alpha+\beta} \right) \right]^{\frac{1}{\alpha}} - \frac{C_* m^\alpha}{(1+\gamma^* m)^\alpha} \\
&= m^\alpha [(B^* m^{1-\alpha^2} + D^* m^{1-\alpha-\beta-\alpha^2}(1+\gamma^* m)^{\alpha+\beta})^{\frac{1}{\alpha}} - C_*(1+\gamma^* m)^{-\alpha}] \\
&=: F(m).
\end{aligned} \qquad (2.1.19)$$

计算得

$$\begin{aligned}
F'(m) =\ & \alpha m^{\alpha-1}\left[\left(B^* m^{1-\alpha^2} + D^* m^{1-\alpha-\beta-\alpha^2}(1+\gamma^* m)^{\alpha+\beta} \right)^{\frac{1}{\alpha}} - C_*(1+\gamma^* m)^{-\alpha} \right] \\
& + m^\alpha\left[\frac{1}{\alpha}\left(B^* m^{1-\alpha^2} + D^* m^{1-\alpha-\beta-\alpha^2}(1+\gamma^* m)^{\alpha+\beta} \right)^{\frac{1}{\alpha}-1}\left((1-\alpha^2)B^* m^{-\alpha^2} \right. \right. \\
& \left. + (\alpha+\beta)D^*\gamma^* m^{1-\alpha-\beta-\alpha^2}(1+\gamma^* m)^{\alpha+\beta-1} \right. \\
& \left. + (1-\alpha-\beta-\alpha^2)D^* m^{-\alpha-\beta-\alpha^2}(1+\gamma^* m)^{\alpha+\beta} \right) + \alpha C_*\gamma^*(1+\gamma^* m)^{-\alpha-1} \Big] \\
=\ & \frac{1}{\alpha} m^{\alpha-1}\left\{ \alpha^2\left[\left(B^* m^{1-\alpha^2} + D^* m^{1-\alpha-\beta-\alpha^2}(1+\gamma^* m)^{\alpha+\beta} \right)^{\frac{1}{\alpha}} - C_*(1+\gamma^* m)^{-\alpha} \right] \right. \\
& + m\left[\left(B^* m^{1-\alpha^2} + D^* m^{1-\alpha-\beta-\alpha^2}(1+\gamma^* m)^{\alpha+\beta} \right)^{\frac{1}{\alpha}-1}\left((1-\alpha^2)B^* m^{-\alpha^2} \right. \right. \\
& \left. + (\alpha+\beta)D^*\gamma^* m^{1-\alpha-\beta-\alpha^2}(1+\gamma^* m)^{\alpha+\beta-1} \right. \\
& \left. \left. + (1-\alpha-\beta-\alpha^2)D^* m^{-\alpha-\beta-\alpha^2}(1+\gamma^* m)^{\alpha+\beta} \right) + \alpha^2 C_*\gamma^*(1+\gamma^* m)^{-\alpha-1} \right] \right\} \\
=\ & \frac{1}{\alpha} m^{\alpha-1}\left\{ \alpha^2\left[\left(B^* m^{1-\alpha^2} + D^* m^{1-\alpha-\beta-\alpha^2}(1+\gamma^* m)^{\alpha+\beta} \right)^{\frac{1}{\alpha}} - C_*(1+\gamma^* m)^{-\alpha} \right] \right.
\end{aligned}$$

$$+ \left[\left(B^* m^{1-\alpha^2} + D^* m^{1-\alpha-\beta-\alpha^2}(1+\gamma^* m)^{\alpha+\beta} \right)^{\frac{1}{\alpha}-1} \left((1-\alpha^2) B^* m^{1-\alpha^2} \right. \right.$$

$$+ (\alpha+\beta) D^* \gamma^* m m^{1-\alpha-\beta-\alpha^2}(1+\gamma^* m)^{\alpha+\beta-1}$$

$$\left. + (1-\alpha-\beta-\alpha^2) D^* m^{1-\alpha-\beta-\alpha^2}(1+\gamma^* m)^{\alpha+\beta} \right)$$

$$\left. \left. + \alpha^2 C_* \gamma^* m (1+\gamma^* m)^{-\alpha-1} \right] \right\}$$

$$= \frac{1}{\alpha} m^{\alpha-1} \left\{ \alpha^2 \left[\left(B^* m^{1-\alpha^2} + D^* m^{1-\alpha-\beta-\alpha^2}(1+\gamma^* m)^{\alpha+\beta} \right)^{\frac{1}{\alpha}} - C_*(1+\gamma^* m)^{-\alpha} \right] \right.$$

$$+ \left[\left(B^* m^{1-\alpha^2} + D^* m^{1-\alpha-\beta-\alpha^2}(1+\gamma^* m)^{\alpha+\beta} \right)^{\frac{1}{\alpha}-1} \left((1-\alpha^2) B^* m^{1-\alpha^2} \right. \right.$$

$$+ (\alpha+\beta) D^* \gamma^* \frac{m}{1+\gamma^* m} m^{1-\alpha-\beta-\alpha^2}(1+\gamma^* m)^{\alpha+\beta}$$

$$\left. + (1-\alpha-\beta-\alpha^2) D^* m^{1-\alpha-\beta-\alpha^2}(1+\gamma^* m)^{\alpha+\beta} \right)$$

$$\left. \left. + \alpha^2 C_* \gamma^* \frac{m}{1+\gamma^* m} (1+\gamma^* m)^{-\alpha} \right] \right\}$$

$$= \frac{1}{\alpha} m^{\alpha-1} \left\{ \left[\alpha^2 \left(B^* m^{1-\alpha^2} + D^* m^{1-\alpha-\beta-\alpha^2}(1+\gamma^* m)^{\alpha+\beta} \right)^{\frac{1}{\alpha}} - \alpha^2 C_*(1+\gamma^* m)^{-\alpha} \right] \right.$$

$$+ \left[\left(B^* m^{1-\alpha^2} + D^* m^{1-\alpha-\beta-\alpha^2}(1+\gamma^* m)^{\alpha+\beta} \right)^{\frac{1}{\alpha}-1} \left((1-\alpha^2) B^* m^{1-\alpha^2} \right. \right.$$

$$+ (\alpha+\beta) D^* \frac{\gamma^* m}{1+\gamma^* m} m^{1-\alpha-\beta-\alpha^2}(1+\gamma^* m)^{\alpha+\beta}$$

$$\left. + (1-\alpha-\beta-\alpha^2) D^* m^{1-\alpha-\beta-\alpha^2}(1+\gamma^* m)^{\alpha+\beta} \right)$$

$$\left. \left. + \alpha^2 C_* \frac{\gamma^* m}{1+\gamma^* m} (1+\gamma^* m)^{-\alpha} \right] \right\}$$

$$= \frac{1}{\alpha} m^{\alpha-1} \left\{ \left[\alpha^2 \left(B^* m^{1-\alpha^2} + D^* m^{1-\alpha-\beta-\alpha^2}(1+\gamma^* m)^{\alpha+\beta} \right)^{\frac{1}{\alpha}} \right. \right.$$

$$+ \left(B^* m^{1-\alpha^2} + D^* m^{1-\alpha-\beta-\alpha^2}(1+\gamma^* m)^{\alpha+\beta} \right)^{\frac{1}{\alpha}-1}$$

$$\cdot \left((1-\alpha^2) B^* m^{1-\alpha^2} + (\alpha+\beta) D^* \frac{\gamma^* m}{1+\gamma^* m} \right.$$

$$\left. \left. \cdot m^{1-\alpha-\beta-\alpha^2}(1+\gamma^* m)^{\alpha+\beta} + (1-\alpha-\beta-\alpha^2) D^* m^{1-\alpha-\beta-\alpha^2}(1+\gamma^* m)^{\alpha+\beta} \right) \right]$$

$$\left. - \left[\alpha^2 C_*(1+\gamma^* m)^{-\alpha} - \alpha^2 C_* \frac{\gamma^* m}{1+\gamma^* m} (1+\gamma^* m)^{-\alpha} \right] \right\}$$

$$=\frac{1}{\alpha}m^{\alpha-1}\Bigg\{\Big(B^*m^{1-\alpha^2}+D^*m^{1-\alpha-\beta-\alpha^2}(1+\gamma^*m)^{\alpha+\beta}\Big)^{\frac{1}{\alpha}-1}$$

$$\cdot\Big[\alpha^2\Big(B^*m^{1-\alpha^2}+D^*m^{1-\alpha-\beta-\alpha^2}(1+\gamma^*m)^{\alpha+\beta}\Big)$$

$$+\Big((1-\alpha^2)B^*m^{1-\alpha^2}+(\alpha+\beta)D^*\frac{\gamma^*m}{1+\gamma^*m}m^{1-\alpha-\beta-\alpha^2}(1+\gamma^*m)^{\alpha+\beta}$$

$$+(1-\alpha-\beta-\alpha^2)D^*m^{1-\alpha-\beta-\alpha^2}(1+\gamma^*m)^{\alpha+\beta}\Big)\Big]$$

$$-\Big[\alpha^2C_*(1+\gamma^*m)^{-\alpha}\Big(1-\frac{\gamma^*m}{1+\gamma^*m}\Big)\Big]\Bigg\}$$

$$=\frac{1}{\alpha}m^{\alpha-1}\Bigg\{\Big(B^*m^{1-\alpha^2}+D^*m^{1-\alpha-\beta-\alpha^2}(1+\gamma^*m)^{\alpha+\beta}\Big)^{\frac{1}{\alpha}-1}$$

$$\Big[(\alpha^2B^*m^{1-\alpha^2}+(1-\alpha^2)B^*m^{1-\alpha^2})$$

$$+\Big(\alpha^2D^*m^{1-\alpha-\beta-\alpha^2}(1+\gamma^*m)^{\alpha+\beta}$$

$$+(\alpha+\beta)D^*\frac{\gamma^*m}{1+\gamma^*m}m^{1-\alpha-\beta-\alpha^2}(1+\gamma^*m)^{\alpha+\beta}$$

$$+(1-\alpha-\beta-\alpha^2)D^*m^{1-\alpha-\beta-\alpha^2}(1+\gamma^*m)^{\alpha+\beta}\Big)\Big]$$

$$-\alpha^2C_*(1+\gamma^*m)^{-\alpha}\frac{1}{1+\gamma^*m}\Bigg\}$$

$$=\frac{1}{\alpha}m^{\alpha-1}\Bigg\{\Big(B^*m^{1-\alpha^2}+D^*m^{1-\alpha-\beta-\alpha^2}(1+\gamma^*m)^{\alpha+\beta}\Big)^{\frac{1}{\alpha}-1}\Big[B^*m^{1-\alpha^2}$$

$$+\Big(\alpha^2+(\alpha+\beta)\frac{\gamma^*m}{1+\gamma^*m}+(1-\alpha-\beta-\alpha^2)\Big)D^*m^{1-\alpha-\beta-\alpha^2}(1+\gamma^*m)^{\alpha+\beta}\Big]$$

$$-\alpha^2C_*(1+\gamma^*m)^{-\alpha}\frac{1}{1+\gamma^*m}\Bigg\}$$

$$=\frac{1}{\alpha}m^{\alpha-1}\Bigg\{\Big(B^*m^{1-\alpha^2}+D^*m^{1-\alpha-\beta-\alpha^2}(1+\gamma^*m)^{\alpha+\beta}\Big)^{\frac{1}{\alpha}-1}\Big[B^*m^{1-\alpha^2}$$

$$+\Big(1-\frac{\alpha+\beta}{1+\gamma^*m}\Big)D^*m^{1-\alpha-\beta-\alpha^2}(1+\gamma^*m)^{\alpha+\beta}\Big]$$

$$-\alpha^2C_*(1+\gamma^*m)^{-\alpha}\frac{1}{1+\gamma^*m}\Bigg\}$$

$$=\frac{1}{\alpha}\frac{m^{\alpha-1}}{(1+\gamma^*m)^{\alpha+1}}\Bigg\{\Big(B^*m^{1-\alpha^2}+D^*m^{1-\alpha-\beta-\alpha^2}(1+\gamma^*m)^{\alpha+\beta}\Big)^{\frac{1}{\alpha}-1}$$

$$\cdot\Big[B^*m^{1-\alpha^2}(1+\gamma^*m)^{\alpha+1}$$

$$+ (1 - \alpha - \beta + \gamma^* m) D^* m^{1-\alpha-\beta-\alpha^2} (1 + \gamma^* m)^{2\alpha+\beta} \bigg] - \alpha^2 C_* \bigg\}.$$

取 $F'(m) = 0$, 我们有

$$\frac{1}{\alpha} \frac{m^{\alpha-1}}{(1+\gamma^* m)^{\alpha+1}} \bigg\{ \left(B^* m^{1-\alpha^2} + D^* m^{1-\alpha-\beta-\alpha^2} (1+\gamma^* m)^{\alpha+\beta} \right)^{\frac{1}{\alpha}-1}$$
$$\cdot \bigg[B^* m^{1-\alpha^2} (1+\gamma^* m)^{\alpha+1} + (1-\alpha-\beta+\gamma^* m) D^* m^{1-\alpha-\beta-\alpha^2} (1+\gamma^* m)^{2\alpha+\beta} \bigg] - \alpha^2 C_* \bigg\}$$
$$= 0.$$

则

$$\Phi(m) =: \left(B^* m^{1-\alpha^2} + D^* m^{1-\alpha-\beta-\alpha^2} (1+\gamma^* m)^{\alpha+\beta} \right)^{\frac{1}{\alpha}-1}$$
$$\cdot \bigg[B^* m^{1-\alpha^2} (1+\gamma^* m)^{\alpha+1} + (1-\alpha-\beta+\gamma^* m) D^* m^{1-\alpha-\beta-\alpha^2} (1+\gamma^* m)^{2\alpha+\beta} \bigg]$$
$$= \alpha^2 C_*.$$

因为, 当 $m \in [0, +\infty)$ 时, $\Phi(m)$ 是递增的, $\Phi(0) = 0$; 当 $m \to +\infty$ 时, 有 $\Phi(m) \to +\infty$, 因此, $\Phi(m) = \alpha^2 C_*$ 有一个解 $m_0 \in (0, +\infty)$, 也即是

$$\left(B^* m_0^{1-\alpha^2} + D^* m_0^{1-\alpha-\beta-\alpha^2} (1+\gamma^* m_0)^{\alpha+\beta} \right)^{\frac{1}{\alpha}-1} \bigg[B^* m_0^{1-\alpha^2} (1+\gamma^* m_0)^{\alpha+1}$$
$$+ (1-\alpha-\beta+\gamma^* m_0) D^* m_0^{1-\alpha-\beta-\alpha^2} (1+\gamma^* m_0)^{2\alpha+\beta} \bigg] = \alpha^2 C_*. \tag{2.1.20}$$

故, 函数 $F(m)$ 在 m_0 处存在最小值, 也即是 $F(m_0) = \inf\limits_{m>0} F(m)$.

取 $m = m_0$, 当 $\gamma_* \geqslant F(m_0)$ 时, (2.1.18) 成立. 易知不等式 (2.1.17) 成立. 实际上, 由 (2.1.20) 知

$$\alpha^2 C_* \geqslant (B^* m_0^{1-\alpha^2})^{\frac{1}{\alpha}-1} (B^* m_0^{1-\alpha^2}) = (B^* m_0^{1-\alpha^2})^{\frac{1}{\alpha}},$$

也即是

$$m_0 \leqslant \left(\frac{\alpha^2 C_*}{B^{*\frac{1}{\alpha}}} \right)^{\frac{\alpha}{1-\alpha^2}}. \tag{2.1.21}$$

再由 (2.1.20), 我们有

$$\alpha^2 C_* \geqslant \left(B^* m_0^{1-\alpha^2} + D^* m_0^{1-\alpha-\beta-\alpha^2}(1+\gamma^* m_0)^{\alpha+\beta}\right)^{\frac{1}{\alpha}-1}\left[(1-\alpha-\beta)B^* m_0^{1-\alpha^2}\right.$$

$$\left. + (1-\alpha-\beta)D^* m_0^{1-\alpha-\beta-\alpha^2}(1+\gamma^* m_0)^{\alpha+\beta}\right]$$

$$=(1-\alpha-\beta)\left(B^* m_0^{1-\alpha^2} + D^* m_0^{1-\alpha-\beta-\alpha^2}(1+\gamma^* m_0)^{\alpha+\beta}\right)^{\frac{1}{\alpha}},$$

即为

$$\frac{\alpha^2 C_*}{(1-\alpha-\beta)} \geqslant \left(B^* m_0^{1-\alpha^2} + D^* m_0^{1-\alpha-\beta-\alpha^2}(1+\gamma^* m_0)^{\alpha+\beta}\right)^{\frac{1}{\alpha}}. \tag{2.1.22}$$

又因为 $0 < \alpha, \beta < 1$, $1-\alpha-\beta-\alpha^2 > 0$, (2.1.21) 和 (2.1.22) 成立, 我们有

$$m_0^{\alpha+1}(B^* m_0^{1-\alpha^2} + D^* m_0^{1-\alpha-\beta-\alpha^2}(1+\gamma^* m_0)^{\alpha+\beta})^{\frac{1}{\alpha}}$$

$$< \left(\left(\frac{\alpha^2 C_*}{B^{*\frac{1}{\alpha}}}\right)^{\frac{\alpha}{1-\alpha^2}}\right)^{\alpha+1}\frac{\alpha^2 C_*}{(1-\alpha-\beta)}$$

$$= \left(\frac{\alpha^2 C_*}{B^{*\frac{1}{\alpha}}}\right)^{\frac{\alpha}{1-\alpha}}\frac{\alpha^2 C_*}{(1-\alpha-\beta)}$$

$$= \alpha^{\frac{2\alpha}{1-\alpha}}\left(\frac{C_*}{B^*}\right)^{\frac{\alpha}{1-\alpha}}\frac{\alpha^2}{(1-\alpha-\beta)} < 1 < 1+\gamma^* m_0.$$

因此, (2.1.17) 成立. 定理证毕.

例 2.1.1 考虑如下二阶奇异方程的周期问题:

$$x'' + x = \frac{\sin^2(2\pi t x)+1}{x^{\frac{1}{2}}} + x^{\frac{1}{8}} - 0.03000. \tag{2.1.23}$$

在这种情况下, 线性系统 (2.1.23) 是非共振的且当 $t \in [0,1]$ 时, Green 函数 $G(t,s) > 0$.

实际上, 我们有

$$G(t,s) = \frac{1}{2(1-\cos 1)}\begin{cases}\sin(t-s)+\sin(1-t+s), & 0 \leqslant s \leqslant t \leqslant 1, \\ \sin(s-t)+\sin(1-s+t), & 0 \leqslant t \leqslant s \leqslant 1,\end{cases}$$

而且, 显然 $\int_0^1 G(t,s)ds = 1$.

令

$$a(t) = 1, \quad f(t,x) = \frac{\sin^2(2\pi tx) + 1}{x^{\frac{1}{2}}} + x^{\frac{1}{8}}$$

和

$$c(t) = d(1) = \frac{1}{2}b(t) = 1 > 0, \quad \alpha = \frac{1}{2}, \quad \beta = \frac{1}{8}$$

成立. 显然,

$$1 - \alpha - \alpha^2 - \beta = \frac{1}{8} > 0, \quad 0 < \frac{1}{x^{\frac{1}{2}}} < f(t,x) < \frac{2}{x^{\frac{1}{2}}} + x^{\frac{1}{8}}$$

和

$$C(t) = D(t) = \frac{1}{2}B(t) = \int_0^1 G(t,s)ds = 1$$

成立.

令 $e(t) = -0.03000$, 从而, 有 $\gamma(t) = \int_0^1 G(t,s)e(s)ds = -0.03000$, 因此, $\gamma_* = \gamma^* = -0.03000 < 0$.

计算方程如下:

$$\left(2m^{\frac{3}{4}} + m^{\frac{1}{8}}\right)\left(2m^{\frac{3}{4}} + \frac{3}{8}m^{\frac{1}{8}}\right) = \frac{1}{4}, \quad m > 0.$$

上面方程有唯一正解 $m_0 \doteq 0.02123$, 则

$$m_0^\alpha[(B^* m_0^{1-\alpha^2} + D^* m_0^{1-\alpha-\beta-\alpha^2})^{\frac{1}{\alpha}} - C_*] = m_0^{\frac{1}{2}}\left(2m_0^{\frac{3}{4}} + m_0^{\frac{1}{8}}\right) \doteq -0.03948 < \gamma_*.$$

因此, 定理 2.1.2 的条件均满足, 因此, 定理 2.1.2 保证了 (2.1.23) 有一解 x 且满足 $x(t) > 0$. 利用数值模拟的方法给出如下说明, 我们采用 Matlab 软件, 当 $e(t) = -0.03000$ 时, 拟合 (2.1.23) (图 2.1 和图 2.2).

例 2.1.2 考虑如下二阶奇异方程周期问题:

$$x'' + x = \frac{\sin^2(2\pi(t+x)) + 1}{x^{\frac{1}{2}}} + x^{\frac{1}{8}} + 0.03(\sin(2\pi t) - \max\{p(t)\}), \tag{2.1.24}$$

其中, $p(t) = \int_0^1 G(t,s)\sin(2\pi s)ds = (1 - \cos 1)^{-1}(4\pi^2 - 1)^{-1}[2\pi(1 - \cos(2\pi t))\cos(1 - t))\sin t + \sin(2\pi t)(\cos(1 - t)\cos t - 1)].$

令 $e(t) = 0.03(\sin(2\pi t) - \max\{p(t)\})$, 又由于 $\gamma(t) = \int_0^1 G(t,s)e(s)ds$, 我们有 $-\gamma_* = \gamma^* = 0.01500 \max\{p(t)\} \doteq 0.00537.$

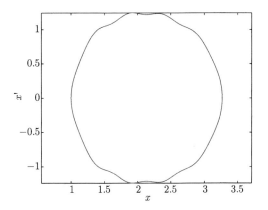

图 2.1 数值计算 $e(t) = -0.03000$

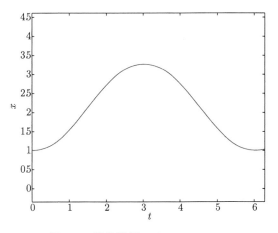

图 2.2 数值计算 $e(t) = -0.03000$

计算方程如下:

$$\left(2m^{\frac{3}{4}} + m^{\frac{1}{8}}(1 + \gamma^* m)^{\frac{9}{8}}\right)\left(2m^{\frac{3}{4}}(1 + \gamma^* m)^{\alpha+1} + \left(\frac{3}{8} + \gamma^* m\right)m^{\frac{1}{8}}(1 + \gamma^* m)^{\frac{9}{8}}\right) = \frac{1}{4},$$

上面方程有唯一正解 $m_0 = 0.01721$ 存在唯一解, 从而,

$$m_0^{\alpha}[(B^* m_0^{1-\alpha^2} + D^* m_0^{1-\alpha-\beta-\alpha^2}(1 + \gamma^* m_0)^{\alpha+\beta})^{\frac{1}{\alpha}} - C_*(1 + \gamma^* m_0)^{-\alpha}]$$

$$= m_0^{\frac{1}{2}}[(2m_0^{\frac{3}{4}} + m_0^{\frac{1}{8}}(1 + \gamma^* m_0)^{\frac{5}{8}})^2 - (1 + \gamma^* m_0)^{-\frac{1}{2}}] \doteq -0.06804 < \gamma_*,$$

既然定理 2.1.4 的条件均满足, 当 $e(t) = 0.03(\sin(2\pi t) - \max\{p(t)\})$ 时, 定理 2.1.4 保证了 (2.1.24) 有解 x 且满足 $x(t) > 0$. 利用 Matlab 软件模拟如下, 当 $e(t) = 0.03000(\sin(2\pi t) - \max\{p(t)\})$ 时, 我们有拟合系统 (2.1.24) (图 2.3 和图 2.4).

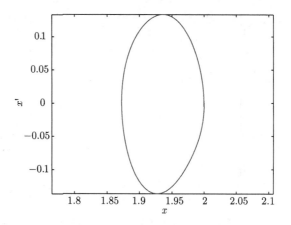

图 2.3　数值计算 $e(t) = 0.03 \times (\sin(2\pi t) - 0.17903)$

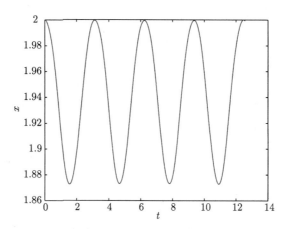

图 2.4　数值计算 $e(t) = 0.03 \times (\sin(2\pi t) - 0.17903)$

2.2　奇异非线性 Hill 方程多重周期正解的存在性

本节主要针对周期边值问题的多重周期正解的存在性进行研究, 如下:

$$
\begin{aligned}
& x'' + a(t)x = f(t,x), \quad 0 \leqslant t \leqslant T, \\
& x(0) = x(T), \quad x'(0) = x'(T),
\end{aligned}
\tag{2.2.1}
$$

其中 $a(t) \in L^1[0,T]$, Hill 方程 $x'' + a(t)x = 0$ 边界条件为

$$
x(0) = x(T), \quad x'(0) = x'(T).
$$

对于 $(t,s) \in [0,T] \times [0,T]$, 有 Green 函数 $G(t,s) > 0$. 特别地, 非线性项 $f(t,x)$ 在 $x = 0$ 处可能是奇异的或者在 $x = \infty$ 处是超线性的.

为了给出我们简单的结果, 定义如下集合:

$$\Lambda = \{a \in L^1[0,T] : a \succ 0, \|a\|_p < K(2p^*), 1 \leqslant p \leqslant \infty\}.$$

通过引理 1.2.1, 当 $a \in \Lambda$ 并且 $(t,s) \in [0,T] \times [0,T]$ 时, 方程 (2.2.1) 存在 Green 函数 $G(t,s) > 0$. 特别地, 如果 $A = \min\limits_{0 \leqslant s,t \leqslant T} G(t,s)$ 和 $B = \max\limits_{0 \leqslant s,t \leqslant T} G(t,s)$, 则当 $a \in \Lambda$ 时, 有 $B > A > 0$.

注释 2.2.1 众所周知, 当 $a(t) = m^2 (0 < m < \pi)$ 时, 容易计算 Green 函数 $G(t,s)$ 的最大值 B 和最小值 A, 得

$$A = \frac{1}{2m} \cot\left(\frac{m}{2}\right), \quad B = \frac{1}{2m \sin\left(\frac{m}{2}\right)} \text{ 和 } \sigma = \frac{A}{B} = \cos\left(\frac{m}{2}\right).$$

令 $X = C[0,T]$, 定义

$$K = \left\{ x \in X : x(t) \geqslant 0 \text{ 和 } \min_{0 \leqslant t \leqslant T} x(t) \geqslant \sigma \|x\| \right\},$$

其中 $\sigma = \dfrac{A}{B}$ 和 $\|x\| = \max\limits_{0 \leqslant t \leqslant T} |x(t)|$.

显然 K 为 X 中的锥. 最后, 定义算子 $T : X \to K$ 为

$$(Tx)(t) = \int_0^T G(t,s) F(s,x(s)) ds,$$

其中, $x \in X$, $t \in [0,T]$, $F : [0,T] \times \mathbf{R} \to [0,\infty)$ 是连续的, $G(t,s)$ 是方程

$$x'' + a(t)x = 0, \quad 0 \leqslant t \leqslant T,$$
$$x(0) = x(T), \quad x'(0) = x'(T)$$

的 Green 函数.

引理 2.2.1 $T : X \to K$ 有定义的.

证明 令 $x \in X$, 则

$$\|Tx\| \leqslant B \int_0^T F(s,x(s)) ds \text{ 和 } (Tx)(t) \geqslant A \int_0^T F(s,x(s)) ds.$$

因此

$$(Tx)(t) \geqslant \frac{A}{B} \|Tx\|, \text{ 即 } Tx \in K.$$

定理证毕. 易得如下引理.

引理 2.2.2 $T: X \to K$ 连续且全连续.

本节中, 考虑如下周期半正边值问题的多重周期正解, 方程如下:

$$x'' + a(t)x = f(t,x), \quad 0 \leqslant t \leqslant T,$$
$$x(0) = x(T), \quad x'(0) = x'(T).$$

在 $x = 0$ 时, $a(t) \in \Lambda$ 和 $f(t,x)$ 是奇异的. 特别地, 当 $x = +\infty$ 时, 非线性项 $f(t,x)$ 可能是奇异的, 而且可能取负值. 我们考虑的是, 在 $x = 0$ 时, $f(t,x)$ 满足弱奇性条件和在 $x = +\infty$ 时, $f(t,x)$ 的超线性条件下, 方程 (2.2.1) 正解的存在性. 定义如下函数:

$$\gamma(t) = \int_0^T G(t,s)e(s)ds,$$

且是下面线性方程的唯一 T-周期解

$$x'' + a(t)x = e(t).$$

我们假设如下条件成立:

(B_1) $a(t) \in \Lambda$;

(B_2) $f: [0,T] \times (0,\infty) \to \mathbf{R}$ 是连续的, 并且当 $t \in [0,T]$ 和 $x \in (0,\infty)$ 成立, 则存在函数 $e(t) \in C[0,T], e(t) > 0$ 满足 $f(t,x) + e(t) \geqslant 0$.

(B_3) 当 $(t,x) \in [0,T] \times (0,\infty)$ 时, $F(t,x) = f(t,x) + e(t) \leqslant g(x) + h(x)$ 满足 $g > 0$. 且在 $(0,\infty)$ 上连续单调不增; $h \geqslant 0$ 在 $(0,\infty)$ 上, 连续, $\dfrac{h}{g}$ 在 $(0,\infty)$ 上单调不减.

(B_4) 存在 $r > \dfrac{\|\gamma\|}{\sigma}$ 使得 $\dfrac{r}{g(\sigma r - \|\gamma\|)\left\{1 + \dfrac{h(r)}{g(r)}\right\}} > \|\omega\|$ 成立, 其中, $\sigma = \dfrac{A}{B}$, $\|\omega\| = \max\limits_{0 \leqslant t \leqslant T} |\omega(t)|$. $\omega(t)$ 是如下方程的唯一解.

$$x'' + a(t)x = 1,$$
$$x(0) = x(T), \quad x'(0) = x'(T).$$

(B_5) 当 $(t,x) \in [0,T] \times (0,\infty)$ 时, 有 $F(t,x) = f(t,x) + e(t) \geqslant g_1(x) + h_1(x)$ 使得 $g_1 > 0$ 连续 并且在 $(0,\infty)$ 上单调不增; $h_1 \geqslant 0$ 在 $(0,\infty)$ 上连续; $\dfrac{h_1}{g_1}$ 在 $(0,\infty)$ 上单调不减.

(B_6) 存在 $R > r$ 使得

$$\frac{R}{\sigma g_1(R)\left\{1 + \dfrac{h_1(\sigma R - \|\gamma\|)}{g_1(\sigma R - \|\gamma\|)}\right\}} \leqslant \|\omega\|$$

成立, 其中 σ 和 $\omega(t)$ 同 (B_4).

定理 2.2.1 假设条件 (B_1)—(B_6) 成立, 方程 (2.2.1) 存在一个周期正解, 并且对于当 $t \in [0, T]$ 时, 有 $r < \|x + \gamma\| \leqslant R$.

证明 为了证明方程 (2.2.1) 存在一个周期正解, 我们只需要证明如下方程有一个周期正解

$$\begin{aligned}
&x'' + a(t)x = F(t, x(t) - \gamma(t)), \quad 0 \leqslant t \leqslant T, \\
&x(0) = x(T), \quad x'(0) = x'(T),
\end{aligned} \tag{2.2.2}$$

这里, 当 $t \in [0, T]$ 时, x 满足 $x(t) > \gamma(t)$ 且 $r < \|x\| \leqslant R$.

如果上式成立, 则 $u(t) = x(t) - \gamma(t)$ 也就是方程 (2.2.1) 的周期正解, 并且满足 $r < \|u + \gamma\| \leqslant R$.

这是因为

$$\begin{aligned}
u''(t) + a(t)u(t) &= x''(t) - \gamma''(t) + a(t)x(t) - a(t)\gamma(t) \\
&= F(t, x(t) - \gamma(t)) - e(t) \\
&= f(t, x(t) - \gamma(t)) \\
&= f(t, u(t)), \quad 0 < t < T.
\end{aligned}$$

所以, 我们只需要研究方程 (2.2.1) 就可以. 假设 x 是方程 (2.2.1) 的一个解, 则

$$x(t) = \int_0^T G(t, s)F(s, x(s) - \gamma(s))ds, \quad 0 \leqslant t \leqslant T,$$

成立. 令 $X = C[0, T]$ 且 K 是 X 的一个锥,

$$K = \{x \in X : x(t) \geqslant 0 \text{ 且 } \min_{0 \leqslant t \leqslant T} x(t) \geqslant \sigma \|x\|\}.$$

设

$$\Omega_r = \{x \in X : \|x\| < r\}, \quad \Omega_R = \{x \in X : \|x\| < R\},$$

再定义算子 $T : K \cap (\bar{\Omega}_R \setminus \Omega_r) \to K$ 为

$$(Tx)(t) = \int_0^T G(t, s)F(s, x(s) - \gamma(s))ds, \quad 0 \leqslant t \leqslant T,$$

其中 $G(t,s)$ 是

$$x^{''} + a(t)x = 0, \quad 0 \leqslant t \leqslant T,$$
$$x(0) = x(T), \quad x^{'}(0) = x^{'}(T).$$

对于任意 $x \in K \cap (\bar{\Omega}_R \setminus \Omega_r)$, 都有 $r < \|x\| \leqslant R$, 因此 $0 < \sigma r - \|\gamma\| \leqslant x(s) - \gamma(s) \leqslant R$. 又因为 $F: [0,T] \times [\sigma r - \|\gamma\|, R] \to [0, \infty)$ 是连续的, 结合引理 2.2.1 和引理 2.2.2, 算子 $T: K \cap (\bar{\Omega}_R \setminus \Omega_r) \to K$ 是有定义的且为连续和全连续的算子.

首先, 我们证明

$$\|Tx\| < \|x\|, \quad x \in K \cap \partial\Omega_r. \tag{2.2.3}$$

事实上, 如果 $x \in K \cap \partial\Omega_r$, 当 $0 \leqslant t \leqslant T$. 时, 有 $\|x\| = r$ 且 $x(t) \geqslant \sigma r > \|\gamma\|$. 对于 $0 \leqslant t \leqslant T$, 有 $\sigma r - \|r\| \leqslant x(s) - r(s) \leqslant r$, 所以,

$$
\begin{aligned}
(Tx)(t) &= \int_0^T G(t,s)F(s, x(s) - \gamma(s))ds \\
&\leqslant \int_0^T G(t,s)g(x(s) - \gamma(s))\left\{1 + \frac{h(x(s) - \gamma(s))}{g(x(s) - \gamma(s))}\right\}ds \\
&\leqslant \int_0^T G(t,s)g(\sigma r - \|\gamma\|)\left\{1 + \frac{h(r)}{g(r)}\right\}ds \\
&= \omega(t)g(\sigma r - \|\gamma\|)\left\{1 + \frac{h(r)}{g(r)}\right\} \\
&\leqslant \|\omega\|g(\sigma r - \|\gamma\|)\left\{1 + \frac{h(r)}{g(r)}\right\} \\
&< r = \|x\|,
\end{aligned}
$$

也即是 $\|Tx\| < \|x\|$, (2.2.3) 成立.

其次, 证明

$$\|Tx\| \geqslant \|x\|, \quad x \in K \cap \partial\Omega_R \tag{2.2.4}$$

成立. 这里 $x \in K \cap \partial\Omega_R$, 当 $0 \leqslant t \leqslant T$ 时, 有 $\|x\| = R$ 和 $x(t) \geqslant \sigma R > \|\gamma\|$ 成立.

再由 (B_5) 和 (B_6)，当 $0 \leqslant t \leqslant T$ 时，有 $\sigma R - \|\gamma\| \leqslant x(s) - \gamma(s) \leqslant R$. 我们有

$$
\begin{aligned}
(Tx)(t) &= \int_0^T G(t,s)F(s, x(s) - \gamma(s))ds \\
&\geqslant \int_0^T G(t,s)g_1(x(s) - \gamma(s))\left\{1 + \frac{h_1(x(s) - \gamma(s))}{g_1(x(s) - \gamma(s))}\right\}ds \\
&\geqslant \int_0^T G(t,s)g_1(R)\left\{1 + \frac{h_1(\sigma R - \|\gamma\|)}{g_1(\sigma R - \|\gamma\|)}\right\}ds \\
&= \omega(t)g_1(R)\left\{1 + \frac{h_1(\sigma R - \|\gamma\|)}{g_1(\sigma R - \|\gamma\|)}\right\} \\
&\geqslant \sigma\|\omega\|g_1(R)\left\{1 + \frac{h_1(\sigma R - \|\gamma\|)}{g_1(\sigma R - \|\gamma\|)}\right\} \\
&\geqslant R = \|x\|,
\end{aligned}
$$

也即是 $\|Tx\| \geqslant \|x\|$，(2.2.4) 成立.

由 (2.2.3)，(2.2.4) 和定理 1.2.2，保证了 T 存在不动点 $x_1 \in K \cap (\bar{\Omega}_R \setminus \Omega_r)$，满足 $r \leqslant \|x_1\| \leqslant R$ 和 $\|x_1\| \neq r$ 成立. 显然，x_1 是方程的 (2.2.2) 周期正解. 因此，$x_1(t) - \gamma(t)$ 是方程的 (2.2.1) 周期正解.

定理 2.2.2 假设条件 (B_1)—(B_6) 成立，另外假设条件 (B_7) 成立.

(B_7) 对于每个 $L > 0$，$t \in [0, T]$，存在一个函数 $\varphi_L \in C[0, T]$，$\varphi_L \succ 0$ 使得，对于 $(t, x) \in [0, T] \times (0, L]$，$F(t, x) \geqslant \varphi_L(t)$ 和 $\varphi_r(t) > e(t)$，$t \in [0, T]$ 成立，其中 r 同 (B_4).

则当 $t \in [0, T]$ 时，方程 (2.2.1) 存在一个周期正解 x 满足 $0 < \|x + \gamma\| < r$.

证明 利用 Leray-Schauder 二择一定理和截断技术证明存在性. 当 $t \in [0, T]$ 时，首先，我们证明 (2.2.2) 有一个周期正解且 $x(t) \to r(t) > 0$. 这样，也就证出方程 (2.2.1) 存在周期正解 $u(t) = x(t) - \gamma(t)$ 且 $0 < \|u + \gamma\| < r$. 与证明定理 2.2.1 类证，我们证明下面方程存在一个正解

$$
x(t) = \int_0^T G(t,s)F(s, x(s) - \gamma(s))ds, \tag{2.2.5}
$$

由于 (B_4) 成立，选取适当的 $n_0 \in \{1, 2, \cdots\}$ 满足 $\dfrac{1}{n_0} < \sigma r - \|\gamma\|$ 和

$$
\|\omega\|g(\sigma r)\left\{1 + \frac{h(r)}{g(r)}\right\} + \frac{1}{n_0} < r
$$

成立. 令 $N_0 = \{n_0, n_0 + 1, \cdots\}$. 现在考虑如下一族方程

$$x'' + a(t)x = \lambda F_n(t, x(t) - \gamma(t)) + a(t)/n. \tag{2.2.6}$$

其中 $F_n(t, x) := F(t, \max\{1/n, x\}), (t, x) \in [0, T] \times R$ 且参数 $\lambda \in [0, 1]$. 方程 (2.2.6) 满足周期边值条件

$$x(0) = x(T), \quad x'(0) = x'(T) \tag{2.2.7}$$

等价为如下的不动点问题:

$$x(t) = \lambda \int_0^T G(t, s) F_n(s, (x(s) - \gamma(s))) ds + 1/n,$$

其中,

$$F_n(t, x) = \begin{cases} F(t, x), & x \geqslant \dfrac{1}{n}, \\ F\left(t, \dfrac{1}{n}\right), & x \leqslant \dfrac{1}{n}. \end{cases}$$

利用 Leray-Schauder 二择一定理, 需要考虑如下等式:

$$x = \lambda T_n x + \frac{1}{n}, \tag{2.2.8}$$

其中, $\lambda \in [0, 1], T_n$ 定义为 $(T_n x)(t) = \int_0^T G(t, s) F_n(s, x(s)) ds$. 当 $\lambda \in [0, 1]$ 时, 方程 (2.2.8) 的任意一个不动点 x 一定满足 $\|x\| \neq r$. 否则, 假设当 $\lambda \in [0, 1]$ 时, 方程 (2.2.8) 的一个不动点 x 满足 $\|x\| = r$. 注意到 $F_n(t, x) \geqslant 0$. 对于任何 t 根据引理 2.2.2, 对于任意 t, 有 $x(t) \geqslant 1/n$ 且 $r \geqslant x(t) \geqslant 1/n + \sigma\|x - \frac{1}{n}\|$ 成立. 选取适当的 n_0, 有 $1/n \leqslant 1/n_0 < r$. 因此, 对于任何 t, 有

$$x(t) \geqslant 1/n \text{ 且 } r \geqslant x(t) \geqslant 1/n + \sigma \left\| x - \frac{1}{n} \right\| \geqslant 1/n + \sigma \left(r - \frac{1}{n} \right) \geqslant \sigma r > \|\gamma\|. \tag{2.2.9}$$

故 $x(t) - \gamma(t) \geqslant \sigma r - \|\gamma\| \geqslant \dfrac{1}{n}$. 利用 (2.3.9), 结合 (B$_3$), 对于任意 t, 有

$$x(t) = \lambda \int_0^T G(t, s) F_n(s, (x(s) - \gamma(s))) ds + \frac{1}{n}$$

$$= \lambda \int_0^T G(t,s) F(s,(x(s)-\gamma(s))) ds + \frac{1}{n}$$

$$\leqslant \lambda \int_0^T G(t,s) g(x(s)-\gamma(s)) \left\{ 1 + \frac{h(x(s)-\gamma(s))}{g(x(s)-\gamma(s))} \right\} ds + \frac{1}{n}$$

$$\leqslant g(\sigma r - \|\gamma\|) \left\{ 1 + \frac{h(r)}{g(r)} \right\} \int_0^T G(t,s) ds + \frac{1}{n_0}$$

$$\leqslant \|\omega\| g(\sigma r - \|\gamma\|) \left\{ 1 + \frac{h(r)}{g(r)} \right\} + \frac{1}{n_0}.$$

因此,

$$r = \|x\| \leqslant \|\omega\| g(\sigma r - \|\gamma\|) \left\{ 1 + \frac{h(r)}{g(r)} \right\} + \frac{1}{n_0}.$$

这与前面矛盾, 则结论成立.

再利用定理 1.2.1 证明出

$$x(t) = \int_0^T G(t,s) F_n(s,(x(s)-\gamma(s))) ds + \frac{1}{n}$$

在 $B_r = \{x \in X, \|x\| < r\}$ 上有一个不动点, 记为 x_n, 也即是方程 $(2.2.6)(\lambda = 1)$ 至少存在一个周期解 x_n 使得 $\|x_n\| < r$ 成立. 由于 x_n 满足 $(2.2.8)$, 对于任意 t, 有 $x_n(t) \geqslant \frac{1}{n}$. x_n 是方程 $(2.2.6)$ 在 $\lambda = 1$ 的一个周期正解.

下面, 证明 $x_n(t) - \gamma(t)$ 有一致正下界, 也即是, 存在不依赖 $n \in N_0$ 的常数 $\delta > 0$, 对于所有 $n \in N_0$ 时, 有

$$\min_{t \in [0,T]} \{ x_n(t) - \gamma(t) \} \geqslant \delta. \tag{2.2.10}$$

为了证明这一点, 从 (B_7) 中知, 对于所有 $(t,x) \in [0,T] \times (0,r]$, 存在连续函数 $\varphi_r(t) \succ 0$ 使得 $F(t,x) > \varphi_r(t) > e(t)$ 成立. 设 $x_r(t)$ 为方程 $(2.2.2)$ 的唯一正解且满足 $h(t) = \varphi_r(t) - e(t)$, 则

$$x_r(t) = \int_0^T G(t,s)[\varphi_r(s) - e(s)] ds \geqslant A \|\phi_r - \gamma\|_1 > 0.$$

这是由于 $x_n(t) - \gamma(t) < r$ 和 $\frac{1}{n} < r$ 成立. 令 $\mathrm{II} = \left\{ t \in [0,T] : x_n(t) - \gamma(t) \geqslant \frac{1}{n} \right\}$, $\mathrm{II}' = [0,T] \setminus \mathrm{II}$. 我们有

$$x_n(t) - \gamma(t) = \int_0^T G(t,s)F_n(s,(x_n(s) - \gamma(s)))ds + \frac{1}{n} - \int_0^T G(t,s)e(s)ds$$

$$= \int_{\mathrm{II}} G(t,s)F(s,(x_n(s) - \gamma(s)))ds$$

$$+ \int_{\mathrm{II}'} G(t,s)F(s,\frac{1}{n})ds + \frac{1}{n} - \int_0^T G(t,s)e(s)ds$$

$$\geqslant \int_{\mathrm{II}} G(t,s)\varphi_r(s)ds + \int_{\mathrm{II}'} G(t,s)\varphi_r(s)ds + \frac{1}{n} - \int_0^T G(t,s)e(s)ds$$

$$= \int_0^T G(t,s)\varphi_r(s)ds + \frac{1}{n} - \int_0^T G(t,s)e(s)ds$$

$$= \int_0^T G(t,s)(\varphi_r(s) - e(s))ds + \frac{1}{n}$$

$$\geqslant A\|\varphi_r - \gamma\|_1 := \delta.$$

为了通过截断方程 (2.2.6)($\lambda = 1$) 的不动点得到原方程 (2.2.5) 的解, 我们需要下面的事实: 假设某个常数 $H > 0$, 对于所有 $n \geqslant n_0$, 时, 有

$$\|x_n'\| \leqslant H. \tag{2.2.11}$$

利用周期边界条件 (2.2.7), 且对于某个 $t_0 \in [0,T]$ 时, 有 $x_n'(t_0) = 0$. 对方程 (2.2.6) 取 0 到 T 的积分, 有

$$\int_0^T a(t)x_n(t)dt = \int_0^T \left[F_n(t,(x_n(t) - \gamma(t))) + \frac{a(t)}{n}\right]dt.$$

因此,

$$\|x_n'\| = \max_{0 \leqslant t \leqslant T} |x_n'(t)| = \max_{0 \leqslant t \leqslant T} \left|\int_{t_0}^T x_n''(s)ds\right|$$

$$= \max_{0 \leqslant t \leqslant T} \left|\int_{t_0}^T [F_n(s,x_n(s) - \gamma(s)) + \frac{a(s)}{n} - a(s)x_n(s)]ds\right|$$

$$\leqslant \int_0^T \left[F_n(s,x_n(s) - \gamma(s)) + \frac{a(s)}{n}\right]ds + \int_0^T a(s)x_n(s)ds$$

$$= 2\int_0^T a(s)x_n(s)ds < 2r\|a\|_1 := H.$$

由 $\|x_n\| < r$ 和 (2.2.11) 知, 在区间 $[0,T]$ 上, $\{x_n\}_{n \in N_0}$ 为有界且等度连续族. 由 Arzela-Ascoli 定理可知, 在区间 $[0,T]$ 上, $\{x_n\}_{n \in N_0}$ 有一个一致收敛到函数 x 的子序

列 $\{x_{n_k}\}_{k \in N}$. 由 $\|x_n\| < r$ 和 (2.3.10) 知, 当 $t \in [0, T]$ 时, x 满足 $\delta \leqslant x(t) - \gamma(t) < r$. 而且, x_{n_k} 满足如下积分方程:

$$x_{n_k} = \int_0^T G(t, s) F(s, x_{n_k}(s) - \gamma(s)) ds + \frac{1}{n_k}.$$

令 $k \to \infty$, 有

$$x(t) = \int_0^T G(t, s) F(s, x(s) - \gamma(s)) ds,$$

这里利用了 $F(t, x)$ 在 $[0, 1] \times [\delta, r]$ 上的连续性. 因此, x 是方程 (2.2.5) 的一个正解 且满足不等式 $0 < \|x\| < r$. 因此, $x(t) - \gamma(t)$ 是方程 (2.2.1) 的正周期解.

定理 2.2.3 假设条件 (B_1)—(B_7) 成立. 当 $t \in [0, T]$ 时, 方程 (2.2.1) 至少存 在两个解 u_1, u_2 并且满足 $u_1(t) > 0, u_2(t) > 0$.

证明 由定理 2.2.1 的证明, 我们有, 当 $t \in [0, T]$ 时, 方程 (2.2.5) 存在周期正 解 $x_1(t) > \gamma(t)$ 且 $r < \|x_1\| \leqslant R$. 再利用定理 2.2.2 知, 当 $t \in [0, T]$ 时, 方程 (2.2.5) 存在另一个正周期解 $x_2(t) > \gamma(t)$ 且 $\|x_2\| < r$. 因此, 方程 (2.2.1) 至少存在两个周 期正解, 即为

$$u_1 = x_1(t) - \gamma(t), \quad u_2(t) = x_2(t) - \gamma(t).$$

易知, 当 $e(t) \equiv 0$ 时, 有如下推论成立.

推论 2.2.1 假设如下条件满足:

(F_1) $a(t) \in \Lambda$;

(F_2) $f : [0, T] \times (0, \infty) \to (0, \infty)$ 是连续的;

(F_3) 当 $(t, x) \in [0, T] \times (0, \infty)$ 时, $f(t, x) \leqslant g(x) + h(x)$ 成立, 在 $(0, \infty)$ 上 $g > 0$ 连续单调不增. 在 $(0, \infty)$ 上, $h \geqslant 0$ 是连续的, 在 $(0, \infty)$ 上, $\dfrac{h}{g}$ 是单调不减的;

(F_4) 存在 $r > 0$ 使得 $\dfrac{r}{g(\sigma r)\left\{1 + \dfrac{h(r)}{g(r)}\right\}} > \|\omega\|$, 其中, $\sigma = \dfrac{A}{B}$, $\|\omega\| = \max\limits_{0 \leqslant t \leqslant T} |\omega(t)|$ 且 $\omega(t)$ 是如下方程的唯一解:

$$\begin{aligned} & x'' + a(t)x = 1, \\ & x(0) = x(T), \quad x'(0) = x'(T); \end{aligned}$$

(F_5) 当 $(t, x) \in [0, T] \times (0, \infty)$ 时, $f(t, x) \geqslant g_1(x) + h_1(x)$ 成立, 在 $(0, \infty)$ 上, $g_1 > 0$ 连续单调不增, 在 $(0, \infty)$ 上, $h_1 \geqslant 0$ 是连续的, 在 $(0, \infty)$ 上, $\dfrac{h_1}{g_1}$ 单调不减的;

(F_6) 存在 $R > r$ 使得

$$\frac{R}{\sigma g_1(R)\left\{1 + \dfrac{h_1(\sigma R)}{g_1(\sigma R)}\right\}} \leqslant \|\omega\|$$

成立, 其中, σ 和 $\omega(t)$ 同 (F_4) 中定义;

(F_7) 对于每个 $L > 0$, 且当 $t \in [0, T]$ 时, 存在函数 $\varphi_L \in C[0, T], \varphi_L \succ 0$ 使得 $f(t, x) \geqslant \varphi_L(t)$, 对于 $(t, x) \in [0, T] \times (0, L]$ 成立.

因此, 当 $t \in [0, T]$ 时, 方程 (2.2.1) 至少存在两个解 x_1, x_2 并且满足

$$x_1(t) > 0, \quad x_2(t) > 0.$$

例 2.2.1　考虑如下的边值问题:

$$\begin{aligned}
&x'' + a(t)x = b(t)x^{-\alpha} + \mu c(t)x^{\beta} + e^*(t), \quad 0 \leqslant t \leqslant T, \\
&x(0) = x(T), \quad x'(0) = x'(T);
\end{aligned} \tag{2.2.12}$$

其中, $a(t) \in \Lambda, \alpha > 0, \beta > 1, b(t), c(t), e^*(t) \in C[0, T]$ 且 $b(t) > 0, c(t) > 0, b_0 = \max\limits_t b(t) > 0, b_1 = \min\limits_t b(t) > 0, e_0 = \max\limits_t |e^*(t)| \geqslant 0$ 和

$$\left(\frac{b_1}{e_0}\right)^{\frac{1}{\alpha}}\left[\sigma\left(\frac{b_1}{e_0}\right)^{\frac{1}{\alpha}} - \|\gamma\|\right] > (b_0 + 2b_1)^{\frac{1}{\alpha}}\|\omega\|^{\frac{1}{\alpha}} \tag{2.2.13}$$

成立. 对于每个 $\mu, 0 < \mu < \mu_*, \mu_*$ 是某个正常数. 当 $t \in [0, T]$ 时, 方程 (2.2.12) 至少存在两个周期解 x_1, x_2 并且满足 $x_1(t) > 0, x_2(t) > 0$.

证明　应用定理 2.2.3, 取

$$f(t, x) = b(t)x^{-\alpha} + \mu c(t)x^{\beta} + e^*(t),$$

$$g(x) = b_0 x^{-\alpha}, \quad h(x) = \mu c_0 x^{\beta} + 2e_0,$$

$$g_1(x) = b_1 x^{-\alpha}, \quad h_1(x) = \mu c_1 x^{\beta},$$

其中, $c_0 = \max\limits_t c(t) > 0, c_1 = \min\limits_t c(t) > 0$. 令 ($B_7$) 中的 $\varphi_L(t) = L^{-\alpha}b_1$ 和 $e(t) = |e^*(t)|$. 显然, (B_1)—(B_3), (B_5) 成立.

对于某个 $r > \dfrac{\|\gamma\|}{\sigma}$ 和 $r^{-\alpha}b_1 > e_0$, 也即是 $r \in \left(\dfrac{\|\gamma\|}{\sigma}, \left(\dfrac{b_1}{e_0}\right)^{\frac{1}{\alpha}}\right)$. 存在性条件 ($B_4$) 转化为如下形式:

$$\mu < \frac{r(\sigma r - \|\gamma\|)^{\alpha}/\|\omega\| - (b_0 + 2e_0 r^{\alpha})}{c_0 r^{\alpha+\beta}} := F(r), \quad \frac{\|\gamma\|}{\sigma} < r < \left(\frac{b_1}{e_0}\right)^{\frac{1}{\alpha}}.$$

由 (2.2.13) 知, $F\left(\left(\dfrac{b_1}{e_0}\right)^{\frac{1}{\alpha}}\right) > 0$. 条件 (B_6) 转化为

$$\mu \geqslant \frac{R^{1+\alpha}/(\sigma\|\omega\|) - b_1}{c_1(\sigma R - \|\gamma\|)^{\alpha+\beta}}. \tag{2.2.14}$$

又由于 $\beta > 1$, 当 $R \to \infty$ 时, (2.2.14) 右端趋于 0.

由 (B_7) 和 $0 < x \leqslant L$ 知

$$b(t)x^{-\alpha} + \mu c(t)x^{\beta} + e^*(t) + e_0 \geqslant L^{-\alpha}b_1,$$

和 $r^{-\alpha}b_1 > e_0$ 成立, 也即是 $r < \left(\dfrac{b_1}{e_0}\right)^{\frac{1}{\alpha}}$. 给定

$$0 < \mu < \mu_* := \sup_{r \in \left(\frac{\|\gamma\|}{\sigma}, \left(\frac{b_1}{e_0}\right)^{\frac{1}{\alpha}}\right)} \frac{r(\sigma r - \|\gamma\|)^{\alpha}/\|\omega\| - (b_0 + 2e_0 r^{\alpha})}{c_0 r^{\alpha+\beta}} < +\infty,$$

总能找到 $R \gg r$ 满足 (2.2.14). 因此, 方程 (2.2.12) 存在两个周期正解 x_1, x_2 并且满足

$$0 < \|x_1 + \gamma(t)\| < r$$

和

$$r < \|x_2 + \gamma(t)\| \leqslant R.$$

第3章 奇异半正积分方程正解的存在性

3.1 弱奇性奇异积分正解的存在性

由于积分方程有很强的应用背景, 因此, 积分方程理论得到了广泛的研究. 近年来, 出现了许多关于积分方程的文献. 本书主要利用 Schauder 不动点定理, 证明如下积分方程的正解的存在性:

$$x(t) = \int_0^1 G(t,s)[f(s,x(s)) + e(s)]ds, \quad t \in [0,1], \tag{3.1.1}$$

在适当的边界条件下, 积分方程 (3.1.1) 的结果可以应用到常微分方程中, 因此, 研究方程 (3.1.1) 是有意义的.

当 $e \equiv 0$ 时, 我们有

$$x(t) = \int_0^1 G(t,s)f(s,x(s))ds, \tag{3.1.2}$$

这是一个通信中的实际例子.

当 $e \neq 0$ 时, 许多文献主要研究正定的情形, 很少有论文研究半正情形下非线性奇异问题. 近年来, 储继峰和 Torres 考虑了如下二阶半线性奇异方程周期解的问题:

$$x'' + a(t)x = \frac{b(t)}{x^\alpha} + d(t)x^\beta + e(t), \tag{3.1.3}$$

其中, $a, b, d, e \in C[0,1], \alpha, \beta > 0$.

本章通过利用 Schauder 不动点定理, 证明了方程 (3.1.1) 的正解存在性. 主要讨论 $x = 0$ 时, $f(t,x)$ 可能有奇性的情况. 首先令 $f(t,x) = \dfrac{b(t)}{x^\alpha}, \alpha > 0$, 其次考虑 $f(t,x) = b(t)(x^{-\alpha} + x^\beta), \alpha > 0, \beta \geqslant 0$. 我们定义

$$p^* = \sup_{t \in (0,1)} \frac{p(t)}{a(t)} \quad \text{和} \quad p_* = \inf_{t \in (0,1)} \frac{p(t)}{a(t)},$$

这里 $\dfrac{p}{a} \in L^1[0,1]$. 定义函数 $\gamma(t)$ 定义为 $\gamma(t) = \int_0^1 G(t,s)e(s)ds$, 则

$$a(t)\gamma_* \leqslant \gamma(t) \leqslant a(t)\gamma^*.$$

当 $\gamma^* \leqslant 0$ 或者 $\gamma_* < 0 < \gamma^*$ 时, 证明 (3.1.3) 的正解存在性.

首先, 定义一些记号:

如果 $f : (0,1) \times (0,+\infty) \to (0,+\infty)$ 是一个 L^1-caratheodory 的函数, 则 $f \in Car((0,1) \times (0,+\infty), (0,+\infty))$, 也即是, 对于几乎处处的 $t \in (0,1)$, 映射 $x \mapsto f(t,x)$ 是连续的, 并且对于所有的 $x \in (0,+\infty)$ 成立时, $t \mapsto f(t,x)$ 是可测的.

考虑如下积分方程

$$x(t) = \int_0^1 G(t,s)[f(s,x(s)) + e(s)]ds$$

$$= \int_0^1 G(t,s)f(s,x(s))ds + \gamma(t), t \in [0,1] \tag{3.1.4}$$

这里, $|e(t)| \in L^1[0,1], f \in Car((0,1) \times (0,+\infty), (0,+\infty)), G(t,s) : [0,1] \times [0,1] \to [0,+\infty)$ 是连续的. $G(t,s)$ 满足如下假设:

(A) 存在 $a, m, n \in C[0,1]$, 当 $t \in (0,1)$ 时, 满足 $a(t), m(t), n(t) > 0$ 使得

$$a(t)m(s) \leqslant G(t,s) \leqslant a(t)n(s) \ \text{对任意的} \ t \in [0,1], s \in [0,1]$$

成立. 另外假设 $\|a\| = \sup_{t \in [0,1]} a(t) \leqslant 1$ 也成立.

定理 3.1.1 假设 $G(t,s)$ 满足条件(A). 而且, 还有如下条件成立.

(H$_1$) 存在连续、非负的函数 $g(x)$, $h(x)$, $b(t)$, $c(t)$, 使得

$$c(t)g(x) \leqslant f(t,x) \leqslant b(t)[g(x)+]h(x)] \ (t,x) \in [0,1] \times (0,\infty)$$

成立, 这里 $t \in (0,1)$ 时, $b(t) \geqslant c(t) > 0$ 且 $x \in (0,\infty)$ 时, $g(x) > 0$ 严格单调减的, $\frac{h(x)}{g(x)}$ 单调不减的, $\exists K_0$ 满足 $g(ab) \leqslant K_0 g(a)g(b)$.

(H$_2$) 存在正常数 $R > 0$ 使得

$$R > K_0 \overline{B} g(R) \left(\overline{B} + \frac{h(R)}{g(R)}\overline{B} \right) + \gamma^*$$

和

$$\gamma_* \geqslant g^{-1}\left(\frac{R - \gamma^*}{K_0\overline{B}\left(1 + \frac{h(R)}{g(R)}\right)} \right) - g(R)\underline{B}$$

成立. 其中

$$\underline{B} = \int_0^1 m(s)c(s)ds, \quad \overline{B} = \int_0^1 n(s)g(a(s))b(s)ds.$$

另外,

$$0 < \int_0^1 g(a(s))b(s)ds < \infty,$$

则 (3.1.1) 至少存在一个正解.

证明　令 $E = (C[0,1], \|\cdot\|)$, Ω 是一个闭凸集,

$$\Omega = \{x \in C[0,1] : a(t)r \leqslant x(t) \leqslant a(t)R, \quad t \in [0,1]\}.$$

其中 $E = C[0,1]$ 是定义在区间 $[0,1]$ 上的 Banach 空间的连续泛函, 范数为 $\|x\|$: $\max\limits_{t\in[0,1]} |x(t)|$, R 是满足 (H_2) 正的常数, 而且

$$r = g^{-1}\left(\frac{R - \gamma^*}{K_0\overline{B}\left(1 + \dfrac{h(R)}{g(R)}\right)}\right).$$

由于 $R \geqslant K_0\overline{B}g(R)\left(1 + \dfrac{h(R)}{g(R)}\right) + \gamma^*$, 则 $R > r > 0$.

现在, 定义算子 $T : \Omega \to E$ 为

$$(Tx)(t) = \int_0^1 G(t,s)f(s,x(s))ds + \gamma(t),$$

则积分方程 (3.1.1) 等价为如下的不动点问题:

$$x = Tx.$$

下面, 我们将要证明 $T(\Omega) \subset \Omega$.

实际上, 对于 $x \in \Omega$ 和 $t \in [0,1]$, 结合 (A), (H_1) 及 (H_2), 有

$$(Tx)(t) \geqslant \int_0^1 G(t,s)c(s)g(x(s))ds + \gamma(t)$$

$$\geqslant \int_0^1 a(t)m(s)c(s)g(x(s))ds + a(t)\gamma_*$$

$$\geqslant a(t)\left[\int_0^1 m(s)c(s)g(a(s)R)ds + \gamma_*\right]$$

$$\geqslant [g(R)\underline{B} + \gamma_*]a(t)$$

$$\geqslant g^{-1}\left(\frac{R - \gamma^*}{K_0\overline{B}\left(1 + \dfrac{h(R)}{g(R)}\right)}\right)a(t) = ra(t),$$

其中 $r = g^{-1}\left(\dfrac{R - \gamma^*}{K_0\overline{B}\left(1 + \dfrac{h(R)}{g(R)}\right)}\right)$.

另一方面, 由条件(H_1)和(H_2), 有

$$(Tx)(t) \leqslant \int_0^1 G(t,s)b(s)[g(x(s)) + h(x(s))]ds + \gamma(t)$$

$$= \int_0^1 G(t,s)g(x(s))b(s)\left[1 + \frac{h(x(s))}{g(x(s))}\right]ds + \gamma(t)$$

$$\leqslant \int_0^1 G(t,s)g(a(s)r)b(s)\left[1 + \frac{h(a(s)R)}{g(a(s)R)}\right]ds + \gamma(t)$$

$$\leqslant \int_0^1 a(t)n(s)K_0 g(r)g(a(s))b(s)\left[1 + \frac{h(R)}{g(R)}\right]ds + a(t)\gamma^*$$

$$\leqslant a(t)\left[K_0 g(r)\left(1 + \frac{h(R)}{g(R)}\right)\int_0^1 n(s)g(a(s))b(s)ds + \gamma^*\right]$$

$$= a(t)\left[K_0 g(r)\left(1 + \frac{h(R)}{g(R)}\right)\overline{B} + \gamma^*\right] = a(t)R.$$

其中 $R = K_0\overline{B}g(r)\left(1 + \dfrac{h(R)}{g(R)}\right) + \gamma^*$.

因此, $T(\Omega) \subset \Omega$. 应用 Schauder 不动点定理, 定理证毕.

作为定理 3.1.1 的一个应用, 我们考虑 $\gamma^* \leqslant 0$ 的情况. 易得定理 3.1.1 的推论 3.1.1.

推论 3.1.1 假设 $a(t)$ 满足条件(A)和(H_1), 而且 (H_2^*) 存在正常数 $R > 0$ 使得

$$R > K_0\overline{B}g(R)\left(1 + \frac{h(R)}{g(R)}\right)$$

和

$$\gamma_* \geqslant g^{-1}\left(\frac{R}{K_0\overline{B}\left(1 + \dfrac{h(R)}{g(R)}\right)}\right) - g(R)\underline{B}$$

成立. 另外,

$$0 < \int_0^1 g(a(s))b(s)ds < \infty,$$

其中 $\overline{B}$ 和 $\underline{B}$ 同定理 3.1.1. 如果 $\gamma^* \leqslant 0$, 则 (3.1.1) 至少存在一个正解.

下面的部分, 应用定理 3.1.1 或者推论 3.1.1, 考虑 $\gamma^* \leqslant 0$ 和 $\gamma_* < 0 < \gamma^*$ 的情况.

1. $\gamma^* \leqslant 0$ 的情况

定理 3.1.2　假设 $a(t)$ 满足 (A), 而且存在连续、非负函数 $b(t), c(t)$ 满足

(H_1^*) $c(t)x^{-\alpha} \leqslant f(t,x) \leqslant b(t)(x^{-\alpha}+x^\beta), (t,x) \in [0,1] \times (0,\infty), b(t), c(t) \in C[0,1]$,
且 $b(t) \geqslant c(t) > 0, 0 < \alpha, \beta < 1, 1 - \alpha - \alpha^2 - \beta > 0$.

若 $\gamma^* \leqslant 0$,

$$\gamma_* \geqslant m_0^\alpha \left[\overline{B}^{\frac{1}{\alpha}} (m_0^{1-\alpha^2} + m_0^{1-\alpha-\beta-\alpha^2})^{\frac{1}{\alpha}} - \underline{B} \right]$$

成立, 其中 m_0 是如下方程的唯一正解:

$$\overline{B}^{\frac{1}{\alpha}} \left(m^{1-\alpha^2} + m^{1-\alpha-\beta-\alpha^2} \right)^{\frac{1}{\alpha}-1} \left[m^{1-\alpha^2} + (1-\alpha-\beta)m^{1-\alpha-\beta-\alpha^2} \right] = \alpha^2 \underline{B},$$

另外,

$$0 < \int_0^1 a^{-\alpha}(s)b(s)ds < \infty,$$

其中

$$\underline{B} = \int_0^1 m(s)c(s)ds, \quad \overline{B} = \int_0^1 n(s)a^{-\alpha}(s)b(s)ds,$$

则方程 (3.1.1) 至少存在一个正解.

证明　由(H_1^*), 有 $b(t) \geqslant c(t) > 0, g(x) = x^{-\alpha}, h(x) = x^\beta$, 则在 $x \in (0,\infty)$ 上, $g(x) = x^{-\alpha} > 0$ 是严格单调减的, $\dfrac{h(x)}{g(x)} = x^{\alpha+\beta}$ 是单调不减的, $K_0 = 1$. 因此定理 3.1.1 中的 (H_1) 成立. 再由推论 3.1.1 中的 (H_2^*), 易得 $R > 0$ 使得

$$R > \overline{B}R^{-\alpha}(1 + R^{\alpha+\beta}) \tag{3.1.5}$$

和

$$\gamma_* \geqslant \left(\frac{\overline{B}(1 + R^{\alpha+\beta})}{R} \right)^{\frac{1}{\alpha}} - \frac{\underline{B}}{R^\alpha}. \tag{3.1.6}$$

成立. 令 $m = \dfrac{1}{R}$, 则上面两个不等式等价于

$$m^{\alpha+1}\overline{B}^{\frac{1}{\alpha}}(m^{1-\alpha^2} + m^{1-\alpha-\beta-\alpha^2})^{\frac{1}{\alpha}} < 1 \tag{3.1.7}$$

和

$$\gamma_* \geqslant \overline{B}^{\frac{1}{\alpha}}\left[m\left(1 + \left(\frac{1}{m}\right)^{\alpha+\beta}\right)\right]^{\frac{1}{\alpha}} - \underline{B}m^{\alpha}.$$

因此, 当 $m \in (0, +\infty)$ 时, 我们有

$$\gamma_* \geqslant \overline{B}^{\frac{1}{\alpha}}\left[m\left(1 + \left(\frac{1}{m}\right)^{\alpha+\beta}\right)\right]^{\frac{1}{\alpha}} - \underline{B}m^{\alpha}$$

$$= m^{\alpha}\left[\overline{B}^{\frac{1}{\alpha}}(m^{1-\alpha^2} + m^{1-\alpha-\beta-\alpha^2})^{\frac{1}{\alpha}} - \underline{B}\right]$$

$$=: F(m).$$

计算得

$$F'(m) = \alpha m^{\alpha-1}\left[\left(\overline{B}(m^{1-\alpha^2} + m^{1-\alpha-\beta-\alpha^2})\right)^{\frac{1}{\alpha}} - \underline{B}\right]$$

$$+ m^{\alpha}\left[\frac{1}{\alpha}\left(\overline{B}(m^{1-\alpha^2} + m^{1-\alpha-\beta-\alpha^2})\right)^{\frac{1}{\alpha}-1}\right.$$

$$\left. \cdot \left((1-\alpha^2)\overline{B}m^{-\alpha^2} + (1-\alpha-\beta-\alpha^2)\overline{B}m^{-\alpha-\beta-\alpha^2}\right)\right]$$

$$= \frac{1}{\alpha}m^{\alpha-1}\left\{\alpha^2\left[\left(\overline{B}(m^{1-\alpha^2} + m^{1-\alpha-\beta-\alpha^2})\right)^{\frac{1}{\alpha}} - \underline{B}\right]\right.$$

$$+ \overline{B}^{\frac{1}{\alpha}}m\left[\left(m^{1-\alpha^2} + m^{1-\alpha-\beta-\alpha^2}\right)^{\frac{1}{\alpha}-1}\right.$$

$$\left.\left. \cdot \left((1-\alpha^2)m^{-\alpha^2} + (1-\alpha-\beta-\alpha^2)m^{-\alpha-\beta-\alpha^2}\right)\right]\right\}$$

$$= \frac{1}{\alpha}m^{\alpha-1}\left\{\alpha^2\left[\left(\overline{B}(m^{1-\alpha^2} + m^{1-\alpha-\beta-\alpha^2})\right)^{\frac{1}{\alpha}} - \underline{B}\right]\right.$$

$$+ \overline{B}^{\frac{1}{\alpha}}\left[\left(m^{1-\alpha^2} + m^{1-\alpha-\beta-\alpha^2}\right)^{\frac{1}{\alpha}-1}\left((1-\alpha^2)m^{1-\alpha^2}\right.\right.$$

$$+ (1-\alpha-\beta-\alpha^2)m^{1-\alpha-\beta-\alpha^2}\Big)\Big]\Big\}$$

$$=\frac{1}{\alpha}m^{\alpha-1}\bigg\{\bigg[\alpha^2\Big(\overline{B}(m^{1-\alpha^2}+m^{1-\alpha-\beta-\alpha^2})\Big)^{\frac{1}{\alpha}}+\overline{B}^{\frac{1}{\alpha}}\Big(m^{1-\alpha^2}+m^{1-\alpha-\beta-\alpha^2}\Big)^{\frac{1}{\alpha}-1}$$

$$\cdot\Big((1-\alpha^2)m^{1-\alpha^2}+(1-\alpha-\beta-\alpha^2)m^{1-\alpha-\beta-\alpha^2}\Big)\bigg]-\alpha^2\underline{B}\bigg\}$$

$$=\frac{1}{\alpha}m^{\alpha-1}\bigg\{\overline{B}^{\frac{1}{\alpha}}\Big(m^{1-\alpha^2}+m^{1-\alpha-\beta-\alpha^2}\Big)^{\frac{1}{\alpha}-1}\bigg[\alpha^2\Big(m^{1-\alpha^2}+m^{1-\alpha-\beta-\alpha^2}\Big)$$

$$+\Big((1-\alpha^2)m^{1-\alpha^2}+(1-\alpha-\beta-\alpha^2)m^{1-\alpha-\beta-\alpha^2}\Big)\bigg]-\alpha^2\underline{B}\bigg\}$$

$$=\frac{1}{\alpha}m^{\alpha-1}\bigg\{\overline{B}^{\frac{1}{\alpha}}\Big(m^{1-\alpha^2}+m^{1-\alpha-\beta-\alpha^2}\Big)^{\frac{1}{\alpha}-1}\bigg[m^{1-\alpha^2}$$

$$+\Big(\alpha^2+(1-\alpha-\beta-\alpha^2)\Big)m^{1-\alpha-\beta-\alpha^2}\bigg]-\alpha^2\underline{B}\bigg\}$$

$$=\frac{1}{\alpha}m^{\alpha-1}\bigg\{\overline{B}^{\frac{1}{\alpha}}\Big(m^{1-\alpha^2}+m^{1-\alpha-\beta-\alpha^2}\Big)^{\frac{1}{\alpha}-1}$$

$$\cdot\bigg[m^{1-\alpha^2}+(1-\alpha-\beta)m^{1-\alpha-\beta-\alpha^2}\bigg]-\alpha^2\underline{B}\bigg\}.$$

又由于 $F'(m)=0$, 有

$$\frac{1}{\alpha}m^{\alpha-1}\bigg\{\overline{B}^{\frac{1}{\alpha}}\Big(m^{1-\alpha^2}+m^{1-\alpha-\beta-\alpha^2}\Big)^{\frac{1}{\alpha}-1}\bigg[m^{1-\alpha^2}+(1-\alpha-\beta)m^{1-\alpha-\beta-\alpha^2}\bigg]-\alpha^2\underline{B}\bigg\}=0,$$

上式等价于

$$\overline{B}^{\frac{1}{\alpha}}\Big(m^{1-\alpha^2}+m^{1-\alpha-\beta-\alpha^2}\Big)^{\frac{1}{\alpha}-1}\bigg[m^{1-\alpha^2}+(1-\alpha-\beta)m^{1-\alpha-\beta-\alpha^2}\bigg]=\alpha^2\underline{B}.$$

$$(3.1.8)$$

现在, 定义 $\Phi(m)$ 为

$$\Phi(m)=:\overline{B}^{\frac{1}{\alpha}}\Big(m^{1-\alpha^2}+m^{1-\alpha-\beta-\alpha^2}\Big)^{\frac{1}{\alpha}-1}\bigg[m^{1-\alpha^2}+(1-\alpha-\beta)m^{1-\alpha-\beta-\alpha^2}\bigg].$$

为了求解 (3.1.8), 只需求解 $\Phi(m)=\alpha^2\underline{B}$.

当 $m\in[0,+\infty)$ 时, $\Phi(m)$ 是递增的, $\Phi(0)=0$, 并且 $m\to+\infty$, $\Phi(m)\to+\infty$.

$\Phi(m) = \alpha^2 \underline{B}$ 有唯一解, $m_0 \in (0, +\infty)$ 时, 也就是 m_0 满足下面方程:

$$\overline{B}^{\frac{1}{\alpha}}\left(m_0^{1-\alpha^2} + m_0^{1-\alpha-\beta-\alpha^2}\right)^{\frac{1}{\alpha}-1}\left[m_0^{1-\alpha^2} + (1-\alpha-\beta)m_0^{1-\alpha-\beta-\alpha^2}\right] = \alpha^2\underline{B},$$

且 $F'(m_0) = 0$ 成立.

注意到 $F'(m) = \dfrac{1}{\alpha}m^{\alpha-1}[\Phi(m) - \alpha^2\underline{B}]$ 且 $F'(m_0) = 0$. 又 $\Phi(m)$ 在 $m \in [0, +\infty)$ 上单调递增. 我们有 $0 < m < m_0$ 时, $F'(m) < 0$; $m > m_0$ 时, $F'(m) > 0$. 从而函数 $F(m)$ 在 m_0 处存在最小值, 即 $F(m_0) = \inf\limits_{m>0} F(m)$.

取 $m = m_0$, 则当 $\gamma_* \geqslant F(m_0)$ 时, 不等式 (3.1.6) 成立. 易得 (3.1.5) 成立. 实际上, 由 (3.1.8) 知

$$\alpha^2\underline{B} \geqslant (\overline{B}m_0^{1-\alpha^2})^{\frac{1}{\alpha}-1}(\overline{B}m_0^{1-\alpha^2}) = (\overline{B}m_0^{1-\alpha^2})^{\frac{1}{\alpha}},$$

即

$$m_0 \leqslant \left(\frac{\alpha^2\underline{B}}{\overline{B}^{\frac{1}{\alpha}}}\right)^{\frac{\alpha}{1-\alpha^2}}. \tag{3.1.9}$$

又因为 (3.1.8), 有

$$\alpha^2\underline{B} \geqslant \overline{B}^{\frac{1}{\alpha}}\left(m_0^{1-\alpha^2} + m_0^{1-\alpha-\beta-\alpha^2}\right)^{\frac{1}{\alpha}-1}\left[(1-\alpha-\beta)m_0^{1-\alpha^2} + (1-\alpha-\beta)m_0^{1-\alpha-\beta-\alpha^2}\right]$$

$$= (1-\alpha-\beta)\left(\overline{B}(m_0^{1-\alpha^2} + m_0^{1-\alpha-\beta-\alpha^2})\right)^{\frac{1}{\alpha}},$$

也即是

$$\left(\overline{B}(m_0^{1-\alpha^2} + m_0^{1-\alpha-\beta-\alpha^2})\right)^{\frac{1}{\alpha}} \leqslant \frac{\alpha^2\underline{B}}{1-\alpha-\beta}. \tag{3.1.10}$$

由于 $0 < \alpha, \beta < 1$ 和 $1-\alpha-\beta-\alpha^2 > 0$, 结合 (H_1^*), (3.1.9), (3.1.10), 我们有

$$m_0^{\alpha+1}\left[\overline{B}(m_0^{1-\alpha^2} + m_0^{1-\alpha-\beta-\alpha^2})\right]^{\frac{1}{\alpha}}$$

$$< \left(\left(\frac{\alpha^2\underline{B}}{\overline{B}^{\frac{1}{\alpha}}}\right)^{\frac{\alpha}{1-\alpha^2}}\right)^{\alpha+1}\frac{\alpha^2\underline{B}}{1-\alpha-\beta}$$

$$= \left(\frac{\alpha^2\underline{B}}{\overline{B}^{\frac{1}{\alpha}}}\right)^{\frac{\alpha}{1-\alpha}}\frac{\alpha^2\underline{B}}{1-\alpha-\beta}$$

$$= \alpha^{\frac{2\alpha}{1-\alpha}}\left(\frac{\underline{B}}{\overline{B}}\right)^{\frac{1}{1-\alpha}}\frac{\alpha^2}{1-\alpha-\beta} < 1.$$

因此 (3.1.7) 成立. 定理证毕.

2. $\gamma_* < 0 < \gamma^*$ 的情况

定理 3.1.3　假设 $a(t)$ 满足 (A), 而且存在 $b > 0$, $c > 0$ 使得

(H_1^{**}) $c(t)x^{-\alpha} \leqslant f(t, x) \leqslant b(t)x^{-\alpha}$, $(t, x) \in [0, 1] \times (0, \infty)$, 这里 $b(t) \geqslant c(t) > 0$, $0 < \alpha < 1$ 成立.

如果 $\gamma_* < 0 < \gamma^*$ 且满足

$$\gamma_* > m_0^\alpha \left[\overline{B}^{\frac{1}{\alpha}} m_0^{\frac{1-\alpha^2}{\alpha}} - \underline{B}(1 + \gamma^* m_0)^{-\alpha} \right],$$

其中 m_0 是如下方程的唯一正解:

$$\overline{B}^{\frac{1}{\alpha}} m^{\frac{1-\alpha^2}{\alpha}} (1 + \gamma^* m)^{\alpha+1} = \alpha^2 \underline{B},$$

另外,

$$0 < \int_0^1 a^{-\alpha}(s)b(s)ds < \infty.$$

这里

$$\underline{B} = \int_0^1 m(s)c(s)ds, \quad \overline{B} = \int_0^1 n(s)a^{-\alpha}(s)b(s)ds,$$

则 (3.1.1) 至少存在一个正解.

证明　由 (H_1^{**}), 有 $b(t) \geqslant c(t) > 0$ 且当 $x \in (0, \infty)$ 时 $g(x) = x^{-\alpha} > 0$ 是严格单调减的, $\dfrac{h(x)}{g(x)} = x^{\alpha+\beta}$ 是单调不减的. 因此定理 3.1.1 中的 (H_1) 成立. 再由定理 3.1.1 中的 (H_2), 易得 $R > 0$ 满足

$$R > R^{-\alpha} \overline{B} + \gamma^*$$

和

$$\gamma_* \geqslant \left(\frac{\overline{B}}{R - \gamma^*} \right)^{\frac{1}{\alpha}} - \frac{\underline{B}}{R^\alpha}.$$

实际上, 令 $m = \dfrac{1}{R - \gamma^*}$, 则上面两个不等式等价于

$$\overline{B}^{\frac{1}{\alpha}} m^{1+\frac{1}{\alpha}} \leqslant 1 + \gamma^* m \tag{3.1.11}$$

和

$$\gamma_* \geqslant (\overline{B} m)^{\frac{1}{\alpha}} - \frac{\underline{B} m^\alpha}{(1 + \gamma^* m)^\alpha}. \tag{3.1.12}$$

因此

$$\begin{aligned}
\gamma_* &\geqslant (\overline{B}m)^{\frac{1}{\alpha}} - \frac{\underline{B}m^\alpha}{(1+\gamma^*m)^\alpha} \\
&= m^\alpha \left[\overline{B}^{\frac{1}{\alpha}} m^{\frac{1-\alpha^2}{\alpha}} - \underline{B}(1+\gamma^*m)^{-\alpha} \right] =: F(m), \quad m \in (0, +\infty).
\end{aligned} \tag{3.1.13}$$

计算得

$$\begin{aligned}
F'(m) =& \alpha m^{\alpha-1} \left[\overline{B}^{\frac{1}{\alpha}} m^{\frac{1-\alpha^2}{\alpha}} - \underline{B}(1+\gamma^*m)^{-\alpha} \right] \\
&+ m^\alpha \left[\frac{1-\alpha^2}{\alpha} \overline{B}^{\frac{1}{\alpha}} m^{\frac{1-\alpha^2}{\alpha}-1} + \alpha \underline{B}\gamma^*(1+\gamma^*m)^{-\alpha-1} \right] \\
=& \frac{1}{\alpha} m^{\alpha-1} \left\{ \alpha^2 \left[\overline{B}^{\frac{1}{\alpha}} m^{\frac{1-\alpha^2}{\alpha}} - \underline{B}(1+\gamma^*m)^{-\alpha} \right] \right. \\
&+ \left. \alpha m \left[\frac{1-\alpha^2}{\alpha} \overline{B}^{\frac{1}{\alpha}} m^{\frac{1-\alpha^2}{\alpha}-1} + \alpha \underline{B}\gamma^*(1+\gamma^*m)^{-\alpha-1} \right] \right\} \\
=& \frac{1}{\alpha} m^{\alpha-1} \left[\alpha^2 \overline{B}^{\frac{1}{\alpha}} m^{\frac{1-\alpha^2}{\alpha}} - \alpha^2 \underline{B}(1+\gamma^*m)^{-\alpha} \right. \\
&+ \left. (1-\alpha^2) \overline{B}^{\frac{1}{\alpha}} m^{\frac{1-\alpha^2}{\alpha}} + \alpha^2 \underline{B} \frac{\gamma^*m}{1+\gamma^*m}(1+\gamma^*m)^{-\alpha} \right] \\
=& \frac{1}{\alpha} m^{\alpha-1} \left[\overline{B}^{\frac{1}{\alpha}} m^{\frac{1-\alpha^2}{\alpha}} - \alpha^2 \underline{B} \frac{1}{1+\gamma^*m}(1+\gamma^*m)^{-\alpha} \right] \\
=& \frac{m^{\alpha-1}}{\alpha(1+\gamma^*m)^{\alpha+1}} \left[\overline{B}^{\frac{1}{\alpha}} m^{\frac{1-\alpha^2}{\alpha}}(1+\gamma^*m)^{\alpha+1} - \alpha^2 \underline{B} \right].
\end{aligned}$$

由于 $F'(m) = 0$, 有

$$\frac{m^{\alpha-1}}{\alpha(1+\gamma^*m)^{\alpha+1}} \left[\overline{B}^{\frac{1}{\alpha}} m^{\frac{1-\alpha^2}{\alpha}}(1+\gamma^*m)^{\alpha+1} - \alpha^2 \underline{B} \right] = 0. \tag{3.1.14}$$

现在, 定义函数

$$\Phi(m) =: \overline{B}^{\frac{1}{\alpha}} m^{\frac{1-\alpha^2}{\alpha}}(1+\gamma^*m)^{\alpha+1}.$$

则求解方程 (3.1.14) 等价于求解 $\Phi(m) = \alpha^2 \underline{B}$.

当 $m \in [0, +\infty)$ 时, $\Phi(m)$ 递增的, $\Phi(0) = 0$, 且当 $m \to +\infty$ 时, $\Phi(m) \to +\infty$, 则 $\Phi(m) = \alpha^2 \underline{B}$ 有唯一解 m_0, 即

$$\overline{B}^{\frac{1}{\alpha}} m_0^{\frac{1-\alpha^2}{\alpha}}(1+\gamma^*m_0)^{\alpha+1} = \alpha^2 \underline{B}. \tag{3.1.15}$$

类似于定理 3.1.2, 函数 $F(m)$ 在 m_0 处存在最小值, 即 $F(m_0) = \inf\limits_{m>0} F(m)$.
取 $m = m_0$, 当 $\gamma_* \geqslant F(m_0)$. 往证不等式 (3.1.11) 成立. 实际上, 由 (3.1.15) 知

$$\overline{B}^{\frac{1}{\alpha}} m_0^{\frac{1-\alpha^2}{\alpha}} \leqslant \alpha^2 \underline{B},$$

也即是

$$m_0 \leqslant \left(\frac{\alpha^2 \underline{B}}{\overline{B}^{\frac{1}{\alpha}}}\right)^{\frac{\alpha}{1-\alpha^2}}.$$

由于 (H_1^{**}) 和上式成立, 我们有

$$
\begin{aligned}
\overline{B}^{\frac{1}{\alpha}} m_0^{1+\frac{1}{\alpha}} &< \overline{B}^{\frac{1}{\alpha}} \left(\left(\frac{\alpha^2 \underline{B}}{\overline{B}^{\frac{1}{\alpha}}}\right)^{\frac{\alpha}{1-\alpha^2}}\right)^{\frac{1+\alpha}{\alpha}} = \overline{B}^{\frac{1}{\alpha}} \left(\frac{\alpha^2 \underline{B}}{\overline{B}^{\frac{1}{\alpha}}}\right)^{\frac{1}{1-\alpha}} \\
&= \alpha^{\frac{2}{1-\alpha}} \left(\frac{\underline{B}}{\overline{B}}\right)^{\frac{1}{1-\alpha}} < 1 < 1 + \gamma^* m_0.
\end{aligned}
\tag{3.1.16}
$$

因此 (3.1.11) 成立. 证毕.

定理 3.1.4 假设 $a(t)$ 满足(A), 存在 $b(t) \geqslant c(t) > 0$, 使得

(H_1^{***}) $c(t)x^{-\alpha} \leqslant f(t,x) \leqslant b(t)(x^{-\alpha} + x^\beta), (t,x) \in [0,1] \times (0,\infty), 0 < \alpha, \beta < 1,$
$1 - \alpha - \alpha^2 - \beta > 0$ 成立.

如果 $\gamma_* < 0 < \gamma^*$ 且满足

$$\gamma_* > m_0^\alpha \left[\overline{B}^{\frac{1}{\alpha}} \left(m_0^{1-\alpha^2} + m_0^{1-\alpha-\beta-\alpha^2}(1+\gamma^* m_0)^{\alpha+\beta}\right)^{\frac{1}{\alpha}} - \underline{B}(1+\gamma^* m_0)^{-\alpha}\right],$$

其中 m_0 是如下方程的唯一正解:

$$
\begin{aligned}
\overline{B}^{\frac{1}{\alpha}} \left(m^{1-\alpha^2} + m^{1-\alpha-\beta-\alpha^2}(1+\gamma^* m)^{\alpha+\beta}\right)^{\frac{1}{\alpha}-1} &\left[m^{1-\alpha^2}(1+\gamma^* m)^{\alpha+1}\right. \\
\left. + (1-\alpha-\beta+\gamma^* m)m^{1-\alpha-\beta-\alpha^2}(1+\gamma^* m)^{2\alpha+\beta}\right] &= \alpha^2 \underline{B},
\end{aligned}
$$

另外,

$$0 < \int_0^1 a^{-\alpha}(s)b(s)ds < \infty,$$

这里

$$\underline{B} = \int_0^1 m(s)c(s)ds, \quad \overline{B} = \int_0^1 n(s)a^{-\alpha}(s)b(s)ds,$$

则 (3.1.1) 至少存在一个正解.

证明 由于(H_1^{***}), 有 $b(t) \geqslant c(t) > 0$ 且当 $x \in (0, \infty)$ 时 $g(x) = x^{-\alpha} > 0$ 是严格单调减的, $\dfrac{h(x)}{g(x)} = x^{\alpha+\beta}$ 是单调不减的. 因此定理 3.1.1 中的 (H_1) 成立. 又因为定理 3.1.1 中的 (H_2) 成立, 往证 $R > 0$ 使得

$$R > \overline{B} R^{-\alpha}(1 + R^{\alpha+\beta}) + \gamma^*$$

和

$$\gamma_* \geqslant \left(\frac{\overline{B}(1 + R^{\alpha+\beta})}{R} \right)^{\frac{1}{\alpha}} - \frac{B}{R^\alpha}$$

成立.

实际上, 令 $m = \dfrac{1}{R - \gamma^*}$, 上述两个不等式等价于

$$m^{\alpha+1}\overline{B}(m^{1-\alpha^2} + m^{1-\alpha-\beta-\alpha^2}(1 + \gamma^*m)^{\alpha+\beta})^{\frac{1}{\alpha}} < 1 + \gamma^*m \tag{3.1.17}$$

和

$$\gamma_* \geqslant \left[m\overline{B} \left(1 + \left(\frac{1 + \gamma^*m}{m} \right)^{\alpha+\beta} \right) \right]^{\frac{1}{\alpha}} - \frac{Bm^\alpha}{(1 + \gamma^*m)^\alpha}. \tag{3.1.18}$$

因此

$$\begin{aligned}
\gamma_* &\geqslant \left[m\overline{B} \left(1 + \left(\frac{1 + \gamma^*m}{m} \right)^{\alpha+\beta} \right) \right]^{\frac{1}{\alpha}} - \frac{Bm^\alpha}{(1 + \gamma^*m)^\alpha} \\
&= m^\alpha \left[\overline{B}^{\frac{1}{\alpha}} \left(m^{1-\alpha^2} + m^{1-\alpha-\beta-\alpha^2}(1 + \gamma^*m)^{\alpha+\beta} \right)^{\frac{1}{\alpha}} - \underline{B}(1 + \gamma^*m)^{-\alpha} \right] \\
&=: F(m).
\end{aligned} \tag{3.1.19}$$

计算得

$$\begin{aligned}
F'(m) = {}& \alpha m^{\alpha-1} \left[\left(\overline{B}m^{1-\alpha^2} + \overline{B}m^{1-\alpha-\beta-\alpha^2}(1 + \gamma^*m)^{\alpha+\beta} \right)^{\frac{1}{\alpha}} - \underline{B}(1 + \gamma^*m)^{-\alpha} \right] \\
& + m^\alpha \left[\frac{1}{\alpha} \left(\overline{B}m^{1-\alpha^2} + \overline{B}m^{1-\alpha-\beta-\alpha^2}(1 + \gamma^*m)^{\alpha+\beta} \right)^{\frac{1}{\alpha}-1} \left((1-\alpha^2)\overline{B}m^{-\alpha^2} \right. \right.
\end{aligned}$$

$$+ (\alpha + \beta)\overline{B}\gamma^* m^{1-\alpha-\beta-\alpha^2}(1+\gamma^* m)^{\alpha+\beta-1}$$

$$+ (1 - \alpha - \beta - \alpha^2)\overline{B}m^{-\alpha-\beta-\alpha^2}(1+\gamma^* m)^{\alpha+\beta}\Big) + \alpha\underline{B}\gamma^*(1+\gamma^* m)^{-\alpha-1}\bigg]$$

$$= \frac{1}{\alpha}m^{\alpha-1}\bigg\{\alpha^2\bigg[\Big(\overline{B}m^{1-\alpha^2} + \overline{B}m^{1-\alpha-\beta-\alpha^2}(1+\gamma^* m)^{\alpha+\beta}\Big)^{\frac{1}{\alpha}} - \underline{B}(1+\gamma^* m)^{-\alpha}\bigg]$$

$$+ m\bigg[\Big(\overline{B}m^{1-\alpha^2} + \overline{B}m^{1-\alpha-\beta-\alpha^2}(1+\gamma^* m)^{\alpha+\beta}\Big)^{\frac{1}{\alpha}-1}\Big((1-\alpha^2)\overline{B}m^{-\alpha^2}$$

$$+ (\alpha + \beta)\overline{B}\gamma^* m^{1-\alpha-\beta-\alpha^2}(1+\gamma^* m)^{\alpha+\beta-1}$$

$$+ (1 - \alpha - \beta - \alpha^2)\overline{B}m^{-\alpha-\beta-\alpha^2}(1+\gamma^* m)^{\alpha+\beta}\Big) + \alpha^2\underline{B}\gamma^*(1+\gamma^* m)^{-\alpha-1}\bigg]\bigg\}$$

$$= \frac{1}{\alpha}m^{\alpha-1}\bigg\{\alpha^2\bigg[\Big(\overline{B}m^{1-\alpha^2} + \overline{B}m^{1-\alpha-\beta-\alpha^2}(1+\gamma^* m)^{\alpha+\beta}\Big)^{\frac{1}{\alpha}} - \underline{B}(1+\gamma^* m)^{-\alpha}\bigg]$$

$$+ \bigg[\Big(\overline{B}m^{1-\alpha^2} + \overline{B}m^{1-\alpha-\beta-\alpha^2}(1+\gamma^* m)^{\alpha+\beta}\Big)^{\frac{1}{\alpha}-1}\Big((1-\alpha^2)\overline{B}m^{1-\alpha^2}$$

$$+ (\alpha + \beta)\overline{B}\gamma^* m m^{1-\alpha-\beta-\alpha^2}(1+\gamma^* m)^{\alpha+\beta-1}$$

$$+ (1 - \alpha - \beta - \alpha^2)\overline{B}m^{1-\alpha-\beta-\alpha^2}(1+\gamma^* m)^{\alpha+\beta}\Big) + \alpha^2\underline{B}\gamma^* m(1+\gamma^* m)^{-\alpha-1}\bigg]\bigg\}$$

$$= \frac{1}{\alpha}m^{\alpha-1}\bigg\{\alpha^2\bigg[\Big(\overline{B}m^{1-\alpha^2} + \overline{B}m^{1-\alpha-\beta-\alpha^2}(1+\gamma^* m)^{\alpha+\beta}\Big)^{\frac{1}{\alpha}} - \underline{B}(1+\gamma^* m)^{-\alpha}\bigg]$$

$$+ \bigg[\Big(\overline{B}m^{1-\alpha^2} + \overline{B}m^{1-\alpha-\beta-\alpha^2}(1+\gamma^* m)^{\alpha+\beta}\Big)^{\frac{1}{\alpha}-1}\Big((1-\alpha^2)\overline{B}m^{1-\alpha^2}$$

$$+ (\alpha + \beta)\overline{B}\gamma^* \frac{m}{1+\gamma^* m}m^{1-\alpha-\beta-\alpha^2}(1+\gamma^* m)^{\alpha+\beta}$$

$$+ (1 - \alpha - \beta - \alpha^2)\overline{B}m^{1-\alpha-\beta-\alpha^2}(1+\gamma^* m)^{\alpha+\beta}\Big) + \alpha^2\underline{B}\gamma^* \frac{m}{1+\gamma^* m}(1+\gamma^* m)^{-\alpha}\bigg]\bigg\}$$

$$= \frac{1}{\alpha}m^{\alpha-1}\bigg\{\bigg[\alpha^2\Big(\overline{B}m^{1-\alpha^2} + \overline{B}m^{1-\alpha-\beta-\alpha^2}(1+\gamma^* m)^{\alpha+\beta}\Big)^{\frac{1}{\alpha}} - \alpha^2\underline{B}(1+\gamma^* m)^{-\alpha}\bigg]$$

$$+ \bigg[\Big(\overline{B}m^{1-\alpha^2} + \overline{B}m^{1-\alpha-\beta-\alpha^2}(1+\gamma^* m)^{\alpha+\beta}\Big)^{\frac{1}{\alpha}-1}$$

$$\cdot \Big((1-\alpha^2)\overline{B}m^{1-\alpha^2} + (\alpha + \beta)\overline{B}\frac{\gamma^* m}{1+\gamma^* m}m^{1-\alpha-\beta-\alpha^2}(1+\gamma^* m)^{\alpha+\beta}$$

$$+ (1 - \alpha - \beta - \alpha^2) \overline{B} m^{1-\alpha-\beta-\alpha^2} (1 + \gamma^* m)^{\alpha+\beta} \Big) + \alpha^2 \underline{B} \frac{\gamma^* m}{1 + \gamma^* m} (1 + \gamma^* m)^{-\alpha} \Bigg] \Bigg\}$$

$$= \frac{1}{\alpha} m^{\alpha-1} \Bigg\{ \Bigg[\alpha^2 \Big(\overline{B} m^{1-\alpha^2} + \overline{B} m^{1-\alpha-\beta-\alpha^2} (1 + \gamma^* m)^{\alpha+\beta} \Big)^{\frac{1}{\alpha}}$$

$$+ \Big(\overline{B} m^{1-\alpha^2} + \overline{B} m^{1-\alpha-\beta-\alpha^2} (1 + \gamma^* m)^{\alpha+\beta} \Big)^{\frac{1}{\alpha} - 1}$$

$$\cdot \Big((1 - \alpha^2) \overline{B} m^{1-\alpha^2} + (\alpha + \beta) \overline{B} \frac{\gamma^* m}{1 + \gamma^* m} m^{1-\alpha-\beta-\alpha^2} (1 + \gamma^* m)^{\alpha+\beta}$$

$$+ (1 - \alpha - \beta - \alpha^2) \overline{B} m^{1-\alpha-\beta-\alpha^2} (1 + \gamma^* m)^{\alpha+\beta} \Big) \Bigg]$$

$$- \Big[\alpha^2 \underline{B} (1 + \gamma^* m)^{-\alpha} - \alpha^2 \underline{B} \frac{\gamma^* m}{1 + \gamma^* m} (1 + \gamma^* m)^{-\alpha} \Big] \Bigg\}$$

$$= \frac{1}{\alpha} m^{\alpha-1} \Bigg\{ \Big(\overline{B} m^{1-\alpha^2} + \overline{B} m^{1-\alpha-\beta-\alpha^2} (1 + \gamma^* m)^{\alpha+\beta} \Big)^{\frac{1}{\alpha} - 1}$$

$$\cdot \Bigg[\alpha^2 \Big(\overline{B} m^{1-\alpha^2} + \overline{B} m^{1-\alpha-\beta-\alpha^2} (1 + \gamma^* m)^{\alpha+\beta} \Big)$$

$$+ \Big((1 - \alpha^2) \overline{B} m^{1-\alpha^2} + (\alpha + \beta) \overline{B} \frac{\gamma^* m}{1 + \gamma^* m} m^{1-\alpha-\beta-\alpha^2} (1 + \gamma^* m)^{\alpha+\beta}$$

$$+ (1 - \alpha - \beta - \alpha^2) \overline{B} m^{1-\alpha-\beta-\alpha^2} (1 + \gamma^* m)^{\alpha+\beta} \Big) \Bigg]$$

$$- \Big[\alpha^2 \underline{B} (1 + \gamma^* m)^{-\alpha} \Big(1 - \frac{\gamma^* m}{1 + \gamma^* m} \Big) \Big] \Bigg\}$$

$$= \frac{1}{\alpha} m^{\alpha-1} \Bigg\{ \Big(\overline{B} m^{1-\alpha^2} + \overline{B} m^{1-\alpha-\beta-\alpha^2} (1 + \gamma^* m)^{\alpha+\beta} \Big)^{\frac{1}{\alpha} - 1}$$

$$\cdot \Bigg[(\alpha^2 \overline{B} m^{1-\alpha^2} + (1 - \alpha^2) \overline{B} m^{1-\alpha^2})$$

$$+ \Big(\alpha^2 \overline{B} m^{1-\alpha-\beta-\alpha^2} (1 + \gamma^* m)^{\alpha+\beta} + (\alpha + \beta) \overline{B} \frac{\gamma^* m}{1 + \gamma^* m} m^{1-\alpha-\beta-\alpha^2} (1 + \gamma^* m)^{\alpha+\beta}$$

$$+ (1 - \alpha - \beta - \alpha^2) \overline{B} m^{1-\alpha-\beta-\alpha^2} (1 + \gamma^* m)^{\alpha+\beta} \Big) \Bigg] - \alpha^2 \underline{B} (1 + \gamma^* m)^{-\alpha} \frac{1}{1 + \gamma^* m} \Bigg\}$$

$$= \frac{1}{\alpha} m^{\alpha-1} \Bigg\{ \Big(\overline{B} m^{1-\alpha^2} + \overline{B} m^{1-\alpha-\beta-\alpha^2} (1 + \gamma^* m)^{\alpha+\beta} \Big)^{\frac{1}{\alpha} - 1}$$

$$\cdot \left[\overline{B}m^{1-\alpha^2} + \left(\alpha^2 + (\alpha+\beta)\frac{\gamma^* m}{1+\gamma^* m} + (1-\alpha-\beta-\alpha^2) \right) \right.$$

$$\left. \cdot \overline{B}m^{1-\alpha-\beta-\alpha^2}(1+\gamma^* m)^{\alpha+\beta} \right] - \alpha^2 \underline{B}(1+\gamma^* m)^{-\alpha}\frac{1}{1+\gamma^* m} \Bigg\}$$

$$= \frac{1}{\alpha} m^{\alpha-1} \left\{ \left(\overline{B}m^{1-\alpha^2} + \overline{B}m^{1-\alpha-\beta-\alpha^2}(1+\gamma^* m)^{\alpha+\beta} \right)^{\frac{1}{\alpha}-1} \left[\overline{B}m^{1-\alpha^2} \right.\right.$$

$$\left.\left. + \left(1 - \frac{\alpha+\beta}{1+\gamma^* m} \right) \overline{B}m^{1-\alpha-\beta-\alpha^2}(1+\gamma^* m)^{\alpha+\beta} \right] - \alpha^2 \underline{B}(1+\gamma^* m)^{-\alpha}\frac{1}{1+\gamma^* m} \right\}$$

$$= \frac{1}{\alpha}\frac{m^{\alpha-1}}{(1+\gamma^* m)^{\alpha+1}} \left\{ \left(\overline{B}m^{1-\alpha^2} + \overline{B}m^{1-\alpha-\beta-\alpha^2}(1+\gamma^* m)^{\alpha+\beta} \right)^{\frac{1}{\alpha}-1} \right.$$

$$\cdot \left[\overline{B}m^{1-\alpha^2}(1+\gamma^* m)^{\alpha+1} \right.$$

$$\left.\left. + (1-\alpha-\beta+\gamma^* m)\overline{B}m^{1-\alpha-\beta-\alpha^2}(1+\gamma^* m)^{2\alpha+\beta} \right] - \alpha^2 \underline{B} \right\}.$$

令 $F'(m) = 0$, 我们有

$$\frac{1}{\alpha}\frac{m^{\alpha-1}}{(1+\gamma^* m)^{\alpha+1}} \left\{ \left(\overline{B}m^{1-\alpha^2} + \overline{B}m^{1-\alpha-\beta-\alpha^2}(1+\gamma^* m)^{\alpha+\beta} \right)^{\frac{1}{\alpha}-1} \left[\overline{B}m^{1-\alpha^2}(1 \right.\right.$$

$$\left.\left. +\gamma^* m)^{\alpha+1} + (1-\alpha-\beta+\gamma^* m)\overline{B}m^{1-\alpha-\beta-\alpha^2}(1+\gamma^* m)^{2\alpha+\beta} \right] - \alpha^2 \underline{B} \right\} = 0,$$

则

$$\Phi(m) =: \overline{B}^{\frac{1}{\alpha}} \left(m^{1-\alpha^2} + m^{1-\alpha-\beta-\alpha^2}(1+\gamma^* m)^{\alpha+\beta} \right)^{\frac{1}{\alpha}-1} \left[m^{1-\alpha^2}(1+\gamma^* m)^{\alpha+1} \right.$$

$$\left. + (1-\alpha-\beta+\gamma^* m)m^{1-\alpha-\beta-\alpha^2}(1+\gamma^* m)^{2\alpha+\beta} \right] = \alpha^2 \underline{B}.$$

当 $m \in [0,+\infty)$ 时, $\Phi(m)$ 是递增的, $\Phi(0) = 0$, 且当 $m \to +\infty$ 时, $\Phi(m) \to +\infty$ 成立, 因此, $\Phi(m) = \alpha^2 \underline{B}$ 在 $(0,+\infty)$ 上有唯一解 m_0, 即为

$$\overline{B}^{\frac{1}{\alpha}} \left(m_0^{1-\alpha^2} + m_0^{1-\alpha-\beta-\alpha^2}(1+\gamma^* m_0)^{\alpha+\beta} \right)^{\frac{1}{\alpha}-1} \left[m_0^{1-\alpha^2}(1+\gamma^* m_0)^{\alpha+1} \right.$$

$$\left. +(1-\alpha-\beta+\gamma^* m_0)m_0^{1-\alpha-\beta-\alpha^2}(1+\gamma^* m_0)^{2\alpha+\beta} \right] = \alpha^2 \underline{B}. \tag{3.1.20}$$

因此, $F(m)$ 在 m_0 处存在最小值, 即为 $F(m_0) = \inf\limits_{m>0} F(m)$.

取 $m = m_0$, 当 $\gamma_* \geqslant F(m_0)$ 时, 不等式 (3.1.18) 成立. 往证得不等式 (3.1.17) 成立. 实际上, 由 (3.1.20) 知

$$\alpha^2 \underline{B} \geqslant (\overline{B} m_0^{1-\alpha^2})^{\frac{1}{\alpha}-1}(\overline{B} m_0^{1-\alpha^2}) = (\overline{B} m_0^{1-\alpha^2})^{\frac{1}{\alpha}},$$

即为

$$m_0 \leqslant \left(\frac{\alpha^2 \underline{B}}{\overline{B}^{\frac{1}{\alpha}}} \right)^{\frac{\alpha}{1-\alpha^2}}. \tag{3.1.21}$$

再由 (3.1.20) , 我们有

$$\alpha^2 \underline{B} \geqslant \overline{B}^{\frac{1}{\alpha}} \left(m_0^{1-\alpha^2} + m_0^{1-\alpha-\beta-\alpha^2}(1+\gamma^* m_0)^{\alpha+\beta} \right)^{\frac{1}{\alpha}-1} \Big[(1-\alpha-\beta)m_0^{1-\alpha^2}$$

$$+ (1-\alpha-\beta)m_0^{1-\alpha-\beta-\alpha^2}(1+\gamma^* m_0)^{\alpha+\beta} \Big]$$

$$= (1-\alpha-\beta)\overline{B}^{\frac{1}{\alpha}} \left(m_0^{1-\alpha^2} + m_0^{1-\alpha-\beta-\alpha^2}(1+\gamma^* m_0)^{\alpha+\beta} \right)^{\frac{1}{\alpha}},$$

即为

$$\frac{\alpha^2 \underline{B}}{(1-\alpha-\beta)} \geqslant \overline{B}^{\frac{1}{\alpha}} \left(m_0^{1-\alpha^2} + m_0^{1-\alpha-\beta-\alpha^2}(1+\gamma^* m_0)^{\alpha+\beta} \right)^{\frac{1}{\alpha}}. \tag{3.1.22}$$

由于 $0 < \alpha, \beta < 1$ 和 $1-\alpha-\beta-\alpha^2 > 0$, (3.1.21), (3.1.22), 我们有

$$m_0^{\alpha+1} \overline{B}^{\frac{1}{\alpha}} (m_0^{1-\alpha^2} + m_0^{1-\alpha-\beta-\alpha^2}(1+\gamma^* m_0)^{\alpha+\beta})^{\frac{1}{\alpha}}$$

$$< \left(\left(\frac{\alpha^2 \underline{B}}{\overline{B}^{\frac{1}{\alpha}}} \right)^{\frac{\alpha}{1-\alpha^2}} \right)^{\alpha+1} \frac{\alpha^2 \underline{B}}{1-\alpha-\beta}$$

$$= \left(\frac{\alpha^2 \underline{B}}{\overline{B}^{\frac{1}{\alpha}}} \right)^{\frac{\alpha}{1-\alpha}} \frac{\alpha^2 \underline{B}}{1-\alpha-\beta}$$

$$= \alpha^{\frac{2\alpha}{1-\alpha}} \left(\frac{\underline{B}}{\overline{B}} \right)^{\frac{\alpha}{1-\alpha}} \frac{\alpha^2}{(1-\alpha-\beta)} < 1 < 1 + \gamma^* m_0.$$

因此 (3.1.17) 成立. 证毕.

例 3.1.1 考虑如下积分方程:

$$x(t) = \int_0^1 G(t,s)[f(s,x(s)) + e(s))]ds$$

$$= \int_0^1 G(t,s)[b(s)(x^{-\alpha} + x^\beta) + e(s)]ds, \quad 0 \leqslant t \leqslant 1. \tag{3.1.23}$$

这里 $a, m, n \in C[0,1]$, $a(t), m(s), n(s) > 0$ 满足 $a(t)m(s) \leqslant G(t,s) \leqslant a(t)n(s)$. 另外 $b(t), c(t), e(t) \in C[0,1]$, $b(t) \geqslant c(t) > 0$, $0 < \alpha, \beta < 1$, $1 - \alpha - \alpha^2 - \beta > 0$ 使得当 $(t,x) \in [0,1] \times (0,\infty)$ 时, $c(t)x^{-\alpha} \leqslant f(t,x) \leqslant b(t)(x^{-\alpha} + x^{\beta})$ 成立. 还有

$$0 < \int_0^1 a^{-\alpha}(s)b(s)ds < \infty, \quad \underline{B} = \int_0^1 m(s)c(s)ds, \quad \overline{B} = \int_0^1 n(s)a^{-\alpha}(s)b(s)ds.$$

(i) 若 $\gamma^* \leqslant 0$ 且

$$\gamma_* \geqslant m_0^\alpha \left[\overline{B}^{\frac{1}{\alpha}} (m_0^{1-\alpha^2} + m_0^{1-\alpha-\beta-\alpha^2})^{\frac{1}{\alpha}} - \underline{B} \right],$$

其中 m_0 是下面方程的唯一正解.

$$\overline{B}^{\frac{1}{\alpha}} \left(m^{1-\alpha^2} + m^{1-\alpha-\beta-\alpha^2} \right)^{\frac{1}{\alpha}-1} \left[m^{1-\alpha^2} + (1-\alpha-\beta)m^{1-\alpha-\beta-\alpha^2} \right] = \alpha^2 \underline{B},$$

则(3.1.23)至少有一个正解.

(ii) 若 $\gamma_* < 0 < \gamma^*$ 且满足

$$\gamma_* > m_0^\alpha \left[\overline{B}^{\frac{1}{\alpha}} \left(m_0^{1-\alpha^2} + m_0^{1-\alpha-\beta-\alpha^2}(1+\gamma^* m_0)^{\alpha+\beta} \right)^{\frac{1}{\alpha}} - \underline{B}(1+\gamma^* m_0)^{-\alpha} \right],$$

其中 m_0 是下面方程的唯一解.

$$\overline{B}^{\frac{1}{\alpha}} \left(m^{1-\alpha^2} + m^{1-\alpha-\beta-\alpha^2}(1+\gamma^* m)^{\alpha+\beta} \right)^{\frac{1}{\alpha}-1} \left[m^{1-\alpha^2}(1+\gamma^* m)^{\alpha+1} \right.$$
$$\left. + (1-\alpha-\beta+\gamma^* m)m^{1-\alpha-\beta-\alpha^2}(1+\gamma^* m)^{2\alpha+\beta} \right] = \alpha^2 \underline{B},$$

则(3.1.23)至少有一个正解.

例 3.1.2　考虑四阶奇异边值问题

$$\begin{aligned} &x^{(4)}(t) + \gamma x''(t) = x^{-\alpha} + x^{\beta} + e(t), \quad 0 < t < 1, \\ &x(0) = x(1) = x''(0) = x''(1) = 0, \end{aligned} \tag{3.1.24}$$

其中 $\gamma < \pi^2$, $0 < \alpha, \beta < 1$, $1 - \alpha - \alpha^2 - \beta > 0$, $e(t) \in C[0,1]$, 且

$$\underline{B} = \int_0^1 \int_0^1 G_1(\tau,\tau)G_2(\tau,s)d\tau ds, \quad \overline{B} = \int_0^1 \int_0^1 s^{-\alpha}(1-s)^{-\alpha}G_2(\tau,s)d\tau ds.$$

其中, 由文献 [95] 知

$$G_1(t,s) = \begin{cases} t(1-s), & 0 \leqslant t \leqslant s \leqslant 1, \\ s(1-t), & 0 \leqslant s \leqslant t \leqslant 1. \end{cases}$$

令 $\omega = \sqrt{\|\beta\|}$,

$$G_2(t,s) = \begin{cases} \dfrac{\sin h\omega t \sin h\omega(1-s)}{\omega \sin h\omega}, & 0 \leqslant t \leqslant s \leqslant 1, \\ \dfrac{\sin h\omega s \sin h\omega(1-t)}{\omega \sin h\omega}, & 0 \leqslant s \leqslant t \leqslant 1. \end{cases}$$

(i) 若 $\gamma^* \leqslant 0$ 且

$$\gamma_* \geqslant m_0^\alpha \left[\overline{B}^{\frac{1}{\alpha}} (m_0^{1-\alpha^2} + m_0^{1-\alpha-\beta-\alpha^2})^{\frac{1}{\alpha}} - \underline{B} \right],$$

其中 m_0 是如下方程的唯一正解.

$$\overline{B}^{\frac{1}{\alpha}} \left(m^{1-\alpha^2} + m^{1-\alpha-\beta-\alpha^2} \right)^{\frac{1}{\alpha}-1} \left[m^{1-\alpha^2} + (1-\alpha-\beta)m^{1-\alpha-\beta-\alpha^2} \right] = \alpha^2 \underline{B},$$

则(3.1.24) 至少有一个正解.

(ii) 若 $\gamma_* < 0 < \gamma^*$ 且

$$\gamma_* > m_0^\alpha \left[\overline{B}^{\frac{1}{\alpha}} \left(m_0^{1-\alpha^2} + m_0^{1-\alpha-\beta-\alpha^2}(1+\gamma^* m_0)^{\alpha+\beta} \right)^{\frac{1}{\alpha}} - \underline{B}(1+\gamma^* m_0)^{-\alpha} \right],$$

其中 m_0 是如下方程的唯一正解.

$$\begin{aligned} \overline{B}^{\frac{1}{\alpha}} &\left(m^{1-\alpha^2} + m^{1-\alpha-\beta-\alpha^2}(1+\gamma^* m)^{\alpha+\beta} \right)^{\frac{1}{\alpha}-1} \left[m^{1-\alpha^2}(1+\gamma^* m)^{\alpha+1} \right. \\ &\left. + (1-\alpha-\beta+\gamma^* m)m^{1-\alpha-\beta-\alpha^2}(1+\gamma^* m)^{2\alpha+\beta} \right] = \alpha^2 \underline{B}, \end{aligned}$$

则(3.1.24) 至少有一个正解.

证明 取

$$f(t,x) = x^{-\alpha} + x^\beta, \quad b(t) = c(t) = 1.$$

由文献 [95] 知, $x(t) = \displaystyle\int_0^1 G(t,s)[f(s,x(s))+e(s)]ds$, 其中 $G(t,s) = \displaystyle\int_0^1 G_1(t,\tau)G_2(\tau,s)d\tau$, 显然有

$$t(1-t)G_1(s,s) \leqslant G_1(t,s) \leqslant G_1(s,s) = s(1-s)$$

和

$$G_1(t,s) \leqslant t(1-t), \quad (t,s) \in [0,1] \times [0,1].$$

也就是, $G_1(t,\tau) \leqslant G(t,t)$ 或者 $G_1(\tau,\tau)$, 因此

$$G(t,s) \leqslant \int_0^1 G_1(\tau,\tau)G_2(\tau,s)d\tau,$$

且

$$G(t,s) \geqslant \int_0^1 G_1(t,t)G_1(\tau,\tau)G_2(\tau,s)d\tau \geqslant G_1(t,t)m(s).$$

令 $a(t) = t(1-t)$, $m(s) = \int_0^1 G_1(\tau,\tau)G_2(\tau,s)d\tau$, $n(s) = \int_0^1 G_2(\tau,s)d\tau$.

同样有

$$G(t,s) \leqslant \int_0^1 G_1(t,t)G_2(\tau,s)d\tau = G_1(t,t)\int_0^1 G_2(\tau,s)d\tau.$$

则条件 (A) 成立.

下面, 选取 $g(x) = x^{-\alpha} > 0$ 在 $x \in (0,\infty)$ 上, 严格单调减, $\dfrac{h(x)}{g(x)} = x^{\alpha+\beta}$ 在 $x \in (0,\infty)$ 上单调不减, 因此, 定理 3.1.1 条件 (H_1) 满足. 根据例 3.1.1, 当 $\gamma^* \leqslant 0$ 或者 $\gamma_* < 0 < \gamma^*$ 时, 可得 3.1.24 正解的存在性.

例 3.1.3 考虑 $(k, n-k)$ 共轭边值问题

$$\begin{cases} (-1)^{n-k}x^{(n)} = x^{-\alpha} + x^{\beta} + e(t), & \text{a.e. } t \in (0,1), \\ x^{(i)}(0) = 0, & 0 \leqslant i \leqslant k-1, \\ x^{(j)}(1) = 0, & 0 \leqslant j \leqslant n-k-1, \end{cases} \tag{3.1.25}$$

这里 $e(t) \in C[0,1]$, $0 < \alpha < 1$, $0 < \beta < \min\left\{\dfrac{1}{k}, \dfrac{1}{n-k}\right\}$, $1 - \alpha - \alpha^2 - \beta > 0$, 且

$$\underline{B} = \frac{1}{(k-1)!(n-k-1)!}\int_0^1 s^{n-k}(1-s)^k ds,$$

$$\overline{B} = \frac{(n-1)^{\alpha+1}}{\min\{k, n-k\}(k-1)!(n-k-1)!}\int_0^1 s^{n-k(\alpha+1)-1}(1-s)^{k-(n-k)\alpha-1}ds.$$

(i) 若 $\gamma^* \leqslant 0$ 且

$$\gamma_* \geqslant m_0^\alpha \left[\overline{B}^{\frac{1}{\alpha}} (m_0^{1-\alpha^2} + m_0^{1-\alpha-\beta-\alpha^2})^{\frac{1}{\alpha}} - \underline{B} \right],$$

其中 m_0 是如下方程的唯一正解.

$$\overline{B}^{\frac{1}{\alpha}} \left(m^{1-\alpha^2} + m^{1-\alpha-\beta-\alpha^2} \right)^{\frac{1}{\alpha}-1} \left[m^{1-\alpha^2} + (1-\alpha-\beta)m^{1-\alpha-\beta-\alpha^2} \right] = \alpha^2 \underline{B},$$

则(3.1.25) 至少有一个正解.

(ii) 若 $\gamma_* < 0 < \gamma^*$ 且

$$\gamma_* > m_0^\alpha \left[\overline{B}^{\frac{1}{\alpha}} \left(m_0^{1-\alpha^2} + m_0^{1-\alpha-\beta-\alpha^2}(1+\gamma^* m_0)^{\alpha+\beta} \right)^{\frac{1}{\alpha}} - \underline{B}(1+\gamma^* m_0)^{-\alpha} \right],$$

其中 m_0 是下面方程的唯一正解.

$$\overline{B}^{\frac{1}{\alpha}} \left(m^{1-\alpha^2} + m^{1-\alpha-\beta-\alpha^2}(1+\gamma^* m)^{\alpha+\beta} \right)^{\frac{1}{\alpha}-1} \left[m^{1-\alpha^2}(1+\gamma^* m)^{\alpha+1} \right.$$
$$\left. + (1-\alpha-\beta+\gamma^* m)m^{1-\alpha-\beta-\alpha^2}(1+\gamma^* m)^{2\alpha+\beta} \right] = \alpha^2 \underline{B},$$

则(3.1.25)至少有一个正解.

证明 取

$$f(t,x) = x^{-\alpha} + x^\beta, \quad b(t) = c(t) = 1.$$

由文献 [96],有 $x(t) = \int_0^1 G(t,s)[f(s,x(s)) + e(s)]ds$,其中

$$G(t,s) = \begin{cases} \dfrac{t^k(1-s)^k}{(k-1)!(n-k-1)!} \displaystyle\sum_{j=0}^{n-k-1} C_{n-k-1}^j \dfrac{[t(1-s)]^j}{k+j}(s-t)^{n-k-1-j}, & 0 \leqslant t \leqslant s \leqslant 1, \\[4mm] \dfrac{(1-t)^{n-k}s^{n-k}}{(k-1)!(n-k-1)!} \displaystyle\sum_{j=0}^{k-1} C_{k-1}^j \dfrac{[(1-t)s]^j}{n-k+j}(t-s)^{k-1-j}, & 0 \leqslant s \leqslant t \leqslant 1, \end{cases}$$

且

$$G(t,s)$$
$$\leqslant \frac{1}{\min\{k,n-k\}(k-1)!(n-k-1)!} t^k(1-t)^{n-k}s^{n-k-1}(1-s)^{k-1}, \quad (t,s) \in [0,1] \times [0,1],$$

$$G(t,s) \geqslant \frac{1}{(n-1)(k-1)!(n-k-1)!} t^k(1-t)^{n-k}s^{n-k}(1-s)^k, \quad (t,s) \in [0,1] \times [0,1].$$

令

$$a(t) = \frac{1}{n-1}t^k(1-t)^{n-k},$$

$$m(s) = \frac{1}{(k-1)!(n-k-1)!}s^{n-k}(1-s)^k,$$

$$n(s) = \frac{n-1}{\min\{k, n-k\}(k-1)!(n-k-1)!}s^{n-k-1}(1-s)^{k-1}.$$

易得, 对于所有 t, $a(t)m(s) \leqslant G(t,s) \leqslant m(s)$ 和 $a(t)m(s) \leqslant G(t,s) \leqslant a(t)n(s)$. 这样条件 (A) 成立.

取 $g(x) = x^{-\alpha} > 0$ 在 $x \in (0, \infty)$ 上严格单调递减, $\frac{h(x)}{g(x)} = x^{\alpha+\beta}$ 在 $x \in (0, \infty)$ 上单调不减, 所以定理 3.1.1 的条件 (H_1) 满足. 利用例题 3.1.1 结论, 当 $\gamma^* \leqslant 0$ 或者 $\gamma_* < 0 < \gamma^*$ 时, 得到 (3.1.35) 正解的存在性.

3.2　奇异积分方程多重正解的存在性

本节主要研究正的情形和半正情形下积分方程的多重正解的存在性, 问题如下:

$$x(t) = \int_0^1 G(t,s)f(s, x(s))ds, \quad 0 \leqslant t \leqslant 1. \tag{3.2.1}$$

首先, 定义一些记号: 设 $a \in L^1[0,1]$, 如果 $a \geqslant 0$ 在 $t \in [0,1]$ 区间内几乎处处成立, 并且在正测度的子集下是正的则记为 $a \succ 0$. $\|.\|_p$ 记为通常意义下的 L^p-范数, $\|.\|$ 代表上确界的范数.

现在, 我们假设积分方程满足下面假设:

(A) 当 $t \in [0,1], s \in [0,1]$ 时, 存在 $a, m, n \in C[0,1]$ 满足 $a(t), m(t), n(t) > 0$, 使得 $a(t)m(s) \leqslant G(t,s) \leqslant m(s)$ 和 $a(t)m(s) \leqslant G(t,s) \leqslant a(t)n(s)$ 成立.

另外, 假设 $\|a\| = \sup_{t \in [0,1]} a(t) \leqslant 1.$.

引理 3.2.1　对于 $1 \leqslant p \leqslant \infty$, 假设 $a(t) \succ 0$ 和 $a \in L^p[0,1]$ 成立. 如果

$$\|a\|_p < K(2p^*),$$

当 $(t,s) \in [0,1] \times [0,1]$, 则 $G(t,s) > 0$.

定义如下集合:

$$\Lambda = \{a \in L^1[0,1]: a \succ 0, \|a\|_p < K(2p^*), 1 \leqslant p \leqslant \infty\}.$$

通过引理 3.2.1, 当 $a \in \Lambda$ 并且 $(t, s) \in [0, 1] \times [0, 1]$ 时, 存在 Green 函数 $G(t, s) > 0$. 特别地, 如果 $A = \min\limits_{0 \leqslant s, t \leqslant 1} G(t, s)$ 和 $B = \max\limits_{0 \leqslant s, t \leqslant 1} G(t, s)$, 则当 $a \in \Lambda$ 时, 有 $B > A > 0$.

令 $X = C[0, 1]$ 和

$$K = \{x \in X : x(t) \geqslant a(t)\|x\| \ \forall t \in (0, 1)\},$$

其中 $\|x\| = \max\limits_{0 \leqslant t \leqslant 1} |x(t)|$.

显然 K 为 X 中的锥. 最后, 定义函数 $T : X \to K$ 为

$$(Tx)(t) = \int_0^1 G(t, s) F(s, x(s)) ds,$$

其中, $x \in X, t \in [0, 1], F : [0, 1] \times \mathbf{R} \to [0, \infty)$ 是连续的.

引理 3.2.2 $T : X \to K$ 有定义的.

引理 3.2.3 $T : X \to K$ 连续且全连续.

引理 3.2.4 当 $t \in [0, 1]$ 时, 设 $e \in C[0, 1], e(t) > 0, \gamma(t) = \int_0^1 G(t, s) e(s) ds$, 存在常数 C_0 使得 $0 \leqslant \gamma(t) \leqslant C_0 a(t), 0 \leqslant t \leqslant 1$. 其中, $C_0 = \int_0^1 n(s) e(s) ds$.

证明 由条件 (A) 知, 我们有

$$\gamma(t) = \int_0^1 G(t, s) e(s) ds \leqslant \int_0^1 a(t) n(s) e(s) ds = a(t) \int_0^1 n(s) e(s) ds = a(t) C_0.$$

结合上述引理和定理 1.2.2, 可得如下重要结果.

定义记号:

$$\gamma_{i*} = \min\limits_{i, t} \gamma_i(t), \quad \gamma_i^* = \max\limits_{i, t} \gamma_i(t).$$

定理 3.2.1 假设条件 (A) 成立. 而且,

(B_1) $f : (0, 1) \times (0, \infty) \to \mathbf{R}$ 连续, 并且当 $t \in (0, 1)$ 时, 存在 $e(t) \in C[0, 1], e(t) > 0$, 满足当 $t \in (0, 1)$ 和 $x \in (0, \infty)$ 成立时, 有 $f(t, x) + e(t) \geqslant 0$.

(B_2) 当 $(t, x) \in (0, 1) \times (0, \infty)$ 时, 有 $F(t, x) = f(t, x) + e(t) \leqslant q(t)[g(x) + h(x)]$ 并且满足在 $(0, \infty)$ 上 $g > 0$. g 是连续单调不增的. $h \geqslant 0$ 在 $(0, \infty)$ 上连续, 并且 $\dfrac{h}{g}$ 在 $(0, \infty)$ 上单调不减. $q \in L^1[0, 1]$, 在 $(0, 1)$ 上, 有 $q > 0, b_0 = \int_0^1 q(s) g(a(s)) ds < +\infty$; $\exists K_0$, 使得

$$g(ab) \leqslant K_0 g(a) g(b), \quad \forall a > 0, b > 0;$$

(B$_3$) 存在 $r > C_0$, 使得 $\dfrac{r}{g(r - C_0)\left\{1 + \dfrac{h(r)}{g(r)}\right\}} > K_0 a_0$, 其中,

$$a_0 = \int_0^1 q(s)m(s)g(a(s))ds;$$

(B$_4$) 对于每个 $L > 0$, 存在连续函数 $\varphi_L \succ 0$ 使得当 $(t, x) \in (0, 1) \times (0, L]$ 时, 有 $F(t, x) \geqslant \varphi_L(t)$. 当 $t \in (0, 1)$ 时, 有 $\varphi_r(t) > e(t)$, 其中, r 是 (B$_3$) 中定义.

则方程 (3.2.1) 至少有一正解 x, 满足

$$0 < \|x + \gamma\| < r.$$

证明　利用 Leray-Schauder 二择一原则和截断方法证明解的存在性.

$$x(t) = \int_0^1 G(t, s)f(s, x(s))ds, \quad 0 \leqslant t \leqslant 1. \tag{3.2.2}$$

有一个正解 x 满足 $x(t) - \gamma(t) > 0$. 这样, $u(t) = x(t) - \gamma(t) > 0$ 为 (3.2.1) 的一个正解且满足 $0 < \|u + \gamma\| < r$.

由 (B$_3$) 成立, 选取 $n_0 \in \{1, 2, \cdots\}$ 使得 $\dfrac{1}{n_0} < r - C_0$ 和

$$a_0 K_0 g(r - C_0)\left\{1 + \frac{h(r)}{g(r)}\right\} + \frac{1}{n_0} < r \tag{3.2.3}$$

成立. 令 $N_0 = \{n_0, n_0 + 1, \cdots\}$. 考虑下面方程族

$$x(t) = \lambda \int_0^1 G(t, s)F_n(t, x(t) - \gamma(t))ds + 1/n. \tag{3.2.4}$$

其中,

$$F_n(t, x) = \begin{cases} F(t, x), & x \geqslant \dfrac{1}{n}, \\ F\left(t, \dfrac{1}{n}\right), & x \leqslant \dfrac{1}{n}. \end{cases}$$

且参数 $\lambda \in [0, 1]$.

方程 (3.2.4) 等价于如下不动点问题:

$$x = \lambda T_n x + \frac{1}{n}, \tag{3.2.5}$$

其中, $\lambda \in [0, 1]$, T_n 定义为

$$(T_n x)(t) = \int_0^1 G(t, s)F_n(s, x(s) - \gamma(s))ds.$$

我们断言, 对于任意的 $\lambda \in [0,1]$, 方程 (3.2.5) 的任何不动点 x 满足 $\|x\| \neq r$. 否则, 假设存在 $\lambda \in [0,1]$, 方程 (3.2.5) 的不动点 x 满足 $\|x\| = r$. 注意到 $F_n(t,x) \geqslant 0$. 我们有

$$x(t) - \frac{1}{n} = \lambda \int_0^1 G(t,s) F_n(s,(x(s)-\gamma(s))) ds$$

$$\geqslant \lambda a(t) \int_0^1 m(s) F_n(s,(x(s)-\gamma(s))) ds$$

$$\geqslant \lambda a(t) \int_0^1 G(t,s) F_n(s,x(s)-\gamma(s)) ds$$

$$\geqslant a(t) \max_{t \in (0,1)} \left\{ \lambda \int_0^1 G(t,s) F_n(s,x(s)-\gamma(s)) ds \right\}$$

$$= a(t) \left\| x - \frac{1}{n} \right\|. \tag{3.2.6}$$

由引理 3.2.2 和引理 3.2.3, 对于任意 t, 有 $x(t) \geqslant 1/n$ 和 $r \geqslant x(t) \geqslant 1/n + a(t) \left\| x - \dfrac{1}{n} \right\|$ 成立. 选取适当的 n_0, 有 $1/n \leqslant 1/n_0 < r - C_0$. 因此, 我们有

$$x(t) \geqslant 1/n \text{ 和 } r \geqslant x(t) \geqslant 1/n + a(t) \left\| x - \frac{1}{n} \right\| \geqslant 1/n + a(t) \left(\|x\| - \frac{1}{n} \right) \geqslant a(t)r. \tag{3.2.7}$$

利用 (3.2.7), 结合条件 (B_2). 当 $t \in [0,1]$ 时, 我们有

$$x(t) = \lambda \int_0^1 G(t,s) F_n(s,(x(s)-\gamma(s))) ds + \frac{1}{n}$$

$$= \lambda \int_0^1 G(t,s) F(s,(x(s)-\gamma(s))) ds + \frac{1}{n}$$

$$\leqslant \lambda \int_0^1 G(t,s) q(s) g(x(s)-\gamma(s)) \left\{ 1 + \frac{h(x(s)-\gamma(s))}{g(x(s)-\gamma(s))} \right\} ds + \frac{1}{n}$$

$$\leqslant \lambda \int_0^1 G(t,s) q(s) g(ra(s) - C_0 a(s)) \left\{ 1 + \frac{h(x(s)-\gamma(s))}{g(x(s)-\gamma(s))} \right\} ds + \frac{1}{n}$$

$$\leqslant g(r - C_0) \left\{ 1 + \frac{h(r)}{g(r)} \right\} \int_0^1 m(s) q(s) g(a(s)) ds + \frac{1}{n_0}$$

$$\leqslant a_0 K_0 g(r - C_0) \left\{ 1 + \frac{h(r)}{g(r)} \right\} + \frac{1}{n_0}.$$

因此,

$$r = \|x\| \leqslant a_0 K_0 g(r - C_0) \left\{ 1 + \frac{h(r)}{g(r)} \right\} + \frac{1}{n_0}.$$

与 n_0 的选取矛盾, 故 $\|x\| \neq r$.

根据以上结论和定理 1.2.1, 我们有

$$x(t) = \int_0^1 G(t,s) F_n(s, (x(s) - \gamma(s))) ds + \frac{1}{n}, \quad 0 \leqslant t \leqslant 1,$$

在 $B_r = \{ x \in X, \|x\| < r \}$ 有不动点, 记为 x_n, 也即是, (3.2.4) 至少存在解 x_n 满足 $\|x_n\| < r$. 又因为 x_n 满足问题 (3.2.5), 且对任意 t, 有 $x_n(t) \geqslant \dfrac{1}{n}$, 所以, x_n 实际上是方程 (3.2.4) 在 $\lambda = 1$ 时的正解.

下面, 证明 $x_n(t) - \gamma(t)$ 有一致正下界, 也即是, 存在常数 $\delta > 0$, 所有 $n \in N_0$, 使得

$$\min_{t \in (0,1)} \{ x_n(t) - \gamma(t) \} \geqslant \delta a(t). \tag{3.2.8}$$

由 (B_4), 存在连续函数 $\varphi_r(t) \succ 0$. 当 $(t, x) \in (0, 1) \times (0, r]$ 时, 有 $F(t, x) > \varphi_r(t) > e(t)$. 令 $x_r(t)$ 是如下积分方程的唯一解,

$$x_r(t) = \int_0^1 G(t,s)[\varphi_r(s) - e(s)] ds \geqslant \int_0^1 a(t) m(s)[\varphi_r(s) - e(s)] ds := \delta a(t).$$

因为, 有 $x_n(t) - \gamma(t) < r$ 且 $\dfrac{1}{n} < r - C_0$. 令 $\mathrm{II} = \left\{ t \in [0,1] : x_n(t) - \gamma(t) \geqslant \dfrac{1}{n} \right\}$, $\mathrm{II}' = [0,1] \setminus \mathrm{II}$, 则

$$x_n(t) - \gamma(t) = \int_0^1 G(t,s) F_n(s, (x_n(s) - \gamma(s))) ds + \frac{1}{n} - \int_0^1 G(t,s) e(s) ds$$

$$= \int_{\mathrm{II}} G(t,s) F(s, (x_n(s) - \gamma(s))) ds + \int_{\mathrm{II}'} G(t,s) F\left(s, \frac{1}{n}\right) ds$$

$$+ \frac{1}{n} - \int_0^1 G(t,s) e(s) ds$$

$$\geqslant \int_{\mathrm{II}} G(t,s)\varphi_r(s)ds + \int_{\mathrm{II}'} G(t,s)\varphi_r(s)ds + \frac{1}{n} - \int_0^1 G(t,s)e(s)ds$$

$$= \int_0^1 G(t,s)\varphi_r(s)ds + \frac{1}{n} - \int_0^1 G(t,s)e(s)ds$$

$$= \int_0^1 G(t,s)(\varphi_r(s) - e(s))ds + \frac{1}{n}$$

$$\geqslant \delta a(t).$$

为了通过方程 (3.2.4) 的不动点 x_n 去研究原始方程 (3.2.2), 我们需要利用如下的基本事实:

$$当 n \in N_0 \text{ 时}, \{x_n\} \text{ 在 } (0,1) \text{ 上等度连续}. \tag{3.2.9}$$

事实上, 对任意 $\epsilon > 0$, $x_n \in B_r$, t, $t' \in (0,1), t < t'$, 因为, $G(t,s)$ 在 $(0,1) \times (0,1)$ 等度连续. 存在 $\tau > 0$, 当 $t' - t < \tau$ 时, 我们有

$$|G(t',s) - G(t,s)| < \frac{\epsilon}{K_0 b_0 g(\delta) \left\{ 1 + \dfrac{h(r)}{g(r)} \right\}},$$

则有

$$|x_n(t) - x_n(t')| \leqslant \int_0^1 |G(t,s) - G(t',s)| F_n(s, (x_n(s) - \gamma(s)))ds$$

$$\leqslant \int_0^1 |G(t,s) - G(t',s)| q(s)g(x_n(s) - \gamma(s)) \left[1 + \frac{h(x_n(s) - \gamma(s))}{g(x_n(s) - \gamma(s))} \right] ds$$

$$\leqslant \int_0^1 |G(t,s) - G(t',s)| q(s)g(a(s)\delta) \left[1 + \frac{h(r)}{g(r)} \right] ds$$

$$\leqslant \int_0^1 |G(t,s) - G(t',s)| q(s) K_0 g(a(s)) g(\delta) \left\{ 1 + \frac{h(r)}{g(r)} \right\} ds < \epsilon.$$

再由 $\|x_n\| < r$ 和 (3.2.9) 知, $\{x_n\}_{n \in N_0}$ 在 $(0,1)$ 上有界且等度连续. 再由 Arzela-Ascoli 定理, 在区间 $(0,1)$ 上, $\{x_n\}_{n \in N_0}$ 存在子序列 $\{x_{n_k}\}_{n_k \in N_0}$ 一致收敛到函数 $x \in X$. 由 $\|x_n\| < r$ 和 (3.2.8), 则 x 满足 $\delta a(t) \leqslant x(t) - \gamma(t) < r$. 另外 x_{n_k} 满足积分

$$x_{n_k} = \int_0^1 G(t,s) F(s, (x_{n_k}(s) - \gamma(s)))ds + \frac{1}{n_k}.$$

令 $k \to \infty$, 有

$$x(t) = \int_0^1 G(t,s) F(s, (x(s) - \gamma(s)))ds,$$

其中, $F(t, x)$ 在 $(0, 1) \times [a(t)\delta, r]$ 上等度连续. 因此, x 是 (3.2.2) 的正解且满足 $0 < \|x\| < r$. 因此, $x(t) - \gamma(t)$ 是 (3.2.1) 的正解.

定理 3.2.2　假设条件 (A), (B_1)—(B_4) 成立.

(B_5) 当 $(t, x) \in (0, 1) \times (0, \infty)$ 时, $F(t, x) = f(t, x) + e(t) \geqslant q_1(t)[g_1(x) + h_1(x)]$ 且满足在 $(0, \infty)$ 上有 $g_1 > 0$, g_1 连续单调不增的; $h_1 \geqslant 0$ 连续; $\dfrac{h_1}{g_1}$ 单调不减, $q_1(t) \in C((0, 1), [0, \infty))$;

(B_6) 存在 $R > r$ 满足 $\dfrac{R}{g_1(R)} \leqslant \displaystyle\int_a^{1-a} G(\sigma, s) q_1(s) \left\{ 1 + \dfrac{h_1[a(s)(R - C_0)]}{g_1[a(s)(R - C_0)]} \right\} ds$; 其中 $0 \leqslant \sigma \leqslant 1$ 满足,

$$\int_a^{1-a} G(\sigma, s) q_1(s) \left\{ 1 + \frac{h_1[a(s)(R - C_0)]}{g_1[a(s)(R - C_0)]} \right\} ds$$
$$= \sup_{t \in [0,1]} \int_a^{1-a} G(t, s) q_1(s) \left\{ 1 + \frac{h_1[a(s)(R - C_0)]}{g_1[a(s)(R - C_0)]} \right\} ds,$$

选定 $a, 0 < a < \dfrac{1}{2}$, 则 (3.2.1) 有另一个正解 x 且满足 $r < \|x + \gamma\| \leqslant R$.

证明　由定理 3.2.1, 只需证明当 $t \in (0, 1)$ 时, (3.2.2) 有一正解 x. 满足 $x(t) > \gamma(t)$ 且 $r < \|x\| < R$. 设 $X = C[0, 1]$, K 是定义的 X 的锥. 下面定义开集

$$\Omega_r = \{x \in X : \|x\| < r\}, \quad \Omega_R = \{x \in X : \|x\| < R\}$$

和定义算子 $T : K \cap (\bar{\Omega}_R \setminus \Omega_r) \to K$ 为

$$(Tx)(t) = \int_0^1 G(t, s) F(s, x(s) - \gamma(s)) ds, \quad 0 \leqslant t \leqslant 1. \tag{3.2.10}$$

对于任意的 $x \in K \cap (\bar{\Omega}_R \setminus \Omega_r)$, 有 $r < \|x\| \leqslant R$. 因此, $0 < a(s)(r - C_0) \leqslant x(s) - \gamma(s) \leqslant R$. 由于 $F : (0, 1) \times [a(t)(r - C_0), R] \to [0, \infty)$ 连续, 再由引理 3.2.2 和引理 3.2.3, 有算子 $T : K \cap (\bar{\Omega}_R \setminus \Omega_r) \to K$ 是有定义的并且连续和全连续的.

首先, 我们证明

$$\|Tx\| < \|x\|, \quad x \in K \cap \partial \Omega_r. \tag{3.2.11}$$

事实上, 当 $0 < t < 1$ 时, 如果 $x \in K \cap \partial \Omega_r$, 则 $\|x\| = r$ 且 $x(t) \geqslant a(t)r > a(t)C_0$. 因此, 当 $t \in [0, 1]$, 因为 $0 < a(s)(r - C_0) \leqslant x(s) - \gamma(s) \leqslant r$, 有

$$(Tx)(t) = \int_0^1 G(t, s) F(s, x(s) - \gamma(s)) ds$$
$$\leqslant \int_0^1 G(t, s) q(s) g(x(s) - \gamma(s)) \left\{ 1 + \frac{h(x(s) - \gamma(s))}{g(x(s) - \gamma(s))} \right\} ds$$

$$\leqslant \int_0^1 G(t,s)q(s)g(a(s)r - a(s)C_0)\left\{1 + \frac{h(r)}{g(r)}\right\}ds$$

$$\leqslant \int_0^1 G(t,s)K_0 g(a(s))g(r - C_0)q(s)\left\{1 + \frac{h(r)}{g(r)}\right\}ds$$

$$\leqslant K_0 g(r - C_0)\left\{1 + \frac{h(r)}{g(r)}\right\}\int_0^1 m(s)q(s)g(a(s))ds$$

$$= a_0 K_0 g(r - C_0)\left\{1 + \frac{h(r)}{g(r)}\right\}$$

$$< r = \|x\|, \tag{3.2.12}$$

这意味着 $\|Tx\| < \|x\|$, 也即是 (3.2.11) 成立. 其次, 当 $x \in K \cap \partial\Omega_R$ 时, 往证

$$\|Tx\| \geqslant \|x\|. \tag{3.2.13}$$

取 $x \in K \cap \partial\Omega_R$, 对于 $0 < t < 1$, 则 $\|x\| = R$ 且 $x(t) \geqslant a(t)R > a(t)C_0$. 因此, 由 (B_5) 和 (B_6) 知

$$(Tx)(\sigma) = \int_0^1 G(\sigma,s)F(s,x(s) - \gamma(s))ds$$

$$\geqslant \int_a^{1-a} G(\sigma,s)q_1(s)g_1(x(s) - \gamma(s))\left\{1 + \frac{h_1(x(s) - \gamma(s))}{g_1(x(s) - \gamma(s))}\right\}ds$$

$$\geqslant \int_a^{1-a} G(\sigma,s)q_1(s)g_1(R)\left\{1 + \frac{h_1[a(s)(R - C_0)]}{g_1[a(s)(R - C_0)]}\right\}ds$$

$$= g_1(R)\int_a^{1-a} G(\sigma,s)q_1(s)\left\{1 + \frac{h_1[a(s)(R - C_0)]}{g_1[a(s)(R - C_0)]}\right\}ds.$$

又因为 $a(s)(R - C_0) \leqslant x(s) - \gamma(s) \leqslant R$, 再有 (B_6) 可得, $(Tx)(t) \geqslant R = \|x\|$. 即 (3.2.13) 成立.

因此, 再由 (3.2.11), (3.2.13) 和定理 1.2.2, 知 T 有一不动点 $\tilde{x} \in K \cap (\bar\Omega_R \setminus \Omega_r)$. 并且由 (3.2.12) 知 $r \leqslant \|\tilde{x}\| \leqslant R$ 且 $\|\tilde{x}\| \neq r$. 显然, $\tilde{x}$ 是 (3.2.2) 的正解. 因此, $\tilde{x}(t) - \gamma(t)$ 是 (3.2.1) 的一个正解.

定理 3.2.3 假设 (A), (B_1)—(B_7) 成立, 则 (3.2.1) 至少存在两个解 u_1, u_2 并且当 $t \in (0,1)$ 时, 满足 $u_1(t) > 0, u_2(t) > 0$.

证明 由定理 3.2.1, 当 $t \in (0,1)$ 时, (3.2.2) 有一正解 $x_1(t) > \gamma(t)$, 使得 $r < \|x_1\| \leqslant R$. 再由定理 3.2.2, 且当 $t \in (0,1)$ 时, (3.2.2) 有另一正解 $x_2(t) > \gamma(t)$ 且 $0 < \|x_2\| \leqslant r$. 因此, (3.2.1) 至少有两个正解 $u_1 = x_1(t) - \gamma(t), u_2 = x_2(t) - \gamma(t)$.

当 $e(t) \equiv 0$ 时, 易得如下推论:

推论 3.2.1　假设 (A) 和如下条件 (F_1)—(F_6) 成立.

(F_1) $f:(0,1) \times (0,\infty) \to (0,\infty)$ 连续;

(F_2) 当 $(t,x) \in (0,1) \times (0,\infty)$ 时, 有 $f(t,x) \leqslant q(t)[g(x)+h(x)]$ 且满足 $g > 0$, g 在 $(0,\infty)$ 上, g 连续且单调不增的; $h \geqslant 0$ 连续; 在 $(0,\infty)$ 上, 有 $\dfrac{h}{g}$ 单调不减的; 在 $(0,1)$ 上, 有 $q \in L^1[0,1], q > 0$; $b_0 = \displaystyle\int_0^1 q(s)g(a(s))ds < +\infty$; $\exists K_0$, 满足 $g(ab) \leqslant K_0 g(a)g(b), \forall a > 0, b > 0$;

(F_3) 存在 $r > 0$ 使得 $\dfrac{r}{g(r)\left\{1+\dfrac{h(r)}{g(r)}\right\}} > K_0 a_0$; 其中, $a_0 = \displaystyle\int_0^1 q(s)m(s)g(a(s))ds$;

(F_4) 对于 $L > 0$, 当 $(t,x) \in (0,1) \times (0,L]$ 时, 存在连续函数 $\varphi_L \succ 0$ 满足 $f(t,x) \geqslant \varphi_L(t)$;

(F_5) 当 $(t,x) \in (0,1) \times (0,\infty)$ 时, $f(t,x) \geqslant q_1(t)[g_1(x)+h_1(x)]$ 且 $g_1 > 0$. g_1 在 $(0,\infty)$ 上连续且单调不增的; $h_1 \geqslant 0$ 连续; 在 $(0,\infty)$ 上, 有 $\dfrac{h_1}{g_1}$ 单调不减的; $q_1(t) \in C((0,1),[0,\infty))$;

(F_6) 存在 $R > r$ 使得 $\dfrac{R}{g_1(R)} \leqslant \displaystyle\int_a^{1-a} G(\sigma,s)q_1(s)\left[1+\dfrac{h_1(a(s)R)}{g_1(a(s)R)}\right]ds; 0 \leqslant \sigma \leqslant 1$ 满足

$$\int_a^{1-a} G(\sigma,s)q_1(s)\left[1+\frac{h_1(a(s)R)}{g_1(a(s)R)}\right]ds = \sup_{t \in [0,1]} \int_a^{1-a} G(t,s)q_1(s)\left[1+\frac{h_1(a(s)R)}{g_1(a(s)R)}\right]ds,$$

其中, 选定 $0 < a < \dfrac{1}{2}$, 则 (3.2.1) 至少有两个解 x_1, x_2, 且当 $t \in (0,1)$ 时, 有 $x_1(t) > 0, x_2(t) > 0$.

现在, 给出几个例子说明我们的结论.

例 3.2.1　考虑积分方程如下:

$$x(t) = \int_0^1 G(t,s)(bx^{-\alpha} + \mu x^\beta + e^*(t))ds, \quad 0 \leqslant t \leqslant 1, \tag{3.2.14}$$

其中, $\beta > 1, \alpha, b, \mu > 0$, $a(t)m(s) \leqslant G(t,s) \leqslant m(s), a(t)m(s) \leqslant G(t,s) \leqslant a(t)n(s)$ 且 $a, m, n \in C[0,1]$, 满足 $a(t), m(s), n(s) > 0$, $e^*(t) \in C[0,1]$, $\displaystyle\int_0^1 (a(s))^{-\alpha}ds < +\infty$ 和

$$\left(\frac{b}{\|e\|}\right)^{\frac{1}{\alpha^2}}\left[\left(\frac{b}{\|e\|}\right)^{\frac{1}{\alpha}} - C_0\right] > (3ba_0)^{\frac{1}{\alpha}} \tag{3.2.15}$$

成立, 其中, $C_0 = \displaystyle\int_0^1 n(s)e(s)ds, a_0 = b\int_0^1 m(s)[a(s)]^{-\alpha}ds, e(t) = |e^*(t)|$.

则对于每一个 μ, $0 < \mu < \mu_* < +\infty$ 时, (3.2.14) 至少有两个正解, 这里, μ_* 是某个正的常数.

证明 应用定理 3.2.1, 取

$$f(t,x) = bx^{-\alpha} + \mu x^\beta + e^*(t),$$

$$g(x) = g_1(x) = bx^{-\alpha}, \quad h(x) = \mu x^\beta + 2\|e\|,$$

$$h_1(x) = \mu x^\beta, \quad q(t) = q_1(t) = 1, \quad K_0 = 1,$$

在 (B_4) 中, 取 $\varphi_L(t) = L^{-\alpha}b$.

由于 $\beta > 1$, (B_1), (B_2) 和 (B_5) 显然成立. 对于某个 $r > C_0$ 和 $r^{-\alpha}b > \|e\|$ 成立, 也即是, $r \in \left(C_0, \left(\dfrac{b}{\|e\|}\right)^{\frac{1}{\alpha}}\right)$, 从而, 存在性条件 (B_3) 转化为

$$\mu < \frac{r(r - C_0)^\alpha/a_0 - (b + 2\|e\|r^\alpha)}{r^{\alpha+\beta}} := F(r), \quad C_0 < r < \left(\frac{b}{\|e\|}\right)^{\frac{1}{\alpha}}.$$

再利用 (3.1.15), 有 $0 < F\left(\left(\dfrac{b}{\|e\|}\right)^{\frac{1}{\alpha}}\right) < +\infty$.

条件 (B_6) 转化为如下不等式,

$$\mu \geqslant \frac{R^{1+\alpha} - b\displaystyle\int_a^{1-a} G(\sigma, s)ds}{(R - C_0)^{\alpha+\beta}\displaystyle\int_a^{1-a} G(\sigma, s)(a(s))^{\alpha+\beta}ds}, \quad R > r > C_0. \tag{3.2.16}$$

其中, $0 < a < \dfrac{1}{2}$, $0 \leqslant \sigma \leqslant 1$ 满足

$$\int_a^{1-a} G(\sigma, s)(a(s))^{\alpha+\beta}ds = \sup_{t\in[0,1]}\int_a^{1-a} G(t, s)(a(s))^{\alpha+\beta}ds,$$

$$\int_a^{1-a} G(\sigma, s)ds = \sup_{t\in[0,1]}\int_a^{1-a} G(t, s)ds.$$

又因为 $\beta > 1$, 则当 $R \to \infty$ 时, (3.1.16) 的右端趋近于 0.

当 $0 < x \leqslant L$ 时, 条件 (B_4) 为

$$x^{-\alpha} + \mu x^\beta + e^*(t) + \|e\| \geqslant L^{-\alpha}b,$$

而 $r^{-\alpha}b > \|e\|$, 也即是 $r < \left(\dfrac{b}{\|e\|}\right)^{\frac{1}{\alpha}}$.

对于任意的

$$0 < \mu < \mu_* := \sup_{r \in \left(C_0, \left(\frac{b}{\|e\|}\right)^{\frac{1}{\alpha}}\right)} \frac{r(r - C_0)^{\alpha}/a_0 - (b + 2\|e\|r^{\alpha})}{r^{\alpha+\beta}} < +\infty,$$

容易找到合适的 $R \gg r$ 使得 (3.2.16) 成立. 因此, (3.2.14) 至少存在两个正解 x_1, x_2 且满足 $0 < \|x_1 + \gamma(t)\| < r$ 和 $r < \|x_2 + \gamma(t)\| \leqslant R$.

例 3.2.2   考虑如下四阶奇异边值问题:

$$\begin{aligned} & x^{(4)}(t) + \gamma x''(t) = bx^{-\alpha} + \mu x^{\beta} + e^*(t), \quad 0 < t < 1, \\ & x(0) = x(1) = x''(0) = x'(1) = 0, \end{aligned} \tag{3.2.17}$$

其中, $\gamma < \pi^2, 0 < \alpha < 1, \beta > 1, b, \mu > 0, e^*(t) \in C[0,1]$ 且

$$\left(\frac{b}{\|e\|}\right)^{\frac{1}{\alpha^2}} \left[\left(\frac{b}{\|e\|}\right)^{\frac{1}{\alpha}} - C_0\right] > (3ba_0)^{\frac{1}{\alpha}}, \tag{3.2.18}$$

这里 $C_0 = \displaystyle\int_0^1 \int_0^1 G_2(\tau, s)e(s)d\tau ds, a_0 = b\int_0^1 \int_0^1 G_1(\tau, \tau)G_2(\tau, s)(s(1-s))^{-\alpha}d\tau ds,$ $e(t) = |e^*(t)|$. 当 $0 < \mu < \mu_* < +\infty$ 时, (3.2.16) 至少有两个正解, 其中 μ_* 是某些常数.

证明   应用定理 3.2.3, 并取

$$f(t, x) = bx^{-\alpha} + \mu x^{\beta} + e^*(t).$$

利用文献 [95] 的定理, 有 $x(t) = \displaystyle\int_0^1 G(t, s)f(s, x(s))ds$, 其中,

$$G(t, s) = \int_0^1 G_1(t, \tau)G_2(\tau, s)d\tau,$$

$$G_1(t, s) = \begin{cases} t(1-s), & 0 \leqslant t \leqslant s \leqslant 1, \\ s(1-t), & 0 \leqslant s \leqslant t \leqslant 1. \end{cases}$$

令 $\omega = \sqrt{\|\beta\|}$,

$$G_2(t, s) = \begin{cases} \dfrac{\sinh \omega \sinh \omega(1-s)}{\omega \sinh \omega}, & 0 \leqslant t \leqslant s \leqslant 1, \\[3mm] \dfrac{\sinh \omega \sinh \omega(1-t)}{\omega \sinh \omega}, & 0 \leqslant s \leqslant t \leqslant 1. \end{cases}$$

易得

$$t(1-t)G_1(s,s) \leqslant G_1(t,s) \leqslant G_1(s,s) = s(1-s)$$

和

$$G_1(t,s) \leqslant t(1-t), \quad (t,s) \in [0,1] \times [0,1],$$

等价为 $G_1(t,\tau) \leqslant G_{(t,t)}$ 或者 $G_1(\tau,\tau)$, 因此, 有

$$G(t,s) \leqslant \int_0^1 G_1(\tau,\tau)G_2(\tau,s)d\tau,$$

且

$$G(t,s) \geqslant \int_0^1 G_1(t,t)G_1(\tau,\tau)G_2(\tau,s)d\tau \geqslant G_1(t,t)m(s).$$

令 $a(t) = t(1-t)$, $m(s) = \int_0^1 G_1(\tau,\tau)G_2(\tau,s)d\tau$, $n(s) = \int_0^1 G_2(\tau,s)d\tau$.

同理可得

$$G(t,s) \leqslant \int_0^1 G_1(t,t)G_2(\tau,s)d\tau = G_1(t,t)\int_0^1 G_2(\tau,s)d\tau.$$

从而, 条件 (A) 成立.

接下来, 取 $g(x) = g_1(x) = bx^{-\alpha}, h(x) = \mu x^\beta + 2\|e\|, h_1(x) = \mu x^\beta, q(t) = q_1(t) = 1, K_0 = 1$ 和 $\varphi_L(t) = g(L) = bL^{-\alpha}$. 显然, 因为 $0 < \alpha < 1, \beta > 1$, 有 $\int_0^1 (s(1-s))^{-\alpha}ds < +\infty$. 对于某个 $r > C_0, r \in \left(C_0, \left(\dfrac{b}{\|e\|}\right)^{\frac{1}{\alpha}}\right)$ 时, 存在性条件 (B_3) 转化为

$$\mu < \frac{r(r-C_0)^\alpha/a_0 - (b+2\|e\|r^\alpha)}{r^{\alpha+\beta}} < +\infty, \quad C_0 < r < \left(\frac{b}{\|e\|}\right)^{\frac{1}{\alpha}}.$$

条件 (B_6) 转化为

$$\mu \geqslant \frac{R^{1+\alpha} - b\displaystyle\int_a^{1-a} G(\sigma,s)ds}{(R-C_0)^{\alpha+\beta}\displaystyle\int_a^{1-a} G(\sigma,s)(s(1-s))^{\alpha+\beta}ds}, \quad R > r > C_0. \tag{3.2.19}$$

其中, $0 < a < \dfrac{1}{2}, 0 \leqslant \sigma \leqslant 1$ 满足

$$\int_a^{1-a} G(\sigma,s)(s(1-s))^{\alpha+\beta}ds = \sup_{t\in[0,1]}\int_a^{1-a} G(t,s)(s(1-s))^{\alpha+\beta}ds,$$

$$\int_a^{1-a} G(\sigma, s)ds = \sup_{t \in [0,1]} \int_a^{1-a} G(t, s)ds.$$

对于任意给定 μ,

$$0 < \mu < \mu_* := \sup_{r \in \left(C_0, \left(\frac{b}{\|e\|}\right)^{\frac{1}{\alpha}}\right)} \frac{r(r - C_0)^\alpha/a_0 - (b + 2\|e\|r^\alpha)}{r^{\alpha+\beta}} < +\infty,$$

容易取得 $R \gg r$ 满足 (3.2.18). 因此, (3.2.17) 至少有两个正解 x_1, x_2 满足 $0 < \|x_1 + \gamma(t)\| < r$ 和 $r < \|x_2 + \gamma(t)\| \leqslant R$.

例 3.2.3　考虑如下奇异 $(k, n-k)$ 共轭边值问题:

$$\begin{cases} (-1)^{n-k}x^{(n)} = bx^{-\alpha} + \mu x^\beta + e^*(t), & \text{a.e. } t \in (0,1), \\ x^{(i)}(0) = 0, & 0 \leqslant i \leqslant k-1, \\ x^{(j)}(1) = 0, & 0 \leqslant j \leqslant n-k-1, \end{cases} \tag{3.2.20}$$

其中, $b, \mu > 0, e^*(t) \in C[0,1], 0 < \alpha < \min\left\{\dfrac{1}{k}, \dfrac{1}{n-k}\right\}, \beta > 1$ 和

$$\left(\frac{b}{\|e\|}\right)^{\frac{1}{\alpha^2}} \left[\left(\frac{b}{\|e\|}\right)^{\frac{1}{\alpha}} - C_0\right] > (3ba_0)^{\frac{1}{\alpha}} \tag{3.2.21}$$

成立, 其中,

$$C_0 = \frac{n-1}{\min\{k, n-k\}(k-1)!(n-k-1)!} \int_0^1 s^{n-k-1}(1-s)^{k-1}e(s)ds,$$

$$a_0 = \frac{b(n-1)^\alpha}{(k-1)!(n-k-1)!} \int_0^1 s^{n-k(\alpha+1)}(1-s)^{k(\alpha+1)-n\alpha}ds, \quad e(t) = |e^*(t)|,$$

则当 $0 < \mu < \mu_* < +\infty$ 时, (3.2.20) 至少有两个正解, 其中 μ_* 是某个正的常数.

证明　应用定理 3.2.3, 取

$$f(t, x) = bx^{-\alpha} + \mu x^\beta + e^*(t),$$

利用文献 [96], 则 $x(t) = \displaystyle\int_0^1 G(t, s)f(s, x(s))ds$, 其中,

$$G(t,s) = \begin{cases} \dfrac{t^k(1-s)^k}{(k-1)!(n-k-1)!} \displaystyle\sum_{j=0}^{n-k-1} C_{n-k-1}^j \dfrac{[t(1-s)]^j}{k+j}(s-t)^{n-k-1-j}, & 0 \leqslant t \leqslant s \leqslant 1, \\ \dfrac{(1-t)^{n-k}s^{n-k}}{(k-1)!(n-k-1)!} \displaystyle\sum_{j=0}^{k-1} C_{k-1}^j \dfrac{[(1-t)s]^j}{n-k+j}(t-s)^{k-1-j}, & 0 \leqslant s \leqslant t \leqslant 1. \end{cases}$$

并且, 对于 $(t,s) \in [0,1] \times [0,1]$,

$$G(t,s) \leqslant \frac{1}{\min\{k, n-k\}(k-1)!(n-k-1)!} t^k (1-t)^{n-k} s^{n-k-1} (1-s)^{k-1},$$

$$G(t,s) \geqslant \frac{1}{(n-1)(k-1)!(n-k-1)!} t^k (1-t)^{n-k} s^{n-k} (1-s)^k.$$

设

$$a(t) = \frac{1}{n-1} t^k (1-t)^{n-k}, \quad m(s) = \frac{1}{(k-1)!(n-k-1)!} s^{n-k} (1-s)^k,$$

$$n(s) = \frac{n-1}{\min\{k, n-k\}(k-1)!(n-k-1)!} s^{n-k-1} (1-s)^{k-1}.$$

显然, 对于任意的 t, 易得 $a(t)m(s) \leqslant G(t,s) \leqslant m(s)$ 和 $a(t)m(s) \leqslant G(t,s) \leqslant a(t)n(s)$. 即条件 (A) 成立.

取 $g(x) = g_1(x) = bx^{-\alpha}, h(x) = \mu x^{\beta} + 2\|e\|, h_1(x) = \mu x^{\beta}, q(t) = q_1(t) = 1. K_0 = 1$. 条件 (B_4) 中, 取 $\varphi_L(t) = L^{-\alpha} b$.

显然, 当 $0 < \alpha < \min\left\{\dfrac{1}{k}, \dfrac{1}{n-k}\right\}$ 时, 有 $(n-1)^{\alpha} \displaystyle\int_0^1 (s^k (1-s)^{n-k})^{-\alpha} ds < +\infty$. 对于某些 $r > C_0, r \in \left(C_0, \left(\dfrac{b}{\|e\|}\right)^{\frac{1}{\alpha}}\right)$, 条件 (B_3) 转化为

$$\mu < \frac{r(r-C_0)^{\alpha}/a_0 - (b + 2\|e\|r^{\alpha})}{r^{\alpha+\beta}} < +\infty, \quad C_0 < r < \left(\frac{b}{\|e\|}\right)^{\frac{1}{\alpha}}.$$

条件 (B_6) 转化为

$$\mu \geqslant \left(\frac{n-1}{R-C_0}\right)^{\alpha+\beta} \frac{R^{1+\alpha} - b \displaystyle\int_a^{1-a} G(\sigma, s) ds}{\displaystyle\int_a^{1-a} G(\sigma, s) s^{k(\alpha+\beta)} (1-s)^{(n-k)(\alpha+\beta)} ds}, \quad R > r > C_0,$$

$$(3.2.22)$$

其中, $0 < a < \dfrac{1}{2}, 0 \leqslant \sigma \leqslant 1$ 满足 $\displaystyle\int_a^{1-a} G(\sigma, s) ds = \sup_{t \in [0,1]} \int_a^{1-a} G(t,s) ds$ 和

$$\int_a^{1-a} G(\sigma, s) s^{k(\alpha+\beta)} (1-s)^{(n-k)(\alpha+\beta)} ds = \sup_{t \in [0,1]} \int_a^{1-a} G(t,s) s^{k(\alpha+\beta)} (1-s)^{(n-k)(\alpha+\beta)} ds.$$

对于任意的

$$0 < \mu < \mu_* := \sup_{r \in \left(C_0, \left(\frac{b}{\|e\|}\right)^{\frac{1}{\alpha}}\right)} \frac{r(r - C_0)^\alpha / a_0 - (b + 2\|e\| r^\alpha)}{r^{\alpha + \beta}} < +\infty,$$

易得 $R \gg r$ 满足 (3.2.21). 因此, (3.2.20) 至少存在两个正解 x_1, x_2 满足 $0 < \|x_1 + \gamma(t)\| < r$ 和 $r < \|x_2 + \gamma(t)\| \leqslant R$.

第4章 奇异半正方程组周期正解的存在性

本章主要研究弱奇性二阶奇异耦合微分方程组周期正解的存在性以及弱奇性二阶奇异耦合积分方程组正解的存在性.

4.1 弱奇性二阶奇异耦合微分方程组周期正解的存在性

本节主要研究弱奇性二阶非自治的奇异耦合系统周期解的存在性. 考虑如下的耦合系统:

$$\begin{cases} x'' + a_1(t)x = f_1(t, y(t)) + e_1(t), \\ y'' + a_2(t)y = f_2(t, x(t)) + e_2(t), \end{cases} \tag{4.1.1}$$

其中, $a_1, a_2, e_1, e_2 \in C[0,T]$, $f_1, f_2 \in C([0,T] \times (0,+\infty), (0,+\infty))$, 而且 f_1, f_2 在零点是奇异的.

文献中, 有许多经典的方法来研究微分方程的耦合系统两点非周期边值问题的正解. 这些经典的方法包括: 全连续算子的锥不动点定理, Schauder 不动点定理. 然而, 这些文献中, 很少涉及二阶非自治奇异耦合系统周期解的工作.

本章的主要思想来源于近期发表的文献 [16], [20], [48], [81], [94], [97], [98]. 这些文献中, 利用某些不动点定理已经详细地研究了奇异周期问题. 文献 [16], [48], [81], [94] 中, 在某些适当的条件下, 弱奇性有助于周期解的存在. 近来, 储继峰 [16] 考虑了二阶非自治奇异动力系统的周期解的问题. 分别利用 Leray-Schauder 二择一定理、锥不动点定理和 Schauder 不动点定理得到了一些存在性的结果.

本节在 Green 函数非负的情况下, 结合系统 (2.2.2), (2.2.3), 强调弱奇性, 利用 Schauder 不动点定理证明正解的存在性.

规定记号如下: 假设 $a \in L^1(0,T)$, 如果 $a \geqslant 0$, a.e. $t \in [0,T]$, 并且在正测度集下它是正的, 记为 $a \succ 0$. 对于给定的函数 $p \in L^1[0,T]$, 分别记 p^* 和 p_* 为上确界和下确界, 记 $\|\cdot\|_p$ 为 L^p-范数. p 的共轭指数为 $\tilde{p}$, 满足 $\frac{1}{p} + \frac{1}{\tilde{p}} = 1$. 最后, C_T 记为连续 T-周期函数组成的集合.

考虑纯量方程如下:

$$x'' + a_i(t)x = e_i(t), \quad i = 1, 2. \tag{4.1.2}$$

周期边值条件为

$$x(0) = x(T), \quad x'(0) = x'(T). \tag{4.1.3}$$

本节需要如下基本假设:

(H_1) 当 $(t,s) \in [0,T] \times [0,T]$, $i = 1,2$ 时, 系统 (2.2.2)—(2.2.3) 的 Green 函数 $G_i(t,s)$ 是非负的. 换言之, (严格) 反极大值原理成立. 在 (H_1) 的情况下, 系统 (2.2.2)—(2.2.3) 的解为

$$x(t) = \int_0^T G_i(t,s)e_i(s)ds.$$

定义函数 $\gamma_i : R \to R$, 使得

$$\gamma_i(t) = \int_0^T G_i(t,s)e_i(s)ds, \quad i = 1, 2$$

是方程

$$x'' + a_i(t)x = e_i(t)$$

唯一的 T-周期解. 在这节中, 我们始终采用如下的记号:

$$\gamma_{i*} = \min_t \gamma_i(t), \quad \gamma_i^* = \max_t \gamma_i(t).$$

1. $\gamma_{1*} \geqslant 0$, $\gamma_{2*} \geqslant 0$

定理 4.1.1 假设 (H_1) 成立, 并且存在 $b_i \succ 0, \hat{b}_i \succ 0$ 和 $0 < \alpha_i < 1$, 使得

(H_2) $0 \leqslant \dfrac{\hat{b}_i(t)}{x^{\alpha_i}} \leqslant f_i(t,x) \leqslant \dfrac{b_i(t)}{x^{\alpha_i}}$, 任意 $x > 0$, a.e. $t \in (0,T), i = 1,2$ 成立. 如果 $\gamma_{1*} \geqslant 0, \gamma_{2*} \geqslant 0$, 那么系统 (4.1.1) 存在 T-周期正解.

证明 系统 (4.1.1) 的 T-周期解是全连续映射

$$A(x,y) = (A_1x, A_2y) : C_T \times C_T \to C_T \times C_T$$

的不动点, 定义如下

$$(A_1 x)(t) := \int_0^T G_1(t,s)[f_1(s, y(s)) + e_1(s)]ds$$

$$= \int_0^T G_1(t,s)f_1(s, y(s))ds + \gamma_1(t);$$

$$(A_2 y)(t) := \int_0^T G_2(t,s)[f_2(s, x(s)) + e_2(s)]ds$$

$$= \int_0^T G_2(t,s)f_2(s, x(s))ds + \gamma_2(t).$$

如果证明在如下闭凸集中,

$$K = \{(x,y) \in C_T \times C_T : r_1 \leqslant x(t) \leqslant R_1, r_2 \leqslant y(t) \leqslant R_2, \ \forall \ t \in [0,T]\},$$

其中 $R_1 > r_1 > 0, R_2 > r_2 > 0$ 是确定的正常数. A 为 K 到 K 的映射. 再利用 Schauder 不动点定理, 结论成立. 为了方便, 引入如下记号:

$$\beta_i(t) = \int_0^T G_i(t,s)b_i(s)ds, \quad \hat{\beta}_i(t) = \int_0^T G_i(t,s)\hat{b}_i(s)ds, \quad i = 1, 2.$$

令 $(x,y) \in K$, G_i 和 f_i, $i = 1, 2$, 是非负的, 我们有

$$(A_1 x)(t) = \int_0^T G_1(t,s)f_1(s, y(s))ds + \gamma_1(t)$$

$$\geqslant \int_0^T G_1(t,s)\frac{\hat{b}_1(s)}{y^{\alpha_1}(s)}ds$$

$$\geqslant \int_0^T G_1(t,s)\frac{\hat{b}_1(s)}{R_2^{\alpha_1}}ds$$

$$\geqslant \hat{\beta}_{1*} \cdot \frac{1}{R_2^{\alpha_1}}.$$

$$(A_1 x)(t) = \int_0^T G_1(t,s)f_1(s, y(s))ds + \gamma_1(t)$$

$$\leqslant \int_0^T G_1(t,s)\frac{b_1(s)}{y^{\alpha_1}(s)}ds + \gamma_1^*$$

$$\leqslant \int_0^T G_1(t,s)\frac{b_1(s)}{r_2^{\alpha_1}}ds + \gamma_1^*$$

$$\leqslant \beta_1^* \cdot \frac{1}{r_2^{\alpha_1}} + \gamma_1^*.$$

同理可得

$$
\begin{aligned}
(A_2 y)(t) &= \int_0^T G_2(t,s) f_2(s, x(s)) ds + \gamma_2(t) \\
&\geqslant \int_0^T G_2(t,s) \frac{\hat{b}_2(s)}{x^{\alpha_2}(s)} ds \\
&\geqslant \int_0^T G_2(t,s) \frac{\hat{b}_2(s)}{R_1^{\alpha_2}} ds \\
&\geqslant \hat{\beta}_{2*} \cdot \frac{1}{R_1^{\alpha_2}},
\end{aligned}
$$

$$
\begin{aligned}
(A_2 y)(t) &= \int_0^T G_2(t,s) f_2(s, x(s)) ds + \gamma_2(t) \\
&\leqslant \int_0^T G_2(t,s) \frac{b_2(s)}{x^{\alpha_2}(s)} ds + \gamma_2^* \\
&\leqslant \int_0^T G_2(t,s) \frac{b_2(s)}{r_1^{\alpha_2}} ds + \gamma_2^* \\
&\leqslant \beta_2^* \cdot \frac{1}{r_1^{\alpha_2}} + \gamma_2^*.
\end{aligned}
$$

若选择满足下面不等式的 r_1, r_2, R_1 和 R_2, 使得

$$
\hat{\beta}_{1*} \cdot \frac{1}{R_2^{\alpha_1}} \geqslant r_1, \quad \beta_1^* \cdot \frac{1}{r_2^{\alpha_1}} + \gamma_1^* \leqslant R_1,
$$

$$
\hat{\beta}_{2*} \cdot \frac{1}{R_1^{\alpha_2}} \geqslant r_2, \quad \beta_2^* \cdot \frac{1}{r_1^{\alpha_2}} + \gamma_2^* \leqslant R_2,
$$

则 $(A_1 x, A_2 y) \in K$. 因为 $\hat{\beta}_{i*}, \beta_{i*} > 0$ 且取 $R = R_1 = R_2, r = r_1 = r_2, r = \dfrac{1}{R}$, 容易找到 $R > 1$ 使得

$$
\hat{\beta}_{1*} \cdot R^{1-\alpha_1} \geqslant 1, \quad \beta_1^* \cdot R^{\alpha_1} + \gamma_1^* \leqslant R,
$$

$$
\hat{\beta}_{2*} \cdot R^{1-\alpha_2} \geqslant 1, \quad \beta_2^* \cdot R^{\alpha_2} + \gamma_2^* \leqslant R
$$

满足, 又由于 $\alpha_i < 1$, R 充分大, 所以不等式显然成立.

2. $\gamma_1^* \leqslant 0$, $\gamma_2^* \leqslant 0$

下面我们证明在 $\gamma_1^* \leqslant 0, \gamma_2^* \leqslant 0$ 情况下, 弱奇异有助于找到方程 (4.1.1) 周期正解.

定理 4.1.2 假设 (H_1) 成立, 并且存在 $b_i, \hat{b}_i \succ 0$ 和 $0 < \alpha_i < 1$, 使得 (H_2) 成立. 如果 $\gamma_1^* \leqslant 0, \gamma_2^* \leqslant 0$ 且

$$\begin{aligned}
\gamma_{1*} &\geqslant \left[\alpha_1 \alpha_2 \cdot \frac{\hat{\beta}_{1*}}{(\beta_2^*)^{\alpha_1}} \right]^{\frac{1}{1-\alpha_1\alpha_2}} \left(1 - \frac{1}{\alpha_1\alpha_2} \right), \\
\gamma_{2*} &\geqslant \left[\alpha_1 \alpha_2 \cdot \frac{\hat{\beta}_{2*}}{(\beta_1^*)^{\alpha_2}} \right]^{\frac{1}{1-\alpha_1\alpha_2}} \left(1 - \frac{1}{\alpha_1\alpha_2} \right),
\end{aligned} \tag{4.1.4}$$

成立, 则系统 (4.1.1) 存在 T-周期正解.

证明 在这种情况下, 为了证明 $A : K \to K$, 我们只需找到 $0 < r_1 < R_1, 0 < r_2 < R_2$, 使得

$$\frac{\hat{\beta}_{1*}}{R_2^{\alpha_1}} + \gamma_{1*} \geqslant r_1, \quad \frac{\beta_1^*}{r_2^{\alpha_1}} \leqslant R_1, \tag{4.1.5}$$

$$\frac{\hat{\beta}_{2*}}{R_1^{\alpha_2}} + \gamma_{2*} \geqslant r_2, \quad \frac{\beta_2^*}{r_1^{\alpha_2}} \leqslant R_2. \tag{4.1.6}$$

取定 $R_1 = \dfrac{\beta_1^*}{r_2^{\alpha_1}}, R_2 = \dfrac{\beta_2^*}{r_1^{\alpha_2}}$, 并且 r_2 满足

$$\hat{\beta}_{2*}(\beta_1^*)^{-\alpha_2} r_2^{\alpha_1\alpha_2} + \gamma_{2*} \geqslant r_2,$$

或者

$$\gamma_{2*} \geqslant g(r_2) := r_2 - \frac{\hat{\beta}_{2*}}{(\beta_1^*)^{\alpha_2}} r_2^{\alpha_1\alpha_2},$$

有 (4.1.6) 的第一个不等式成立.

函数 $g(r_2)$ 在

$$r_{20} := \left[\alpha_1 \alpha_2 \cdot \frac{\hat{\beta}_{2*}}{(\beta_1^*)^{\alpha_2}} \right]^{\frac{1}{1-\alpha_1\alpha_2}}$$

处存在最小值.

取 $r_2 = r_{20}$, 并且

$$\gamma_{2*} \geqslant g(r_{20}) = \left[\alpha_1 \alpha_2 \cdot \frac{\hat{\beta}_{2*}}{(\beta_1^*)^{\alpha_2}} \right]^{\frac{1}{1-\alpha_1\alpha_2}} \left(1 - \frac{1}{\alpha_1\alpha_2} \right)$$

成立, 则 (4.1.6) 成立.

类似地,

$$\gamma_{1*} \geqslant h(r_1) := r_1 - \frac{\hat{\beta}_{1*}}{(\beta_2^*)^{\alpha_1}} r_1^{\alpha_1\alpha_2},$$

$h(r_1)$ 在

$$r_{10} := \left[\alpha_1 \alpha_2 \cdot \frac{\hat{\beta}_{1*}}{(\beta_2^*)^{\alpha_1}} \right]^{\frac{1}{1-\alpha_1 \alpha_2}}$$

存在最小值, 且

$$\gamma_{1*} \geqslant \left[\alpha_1 \alpha_2 \cdot \frac{\hat{\beta}_{1*}}{(\beta_2^*)^{\alpha_1}} \right]^{\frac{1}{1-\alpha_1 \alpha_2}} \left(1 - \frac{1}{\alpha_1 \alpha_2} \right).$$

取 $r_1 = r_{10}, r_2 = r_{20}$ 且 $\gamma_{1*} \geqslant h(r_1)$ 和 $\gamma_{2*} \geqslant g(r_2)$ 成立, 则 (4.1.5) 和 (4.1.6) 的第一个不等式成立, 即条件 (4.1.4) 成立. 通过选取适当的 R_1 和 R_2 的值, 使得第二个不等式成立. 因此, 只需证明 $R_1 = \frac{\beta_1^*}{r_{20}^{\alpha_1}} > r_{10}, R_2 = \frac{\beta_2^*}{r_{10}^{\alpha_2}} > r_{20}$ 成立. 简单进行如下计算可得, 因为 $\hat{\beta}_{i*} \leqslant \beta_i^*, i = 1, 2$.

$$R_1 = \frac{\beta_1^*}{r_{20}^{\alpha_1}} = \frac{\beta_1^*}{\left\{ \left[\alpha_1 \alpha_2 \cdot \frac{\hat{\beta}_{2*}}{(\beta_1^*)^{\alpha_2}} \right]^{\frac{1}{1-\alpha_1 \alpha_2}} \right\}^{\alpha_1}}$$

$$= \frac{\beta_1^*}{\left[\alpha_1 \alpha_2 \cdot \frac{\hat{\beta}_{2*}}{(\beta_1^*)^{\alpha_2}} \right]^{\frac{\alpha_1}{1-\alpha_1 \alpha_2}}} = \frac{(\beta_1^*)^{1 + \frac{\alpha_1 \alpha_2}{1-\alpha_1 \alpha_2}}}{(\alpha_1 \alpha_2 \cdot \hat{\beta}_{2*})^{\frac{\alpha_1}{1-\alpha_1 \alpha_2}}}$$

$$= \frac{(\beta_1^*)^{\frac{1}{1-\alpha_1 \alpha_2}}}{[(\alpha_1 \alpha_2 \cdot \hat{\beta}_{2*})^{\alpha_1}]^{\frac{1}{1-\alpha_1 \alpha_2}}} = \left[\frac{\beta_1^*}{(\alpha_1 \alpha_2 \cdot \hat{\beta}_{2*})^{\alpha_1}} \right]^{\frac{1}{1-\alpha_1 \alpha_2}}$$

$$= \left[\frac{1}{(\alpha_1 \alpha_2)^{\alpha_1}} \cdot \frac{\beta_1^*}{(\hat{\beta}_{2*})^{\alpha_1}} \right]^{\frac{1}{1-\alpha_1 \alpha_2}} > \left[\alpha_1 \alpha_2 \cdot \frac{\hat{\beta}_{1*}}{(\beta_2^*)^{\alpha_1}} \right]^{\frac{1}{1-\alpha_1 \alpha_2}} = r_{10},$$

同理, 有 $R_2 > r_{20}$.

3. $\gamma_1^* \geqslant 0, \quad \gamma_2^* \leqslant 0, (\gamma_1^* \leqslant 0, \quad \gamma_2^* \geqslant 0)$

定理 4.1.3　假设 (H_1) 和 (H_2) 成立. 若 $\gamma_{1*} \geqslant 0, \gamma_2^* \leqslant 0$ 和

$$\gamma_{2*} \geqslant r_{21} - \hat{\beta}_{2*} \cdot \frac{r_{21}^{\alpha_1 \alpha_2}}{(\beta_1^* + \gamma_1^* r_{21}^{\alpha_1})^{\alpha_2}} \tag{4.1.7}$$

成立, 其中 $0 < r_{21} < +\infty$. 并且 r_{21} 是下列方程的唯一正解

$$r_2^{1-\alpha_1 \alpha_2} (\beta_1^* + \gamma_1^* \cdot r_2^{\alpha_1})^{1+\alpha_2} = \alpha_1 \alpha_2 \beta_1^* \hat{\beta}_{2*}, \tag{4.1.8}$$

则系统 (4.1.1) 存在一个 T-周期正解.

证明 我们采用与前文一样的方法和技巧. 为了证明 $A : K \to K$ 成立. 需要找到 $r_1 < R_1, r_2 < R_2$ 使得

$$\frac{\hat{\beta}_{1*}}{R_2^{\alpha_1}} \geqslant r_1, \quad \frac{\beta_2^*}{r_1^{\alpha_2}} \leqslant R_2. \tag{4.1.9}$$

$$\frac{\hat{\beta}_{2*}}{R_1^{\alpha_2}} + \gamma_{2*} \geqslant r_2, \quad \frac{\beta_1^*}{r_2^{\alpha_1}} + \gamma_1^* \leqslant R_1 \tag{4.1.10}$$

成立.

取定 $R_2 = \dfrac{\beta_2^*}{r_1^{\alpha_2}}$ 且 r_1 满足如下不等式:

$$\frac{\hat{\beta}_{1*}}{(\beta_2^*)^{\alpha_1}} \cdot r_1^{\alpha_1 \alpha_2} \geqslant r_1, \tag{4.1.11}$$

也就是

$$0 < r_1 \leqslant \left[\frac{\hat{\beta}_{1*}}{(\beta_2^*)^{\alpha_1}} \right]^{\frac{1}{1 - \alpha_1 \alpha_2}}, \tag{4.1.12}$$

则 (4.1.9) 的第一个不等式成立. 若选取 $r_1 > 0$ 且充分小, 则 (4.1.9) 成立且 R_2 充分大.

取定 $R_1 = \dfrac{\beta_1^*}{r_2^{\alpha_1}} + \gamma_1^*$ 且 r_2 满足如下不等式:

$$\gamma_{2*} \geqslant r_2 - \frac{\hat{\beta}_{2*}}{R_1^{\alpha_2}}$$

$$= r_2 - \hat{\beta}_{2*} \cdot \frac{1}{\left(\dfrac{\beta_1^*}{r_2^{\alpha_1}} + \gamma_1^* \right)^{\alpha_2}}$$

$$= r_2 - \hat{\beta}_{2*} \cdot \frac{1}{\left(\dfrac{\beta_1^* + \gamma_1^* \cdot r_2^{\alpha_1}}{r_2^{\alpha_1}} \right)^{\alpha_2}}$$

$$= r_2 - \hat{\beta}_{2*} \cdot \frac{r_2^{\alpha_1 \alpha_2}}{(\beta_1^* + \gamma_1^* \cdot r_2^{\alpha_1})^{\alpha_2}},$$

也就是

$$\gamma_{2*} \geqslant f(r_2) := r_2 - \hat{\beta}_{2*} \cdot \frac{r_2^{\alpha_1 \alpha_2}}{(\beta_1^* + \gamma_1^* \cdot r_2^{\alpha_1})^{\alpha_2}},$$

则 (4.1.10) 的第一个不等式成立. 根据

$$
\begin{aligned}
f^{'}(r_2) =& 1 - \hat{\beta}_{2*} \cdot \frac{1}{(\beta_1^* + \gamma_1^* \cdot r_2^{\alpha_1})^{2\alpha_2}} \cdot [\alpha_1\alpha_2 r_2^{\alpha_1\alpha_2-1}(\beta_1^* + \gamma_1^* \cdot r_2^{\alpha_1})^{\alpha_2} \\
& - r_2^{\alpha_1\alpha_2}\alpha_2(\beta_1^* + \gamma_1^* \cdot r_2^{\alpha_1})^{\alpha_2-1}\alpha_1\gamma_1^* r_2^{\alpha_1-1}] \\
=& 1 - \frac{\hat{\beta}_{2*}\alpha_1\alpha_2 r_2^{\alpha_1\alpha_2-1}}{(\beta_1^* + \gamma_1^* \cdot r_2^{\alpha_1})^{\alpha_2}}\left[1 - \frac{r_2^{\alpha_1}\gamma_1^*}{\beta_1^* + \gamma_1^* \cdot r_2^{\alpha_1}}\right] \\
=& 1 - \alpha_1\alpha_2\beta_1^*\hat{\beta}_{2*}r_2^{\alpha_1\alpha_2-1}(\beta_1^* + \gamma_1^* \cdot r_2^{\alpha_1})^{-1-\alpha_2},
\end{aligned}
$$

我们有, $f^{'}(0) = -\infty, f^{'}(+\infty) = 1$, 从而, 存在 r_{21} 使得 $f^{'}(r_{21}) = 0$, 且

$$
\begin{aligned}
f^{''}(r_2) =& - [\alpha_1\alpha_2\beta_1^*\hat{\beta}_{2*}(\alpha_1\alpha_2 - 1)r_2^{\alpha_1\alpha_2-2}(\beta_1^* + \gamma_1^* \cdot r_2^{\alpha_1})^{-1-\alpha_2} \\
& + \alpha_1\alpha_2\beta_1^*\hat{\beta}_{2*}r_2^{\alpha_1\alpha_2-1}(-1-\alpha_2)(\beta_1^* + \gamma_1^* \cdot r_2^{\alpha_1})^{-2-\alpha_2}\gamma_1^*\alpha_1 r_2^{\alpha_1-1}] > 0
\end{aligned}
$$

成立. 故 $f(r_2)$ 在 r_{21} 处存在最小值, 即为 $f(r_{21}) = \min\limits_{r_2\epsilon(0,+\infty)} f(r_2)$.

注意到 $f^{'}(r_{21}) = 0$, 我们有

$$
1 - \alpha_1\alpha_2\beta_1^*\hat{\beta}_{2*}r_{21}^{\alpha_1\alpha_2-1}(\beta_1^* + \gamma_1^* \cdot r_{21}^{\alpha_1})^{-1-\alpha_2} = 0,
$$

也就是

$$
r_{21}^{1-\alpha_1\alpha_2}(\beta_1^* + \gamma_1^* \cdot r_{21}^{\alpha_1})^{1+\alpha_2} = \alpha_1\alpha_2\beta_1^*\hat{\beta}_{2*}.
$$

取 $r_2 = r_{21}$, 若 $\gamma_{2*} \geqslant f(r_{21})$ 也就是满足条件 (4.1.7), 则 (4.1.10) 的第一个不等式成立. 适当地选取 R_2, 可以直接得到第二个不等式成立. 当 r_1 充分小, R_2 充分大时, 有 $r_{21} < R_2$ 和 $r_{10} < R_1$ 成立.

注释 4.1.1　在定理 4.1.3 中, 条件 (4.1.7) 的右端始终是负值, 也就是需要证明 $f(r_{21}) < 0$. 这一点通过定理 4.1.3 的证明过程可以确定.

类似地, 我们有如下推论.

推论 4.1.1　假设 (H_1) 和 (H_2) 成立. 若 $\gamma_1^* \leqslant 0, \gamma_{2*} \geqslant 0$ 且

$$
\gamma_{1*} \geqslant r_{11} - \hat{\beta}_{1*} \cdot \frac{r_{11}^{\alpha_1\alpha_2}}{(\beta_2^* + \gamma_2^* r_{11}^{\alpha_2})^{\alpha_1}}
$$

成立, 其中 $0 < r_{11} < +\infty, r_{11}$ 为如下方程的唯一正解

$$
r_1^{1-\alpha_1\alpha_2}(\beta_2^* + \gamma_2^* \cdot r_1^{\alpha_2})^{1+\alpha_1} = \alpha_1\alpha_2\beta_2^*\hat{\beta}_{1*},
$$

则系统 (4.1.1) 存在 T-周期正解.

4. $\gamma_{1*} < 0 < \gamma_1^*$, $\gamma_{2*} < 0 < \gamma_2^*$

定理 4.1.4 假设 (H_1) 和 (H_2) 成立. 如果 $\gamma_{1*} < 0 < \gamma_1^*, \gamma_{2*} < 0 < \gamma_2^*$ 且

$$\gamma_{1*} \geqslant r_{10} - \hat{\beta}_{1*} \cdot \frac{r_{10}^{\alpha_1 \alpha_2}}{(\beta_2^* + \gamma_2^* r_{10}^{\alpha_2})^{\alpha_1}}, \tag{4.1.13}$$

$$\gamma_{2*} \geqslant r_{20} - \hat{\beta}_{2*} \cdot \frac{r_{20}^{\alpha_1 \alpha_2}}{(\beta_1^* + \gamma_1^* r_{20}^{\alpha_1})^{\alpha_2}} \tag{4.1.14}$$

成立, 其中, $0 < r_{10} < +\infty$, r_{10} 为如下方程的唯一正解:

$$r_1^{1-\alpha_1 \alpha_2}(\beta_2^* + \gamma_2^* \cdot r_1^{\alpha_2})^{1+\alpha_1} = \alpha_1 \alpha_2 \beta_2^* \hat{\beta}_{1*},$$

并且 $0 < r_{20} < +\infty$, r_{20} 为如下方程的唯一正解:

$$r_2^{1-\alpha_1 \alpha_2}(\beta_1^* + \gamma_1^* \cdot r_2^{\alpha_1})^{1+\alpha_2} = \alpha_1 \alpha_2 \beta_1^* \hat{\beta}_{2*},$$

则系统 (4.1.1) 存在 T-周期正解.

证明 为了证明 $A : K \to K$, 需要找到 $r_1 < R_1, r_2 < R_2$ 使得

$$\frac{\hat{\beta}_{1*}}{R_2^{\alpha_1}} + \gamma_{1*} \geqslant r_1, \quad \frac{\beta_1^*}{r_2^{\alpha_1}} + \gamma_1^* \leqslant R_1. \tag{4.1.15}$$

$$\frac{\hat{\beta}_{2*}}{R_1^{\alpha_2}} + \gamma_{2*} \geqslant r_2, \quad \frac{\beta_2^*}{r_1^{\alpha_2}} + \gamma_2^* \leqslant R_2 \tag{4.1.16}$$

成立.

取 $R_1 = \frac{\beta_1^*}{r_2^{\alpha_1}} + \gamma_1^*, R_2 = \frac{\beta_2^*}{r_1^{\alpha_2}} + \gamma_2^*$, 若

$$\gamma_{2*} \geqslant g(r_2) := r_2 - \hat{\beta}_{2*} \cdot \frac{r_2^{\alpha_1 \alpha_2}}{(\beta_1^* + \gamma_1^* \cdot r_2^{\alpha_1})^{\alpha_2}}$$

成立, 则 (4.1.15) 的第一个不等式成立.

根据

$$\begin{aligned} g'(r_2) &= 1 - \hat{\beta}_{2*} \cdot \frac{1}{(\beta_1^* + \gamma_1^* \cdot r_2^{\alpha_1})^{2\alpha_2}} \cdot [\alpha_1 \alpha_2 r_2^{\alpha_1 \alpha_2 - 1}(\beta_1^* + \gamma_1^* \cdot r_2^{\alpha_1})^{\alpha_2} \\ &\quad - r_2^{\alpha_1 \alpha_2} \alpha_2 (\beta_1^* + \gamma_1^* \cdot r_2^{\alpha_1})^{\alpha_2 - 1} \alpha_1 \gamma_1^* r_2^{\alpha_1 - 1}] \\ &= 1 - \frac{\hat{\beta}_{2*} \alpha_1 \alpha_2 r_2^{\alpha_1 \alpha_2 - 1}}{(\beta_1^* + \gamma_1^* \cdot r_2^{\alpha_1})^{\alpha_2}} \left[1 - \frac{r_2^{\alpha_1} \gamma_1^*}{\beta_1^* + \gamma_1^* \cdot r_2^{\alpha_1}} \right] \\ &= 1 - \alpha_1 \alpha_2 \beta_1^* \hat{\beta}_{2*} r_2^{\alpha_1 \alpha_2 - 1}(\beta_1^* + \gamma_1^* \cdot r_2^{\alpha_1})^{-1-\alpha_2}, \end{aligned}$$

我们有 $g'(0) = -\infty, g'(+\infty) = 1$, 所以存在 r_{20} 使得 $g'(r_{20}) = 0$ 且

$$g''(r_2) = -[\alpha_1 \alpha_2 \beta_1^* \hat{\beta}_{2*} (\alpha_1 \alpha_2 - 1) r_2^{\alpha_1 \alpha_2 - 2} (\beta_1^* + \gamma_1^* \cdot r_2^{\alpha_1})^{-1-\alpha_2}$$
$$+ \alpha_1 \alpha_2 \beta_1^* \hat{\beta}_{2*} r_2^{\alpha_1 \alpha_2 - 1} (-1 - \alpha_2)(\beta_1^* + \gamma_1^* \cdot r_2^{\alpha_1})^{-2-\alpha_2} \gamma_1^* \alpha_1 r_2^{\alpha_1 - 1}] > 0$$

成立. 从而, 函数 $g(r_2)$ 在 r_{20} 存在最小值, 即为 $g(r_{20}) = \min\limits_{r_2 \in (0, +\infty)} g(r_2)$. 注意到 $g'(r_{20}) = 0$, 那么我们有

$$1 - \alpha_1 \alpha_2 \beta_1^* \hat{\beta}_{2*} r_{21}^{\alpha_1 \alpha_2 - 1} (\beta_1^* + \gamma_1^* \cdot r_{21}^{\alpha_1})^{-1-\alpha_2} = 0,$$

也就是

$$r_{20}^{1-\alpha_1 \alpha_2} (\beta_1^* + \gamma_1^* \cdot r_{20}^{\alpha_1})^{1+\alpha_2} = \alpha_1 \alpha_2 \beta_1^* \hat{\beta}_{2*}$$

成立. 类似地,

$$\gamma_{1*} \geqslant g(r_1) := r_1 - \hat{\beta}_{1*} \cdot \frac{r_1^{\alpha_1 \alpha_2}}{(\beta_2^* + \gamma_2^* \cdot r_1^{\alpha_2})^{\alpha_1}}.$$

$g(r_{10}) = \min\limits_{r_1 \in (0, +\infty)} g(r_1)$, 且

$$r_{10}^{1-\alpha_1 \alpha_2} (\beta_2^* + \gamma_2^* \cdot r_{10}^{\alpha_2})^{1+\alpha_1} = \alpha_1 \alpha_2 \beta_2^* \hat{\beta}_{1*}$$

均成立.

取 $r_1 = r_{10}$ 和 $r_2 = r_{20}$. 若 $\gamma_{1*} \geqslant g(r_{10}), \gamma_{2*} \geqslant g(r_{20})$, 即满足条件 (4.1.13) 和 (4.1.14), 则 (4.1.15) 和 (4.1.16) 的第一个不等式成立. 第二个不等式可以通过适当地选取 R_1 和 R_2 的值直接证明成立. 下面还需证明 $r_{10} < R_1$ 和 $r_{20} < R_2$ 成立. 通过简单计算

$$\begin{aligned} R_1 &= \frac{\beta_1^*}{r_{20}^{\alpha_1}} + \gamma_1^* \\ &= \frac{\beta_1^* + \gamma_1^* \cdot r_{20}^{\alpha_1}}{r_{20}^{\alpha_1}} \\ &= \frac{(\alpha_1 \alpha_2 \beta_1^* \hat{\beta}_{2*})^{\frac{1}{1+\alpha_2}} \cdot r_{20}^{\frac{\alpha_1 \alpha_2 - 1}{1+\alpha_2}}}{r_{20}^{\alpha_1}} \\ &= (\alpha_1 \alpha_2 \beta_1^* \hat{\beta}_{2*})^{\frac{1}{1+\alpha_2}} \cdot r_{20}^{-\frac{1+\alpha_1}{1+\alpha_2}}. \end{aligned}$$

类似于证明 R_1 的方法, 我们得 $R_2 = (\alpha_1 \alpha_2 \beta_2^* \hat{\beta}_{1*})^{\frac{1}{1+\alpha_1}} \cdot r_{10}^{-\frac{1+\alpha_2}{1+\alpha_1}}$.

下面, 我们将要证明 $r_{10} < R_1, r_{20} < R_2$, 或者等价地证明

$$r_{10}r_{20}^{\frac{1+\alpha_1}{1+\alpha_2}} < (\alpha_1\alpha_2\beta_1^*\hat{\beta}_{2*})^{\frac{1}{1+\alpha_2}},$$

$$r_{20}r_{10}^{\frac{1+\alpha_2}{1+\alpha_1}} < (\alpha_1\alpha_2\beta_2^*\hat{\beta}_{1*})^{\frac{1}{1+\alpha_1}},$$

即

$$r_{10}^{1+\alpha_2}r_{20}^{1+\alpha_1} < \alpha_1\alpha_2\beta_1^*\hat{\beta}_{2*}, r_{20}^{1+\alpha_1}r_{10}^{1+\alpha_2} < \alpha_1\alpha_2\beta_2^*\hat{\beta}_{1*}.$$

另一方面,

$$r_{20}^{1-\alpha_1\alpha_2}(\beta_1^*)^{1+\alpha_2} \leqslant \alpha_1\alpha_2\beta_1^*\hat{\beta}_{2*},$$

则

$$r_{20} \leqslant (\alpha_1\alpha_2(\beta_1^*)^{-\alpha_2}\hat{\beta}_{2*})^{\frac{1}{1-\alpha_1\alpha_2}}. \tag{4.1.17}$$

类似地,

$$r_{10} \leqslant (\alpha_1\alpha_2(\beta_2^*)^{-\alpha_1}\hat{\beta}_{1*})^{\frac{1}{1-\alpha_1\alpha_2}}. \tag{4.1.18}$$

利用 (4.1.17) 和 (4.1.18), 有

$$r_{10}^{1+\alpha_2}r_{20}^{1+\alpha_1} \leqslant (\alpha_1\alpha_2(\beta_2^*)^{-\alpha_1}\hat{\beta}_{1*})^{\frac{1+\alpha_2}{1-\alpha_1\alpha_2}}(\alpha_1\alpha_2(\beta_1^*)^{-\alpha_2}\hat{\beta}_{2*})^{\frac{1+\alpha_1}{1-\alpha_1\alpha_2}}.$$

现在, 如果我们能证明出

$$(\alpha_1\alpha_2(\beta_2^*)^{-\alpha_1}\hat{\beta}_{1*})^{\frac{1+\alpha_2}{1-\alpha_1\alpha_2}}(\alpha_1\alpha_2(\beta_1^*)^{-\alpha_2}\hat{\beta}_{2*})^{\frac{1+\alpha_1}{1-\alpha_1\alpha_2}} < \alpha_1\alpha_2\beta_1^*\hat{\beta}_{2*},$$

则

$$r_{10}^{1+\alpha_2}r_{20}^{1+\alpha_1} < \alpha_1\alpha_2\beta_1^*\hat{\beta}_{2*}.$$

实际上, 因为 $\hat{\beta}_{i*} \leqslant \beta_i^*, i = 1, 2$, 所以,

$$(\alpha_1\alpha_2)^{\frac{2+\alpha_2+\alpha_1-1}{1-\alpha_1\alpha_2}} \cdot \left(\frac{\hat{\beta}_{1*}}{\beta_1^*}\right)^{\frac{1+\alpha_2}{1-\alpha_1\alpha_2}} \cdot \left(\frac{\hat{\beta}_{2*}}{\beta_2^*}\right)^{\frac{\alpha_1(1+\alpha_2)}{1-\alpha_1\alpha_2}} < 1.$$

类似地, 我们有 $r_{20}^{1+\alpha_1}r_{10}^{1+\alpha_2} < \alpha_1\alpha_2\beta_2^*\hat{\beta}_{1*}$. 故 $r_{10} < R_1, r_{20} < R_2$. 定理证毕.

5. $\gamma_1^* \leqslant 0, \gamma_{2*} < 0 < \gamma_2^* (\gamma_2^* \leqslant 0, \gamma_{1*} < 0 < \gamma_1^*)$

定理 4.1.5   假设 (H_1) 和 (H_2) 成立. 若 $\gamma_1^* \leqslant 0, \gamma_{2*} < 0 < \gamma_2^*$ 且

$$\gamma_{2*} \geqslant \left(1 - \frac{1}{\alpha_1 \alpha_2}\right) \left[\alpha_1 \alpha_2 \frac{\hat{\beta}_{2*}}{(\beta_1^*)^{\alpha_2}}\right]^{\frac{1}{1-\alpha_1\alpha_2}}, \tag{4.1.19}$$

$$\gamma_{1*} \geqslant r_{11} - \hat{\beta}_{1*} \cdot \frac{r_{11}^{\alpha_1\alpha_2}}{(\beta_2^* + \gamma_2^* r_{11}^{\alpha_2})^{\alpha_1}} \tag{4.1.20}$$

成立, 其中 $0 < r_{11} < +\infty$. r_{11} 为如下方程的唯一正解:

$$r_1^{1-\alpha_1\alpha_2}(\beta_2^* + \gamma_2^* \cdot r_1^{\alpha_2})^{1+\alpha_1} = \alpha_1\alpha_2\beta_2^*\hat{\beta}_{1*}, \tag{4.1.21}$$

则系统 (4.1.1) 存在一个 T-周期正解.

证明   为了证明 $A : K \to K$, 需要找到 $r_1 < R_1, r_2 < R_2$ 使得

$$\frac{\hat{\beta}_{1*}}{R_2^{\alpha_1}} + \gamma_{1*} \geqslant r_1, \quad \frac{\beta_1^*}{r_2^{\alpha_1}} \leqslant R_1. \tag{4.1.22}$$

$$\frac{\hat{\beta}_{2*}}{R_1^{\alpha_2}} + \gamma_{2*} \geqslant r_2, \quad \frac{\beta_2^*}{r_1^{\alpha_2}} + \gamma_2^* \leqslant R_2 \tag{4.1.23}$$

成立.

取定 $R_1 = \frac{\beta_1^*}{r_2^{\alpha_1}}, R_2 = \frac{\beta_2^*}{r_1^{\alpha_2}} + \gamma_2^*$, 并且 r_2 满足如下条件:

$$\begin{aligned} \gamma_{2*} &\geqslant r_2 - \frac{\hat{\beta}_{2*}}{R_1^{\alpha_2}} \\ &= r_2 - \frac{\hat{\beta}_{2*}}{(\beta_1^*)^{\alpha_2}} \cdot r_2^{\alpha_1\alpha_2}, \end{aligned} \tag{4.1.24}$$

也就是

$$\gamma_{2*} \geqslant f(r_2) := r_2 - \frac{\hat{\beta}_{2*}}{(\beta_1^*)^{\alpha_2}} \cdot r_2^{\alpha_1\alpha_2}$$

时, 我们有 (4.1.22) 的第一个不等式成立. 从而, $f(r_2)$ 在

$$r_{21} = \left[\alpha_1\alpha_2 \cdot \frac{\hat{\beta}_{2*}}{(\beta_1^*)^{\alpha_2}}\right]^{\frac{1}{1-\alpha_1\alpha_2}}$$

处存在最小值, 即为 $f(r_{21}) = \min\limits_{r_2 \in (0,+\infty)} f(r_2)$.

类似于 (4.1.24), 我们有

$$\gamma_{1*} \geqslant r_1 - \hat{\beta}_{1*} \cdot \frac{r_1^{\alpha_1\alpha_2}}{(\beta_2^* + \gamma_2^* r_1^{\alpha_2})^{\alpha_1}},$$

也就是

$$\gamma_{1*} \geqslant h(r_1) := r_1 - \hat{\beta}_{1*} \cdot \frac{r_1^{\alpha_1\alpha_2}}{(\beta_2^* + \gamma_2^* r_1^{\alpha_2})^{\alpha_1}}$$

成立.

又因为

$$h'(r_1) := 1 - \alpha_1\alpha_2\beta_2^*\hat{\beta}_{1*}r_1^{\alpha_1\alpha_2-1}(\beta_2^* + \gamma_2^* r_1^{\alpha_2})^{-1-\alpha_1},$$

有 $h'(0) = -\infty, h'(+\infty) = 1$, 因此, 存在 r_{11} 使得 $h'(r_{11}) = 0$, 且

$$h''(r_1) = -[\alpha_1\alpha_2\beta_2^*\hat{\beta}_{1*}(\alpha_1\alpha_2 - 1)r_1^{\alpha_1\alpha_2-2}(\beta_2^* + \gamma_2^* \cdot r_1^{\alpha_2})^{-1-\alpha_1}$$
$$+ \alpha_1\alpha_2\beta_2^*\hat{\beta}_{1*}r_1^{\alpha_1\alpha_2-1}(-1-\alpha_1)(\beta_2^* + \gamma_2^* \cdot r_1^{\alpha_2})^{-2-\alpha_1}\gamma_2^*\alpha_2 r_1^{\alpha_2-1}] > 0$$

成立. 从而 $h(r_1)$ 在 r_{11} 处存在最小值, 即为 $h(r_{11}) = \min\limits_{r_1\epsilon(0,+\infty)} f(r_1)$.

注意到 $h'(r_{11}) = 0$, 我们有

$$1 - \alpha_1\alpha_2\beta_2^*\hat{\beta}_{1*}r_{11}^{\alpha_1\alpha_2-1}(\beta_2^* + \gamma_2^* \cdot r_{11}^{\alpha_2})^{-1-\alpha_1} = 0,$$

即

$$r_{11}^{1-\alpha_1\alpha_2}(\beta_2^* + \gamma_2^* \cdot r_{11}^{\alpha_2})^{1+\alpha_1} = \alpha_1\alpha_2\beta_2^*\hat{\beta}_{1*}.$$

取 $r_2 = r_{21}, r_1 = r_{11}$, 若 $\gamma_{2*} \geqslant h(r_{21})$ 且 $\gamma_{1*} \geqslant h(r_{11})$ 也就是条件 (4.1.19) 和 (4.1.20) 成立, 则 (4.1.22) 和 (4.1.23) 的第一个不等式成立. 通过适当地选取 R_2 和 R_1, 从而第二个不等式成立. 下面仍需证 $R_1 = \frac{\beta_1^*}{r_{21}^{\alpha_1}} > r_{11}, R_2 = \frac{\beta_2^*}{r_{11}^{\alpha_2}} + \gamma_2^* > r_{21}$ 成立. 现在, 我们证明 $R_1 > r_{11}, R_2 > r_{21}$ 成立.

首先, 因为 $\hat{\beta}_{i*} \leqslant \beta_i^*, i = 1, 2$, 则

$$R_1 = \frac{\beta_1^*}{r_{21}^{\alpha_1}} = \frac{\beta_1^*}{\left\{\left[\alpha_1\alpha_2 \cdot \frac{\hat{\beta}_{2*}}{(\beta_1^*)^{\alpha_2}}\right]^{\frac{1}{1-\alpha_1\alpha_2}}\right\}^{\alpha_1}}$$

$$= \frac{\beta_1^*}{\left[\alpha_1\alpha_2 \cdot \dfrac{\hat{\beta}_{2*}}{(\beta_1^*)^{\alpha_2}}\right]^{\frac{\alpha_1}{1-\alpha_1\alpha_2}}} = \frac{(\beta_1^*)^{1+\frac{\alpha_1\alpha_2}{1-\alpha_1\alpha_2}}}{(\alpha_1\alpha_2 \cdot \hat{\beta}_{2*})^{\frac{\alpha_1}{1-\alpha_1\alpha_2}}}$$

$$= \frac{(\beta_1^*)^{\frac{1}{1-\alpha_1\alpha_2}}}{\left[(\alpha_1\alpha_2 \cdot \hat{\beta}_{2*})^{\alpha_1}\right]^{\frac{1}{1-\alpha_1\alpha_2}}} = \left[\frac{\beta_1^*}{(\alpha_1\alpha_2 \cdot \hat{\beta}_{2*})^{\alpha_1}}\right]^{\frac{1}{1-\alpha_1\alpha_2}}$$

$$= \left[\frac{1}{(\alpha_1\alpha_2)^{\alpha_1}} \cdot \frac{\beta_1^*}{(\hat{\beta}_{2*})^{\alpha_1}}\right]^{\frac{1}{1-\alpha_1\alpha_2}} > \left[\alpha_1\alpha_2 \cdot \frac{\hat{\beta}_{1*}}{(\beta_2^*)^{\alpha_1}}\right]^{\frac{1}{1-\alpha_1\alpha_2}} = r_{11}.$$

一方面,

$$R_2 = \frac{\beta_2^*}{r_{11}^{\alpha_2}} + \gamma_2^* = \frac{\beta_2^* + \gamma_2^* \cdot r_{11}^{\alpha_2}}{r_{11}^{\alpha_2}}. \tag{4.1.25}$$

结合 (4.1.21), 我们有

$$\beta_2^* + \gamma_2^* \cdot r_{11}^{\alpha_2} = (\alpha_1\alpha_2\beta_2^*\hat{\beta}_{1*})^{\frac{1}{1+\alpha_1}} r_{11}^{\frac{\alpha_1\alpha_2-1}{1+\alpha_1}}. \tag{4.1.26}$$

结合 (4.1.25) 和 (4.1.26), 有

$$R_2 = (\alpha_1\alpha_2\beta_2^*\hat{\beta}_{1*})^{\frac{1}{1+\alpha_1}} r_{11}^{-\frac{1+\alpha_2}{1+\alpha_1}}. \tag{4.1.27}$$

往证, $R_2 > r_{21}$. 事实上, 因为 $\hat{\beta}_{i*} \leqslant \beta_i^*, i = 1, 2.$

$$(\alpha_1\alpha_2)^{\frac{2+\alpha_2+\alpha_1}{1-\alpha_1\alpha_2}-1} \cdot \left(\frac{\hat{\beta}_{2*}}{\beta_2^*}\right)^{\frac{1+\alpha_1}{1-\alpha_1\alpha_2}} \cdot \left(\frac{\hat{\beta}_{1*}}{\beta_1^*}\right)^{\frac{\alpha_2(1+\alpha_1)}{1-\alpha_1\alpha_2}} < 1,$$

因此, 这样有

$$(\alpha_1\alpha_2\beta_1^{*(-\alpha_2)}\hat{\beta}_{2*})^{\frac{1+\alpha_1}{1-\alpha_1\alpha_2}} \cdot (\alpha_1\alpha_2\beta_2^{*(-\alpha_1)}\hat{\beta}_{1*})^{\frac{1+\alpha_2}{1-\alpha_1\alpha_2}} < \alpha_1\alpha_2\beta_2^*\hat{\beta}_{1*}. \tag{4.1.28}$$

另一方面,

$$r_{21}^{1-\alpha_1\alpha_2}\beta_1^{*(1+\alpha_2)} \leqslant \alpha_1\alpha_2\beta_1^*\hat{\beta}_{2*},$$

$$r_{11}^{1-\alpha_1\alpha_2}\beta_2^{*(1+\alpha_1)} \leqslant \alpha_1\alpha_2\beta_2^*\hat{\beta}_{1*},$$

易得

$$r_{21} \leqslant (\alpha_1\alpha_2\beta_1^{*(-\alpha_2)}\hat{\beta}_{2*})^{\frac{1}{1-\alpha_1\alpha_2}}, \tag{4.1.29}$$

$$r_{11} \leqslant (\alpha_1\alpha_2\beta_2^{*(-\alpha_1)}\hat{\beta}_{1*})^{\frac{1}{1-\alpha_1\alpha_2}}. \tag{4.1.30}$$

由 (4.1.29) 和 (4.1.30), 有

$$r_{11}^{1+\alpha_2} r_{21}^{1+\alpha_1} \leqslant (\alpha_1 \alpha_2 \beta_2^{*(-\alpha_1)} \hat{\beta}_{1*})^{\frac{1+\alpha_2}{1-\alpha_1\alpha_2}} (\alpha_1 \alpha_2 \beta_1^{*(-\alpha_2)} \hat{\beta}_{2*})^{\frac{1+\alpha_1}{1-\alpha_1\alpha_2}}. \tag{4.1.31}$$

结合 (4.1.28) 和 (4.1.31) 式, 我们有

$$r_{11}^{1+\alpha_2} r_{21}^{1+\alpha_1} < \alpha_1 \alpha_2 \beta_2^* \hat{\beta}_{1*}.$$

因此

$$r_{21} r_{11}^{\frac{1+\alpha_2}{1+\alpha_1}} < (\alpha_1 \alpha_2 \beta_2^* \hat{\beta}_{1*})^{\frac{1}{1+\alpha_1}}.$$

由 (4.1.27) 即得 $r_{21} < R_2$, 定理证毕.

类似地, 我们有如下推论.

推论 4.1.2 假设 (H$_1$) 和 (H$_2$) 成立. 若 $\gamma_2^* \leqslant 0, \gamma_{1*} < 0 < \gamma_1^*$ 且

$$\gamma_{1*} \geqslant \left(1 - \frac{1}{\alpha_1 \alpha_2}\right) \cdot \left[\alpha_1 \alpha_2 \frac{\hat{\beta}_{1*}}{(\beta_2^*)^{\alpha_1}}\right]^{\frac{1}{1-\alpha_1\alpha_2}},$$

$$\gamma_{2*} \geqslant r_{21} - \hat{\beta}_{2*} \cdot \frac{r_{21}^{\alpha_1\alpha_2}}{(\beta_1^* + \gamma_1^* r_{21}^{\alpha_1})^{\alpha_2}}$$

成立, 其中 $0 < r_{21} < +\infty$, 且 r_{21} 是如下方程的唯一正解,

$$r_2^{1-\alpha_1\alpha_2} (\beta_1^* + \gamma_1^* \cdot r_2^{\alpha_1})^{1+\alpha_2} = \alpha_1 \alpha_2 \beta_1^* \hat{\beta}_{2*},$$

则系统 (4.1.1) 存在一个 T-周期正解.

6. $\gamma_{1*} \geqslant 0, \ \gamma_{2*} < 0 < \gamma_2^*(\gamma_{2*} \geqslant 0, \ \gamma_{1*} < 0 < \gamma_1^*)$

定理 4.1.6 假设 (H$_1$) 和 (H$_2$) 成立. 若 $\gamma_{1*} \geqslant 0, \gamma_{2*} < 0 < \gamma_2^*$ 且

$$\gamma_{2*} \geqslant r_{22} - \hat{\beta}_{2*} \cdot \frac{r_{22}^{\alpha_1\alpha_2}}{(\beta_1^* + \gamma_1^* r_{22}^{\alpha_1})^{\alpha_2}}$$

成立, 其中, $0 < r_{22} < +\infty$, 并且 r_{22} 是如下方程的唯一正解,

$$r_2^{1-\alpha_1\alpha_2} (\beta_1^* + \gamma_1^* \cdot r_2^{\alpha_1})^{1+\alpha_2} = \alpha_1 \alpha_2 \beta_1^* \hat{\beta}_{2*},$$

则系统 (4.1.1) 存在一个 T-周期正解.

证明 类似于前面定理的证明, 为了证明 $A: K \to K$, 需要找到 $r_1 < R_1, r_2 < R_2$ 使得

$$\frac{\hat{\beta}_{1*}}{R_2^{\alpha_1}} \geqslant r_1, \quad \frac{\beta_1^*}{r_2^{\alpha_1}} + \gamma_1^* \leqslant R_1.$$

$$\frac{\hat{\beta}_{2*}}{R_1^{\alpha_2}} + \gamma_{2*} \geqslant r_2, \quad \frac{\beta_2^*}{r_1^{\alpha_2}} + \gamma_2^* \leqslant R_2. \tag{4.1.32}$$

成立.

取定 $R_1 = \dfrac{\beta_1^*}{r_2^{\alpha_1}} + \gamma_1^*, R_2 = \dfrac{\beta_2^*}{r_1^{\alpha_1}} + \gamma_2^*$, 则 (4.1.32) 的第一个不等式满足

$$\hat{\beta}_{2*} \cdot \left(\frac{\beta_1^*}{r_2^{\alpha_1}} + \gamma_1^*\right)^{-\alpha_2} + \gamma_{2*} \geqslant r_2,$$

也就是

$$\gamma_{2*} \geqslant l(r_2) := r_2 - \frac{\hat{\beta}_{2*}}{(\beta_1^* + \gamma_1^* r_2^{\alpha_1})^{\alpha_2}} \cdot r_2^{\alpha_1 \alpha_2},$$

则函数 $l(r_2)$ 在 r_{22} 处存在最小值, 即为 $l(r_{22}) = \min\limits_{r_2 \in (0,+\infty)} l(r_2)$. 注意到 $l'(r_{22}) = 0$, 则

$$1 - \alpha_1 \alpha_2 \beta_1^* \hat{\beta}_{2*} r_{22}^{\alpha_1 \alpha_2 - 1} (\beta_1^* + \gamma_1^* \cdot r_{22}^{\alpha_1})^{-1-\alpha_2} = 0.$$

因此,

$$r_{22}^{1-\alpha_1\alpha_2} (\beta_1^* + \gamma_1^* \cdot r_{22}^{\alpha_1})^{1+\alpha_2} = \alpha_1 \alpha_2 \beta_1^* \hat{\beta}_{2*}.$$

注意到, $\hat{\beta}_{i*}, \beta_{i*} > 0, i = 1, 2$. 取 $r_2 = r_{22}, R_1 = \dfrac{\beta_1^*}{r_{22}^{\alpha_1}} + \gamma_1^*, r_1 = \dfrac{1}{R_2}$, 需要找到 $r_1 < R_1, r_2 < R_2$ 使得

$$R_2^{\alpha_1 - 1} \leqslant \beta_1^*, \quad R_2^{\alpha_2} \beta_2^* + \gamma_2^* \leqslant R_2$$

成立. $\alpha_i < 1$, 并且 R_2 充分大时, 不等式显然成立. 定理证毕.

类似地, 可以得到如下推论.

推论 4.1.3　假设 (H_1) 和 (H_2) 成立. 若 $\gamma_{2*} \geqslant 0, \gamma_{1*} < 0 < \gamma_1^*$ 且

$$\gamma_{1*} \geqslant r_{12} - \hat{\beta}_{1*} \cdot \frac{r_{12}^{\alpha_1 \alpha_2}}{(\beta_2^* + \gamma_2^* r_{12}^{\alpha_2})^{\alpha_1}}$$

成立, 其中, $0 < r_{12} < +\infty, r_{12}$ 是如下方程的唯一正解

$$r_1^{1-\alpha_1\alpha_2} (\beta_2^* + \gamma_2^* \cdot r_1^{\alpha_2})^{1+\alpha_1} = \alpha_1 \alpha_2 \beta_2^* \hat{\beta}_{1*},$$

则系统 (4.1.1) 存在一个 T-周期正解.

4.2 弱奇性二阶奇异耦合积分方程组正解的存在性

本节主要研究如下二阶非自治的奇异耦合积分方程组, 系统如下:

$$
\begin{cases}
x(t) = \displaystyle\int_0^1 G_1(t,s)[f_1(s,y(s)) + e_1(s)]ds, \\[2mm]
y(t) = \displaystyle\int_0^1 G_2(t,s)[f_2(s,x(s)) + e_2(s)]ds,
\end{cases}
\tag{4.2.1}
$$

其中 $a_1, a_2, e_1, e_2 \in C[0,1]$, $f_1, f_2 \in C([0,1] \times (0, +\infty), (0, +\infty))$. 如果 $f : [0,1] \times (0, +\infty) \to (0, +\infty)$ 是 L^1-caratheodory 泛函, 记为 $f \in C([0,1] \times (0, +\infty), (0, +\infty))$, 也即是, 映射 $x \mapsto f(t,x)$ 在 $t \in (0,1)$ 上几乎处处连续, 映射 $t \mapsto f(t,x)$ 在 $x \in (0, +\infty)$ 上可测, 对任意的 $0 < r < s$, 存在 $h_{r,s} \in C(0,1)$, 使得对于任意的 $x \in [r,s]$, 几乎处处在 $t \in [0,1]$, 有 $|f(t,x)| \leqslant h_{r,s}(t)$ 成立.

对于两点微分方程耦合系统边值问题的正解, 文献中存在一些经典的方法. 这些方法包括: 全连续算子的锥不动点定理、Leray-Schauder 不动点定理. 然而, 关于二阶非自治奇异耦合积分方程组的正解, 本节给出很漂亮的结果.

标注一些记号: 假设 $a \in C(0,1)$, 对于几乎处处 $t \in [0,1]$, 有 $a \geqslant 0$, 且在一个正测度集上 a 是正的, 记为 $a \succ 0$. 定义连续函数集合为 $C[0,1]$.

本节中有如下假设成立:

对于任意的 $t \in (0,1)$, 存在 $a_i, m_i, M_i \in C[0,1]$, 其中 $a_i(t), m_i(t), M_i(t) > 0$, 则对于任意的 $t \in [0,1], s \in [0,1]$, 有 $a_i(t)m_i(s) \leqslant G_i(t,s) \leqslant a_i(t)M_i(s)$, $i = 1, 2$.

另外假设 $\|a_i\| = \sup\limits_{t \in [0,1]} a_i(t) < 1$. 定义函数 $\gamma_i : C[0,1] \to C[0,1]$ 为

$$
\gamma_i(t) = \int_0^1 G_i(t,s)e_i(s)ds, \quad i = 1, 2.
$$

采用如下记号:

$$
\gamma_{i*} = \inf_{t \in [0,1]} \frac{\gamma_i(t)}{a_i(t)}, \quad \gamma_i^* = \sup_{t \in [0,1]} \frac{\gamma_i(t)}{a_i(t)}, \quad i = 1, 2.
$$

因此, 我们有 $|\gamma_i(t)| \leqslant \displaystyle\int_0^1 G_i(t,s)|e_i(s)|ds \leqslant a_i(t)\int_0^1 M_i(s)|e_i(s)|ds$. 从而,

$$
\gamma_{i*}a_i(t) \leqslant \gamma(t) \leqslant \gamma_i^* a_i(t), \quad i = 1, 2.
$$

1. $\gamma_{1*} \geqslant 0, \gamma_{2*} \geqslant 0$ 的情况

定理 4.2.1　假设 (H_1) 成立, 且存在 $b_i \succ 0, \hat{b}_i \succ 0$ 和 $0 < \alpha_i < 1$ 使得

(H_2) 任意的 $x > 0$,　a.e. $t \in (0,1)$, 有 $0 \leqslant \dfrac{\hat{b}_i(t)}{x^{\alpha_i}} \leqslant f_i(t,x) \leqslant \dfrac{b_i(t)}{x^{\alpha_i}}, i = 1, 2.$

(H_3)

$$\int_0^1 b_1(s) a_2^{-\alpha_1}(s) ds < \infty, \qquad \int_0^1 b_2(s) a_1^{-\alpha_2}(s) ds < \infty,$$

如果 $\gamma_{1*} \geqslant 0, \gamma_{2*} \geqslant 0$, 则 (4.2.1) 至少存在一个正解.

证明　(4.2.1) 的正解即为全连续映射 $A(x,y) = (Ax, Ay) : C[0,1] \times C[0,1] \to C[0,1] \times C[0,1]$ 的不动点. Ax, Ay 定义如下:

$$\begin{aligned}
(Ax)(t) &:= \int_0^1 G_1(t,s)[f_1(s,y(s)) + e_1(s)]ds \\
&= \int_0^1 G_1(t,s) f_1(s,y(s))ds + \gamma_1(t); \\
(Ay)(t) &:= \int_0^1 G_2(t,s)[f_2(s,x(s)) + e_2(s)]ds \\
&= \int_0^1 G_2(t,s) f_2(s,x(s))ds + \gamma_2(t).
\end{aligned}$$

利用 Schauder 不动点定理, 只需要证明对于所有的 $t \in [0,1]$, $A : K \to K$. 其中, K 是一个闭凸集, 定义如下:

$$K = \{(x,y) \in C[0,1] \times C[0,1] : r_1 a_1(t) \leqslant x(t) \leqslant R_1 a_1(t), r_2 a_2(t) \leqslant y(t) \leqslant R_2 a_2(t)\},$$

其中, $R_1 > r_1 > 0, R_2 > r_2 > 0$ 是正的常数. 为方便, 引入如下记号:

$$\beta_1(t) = \int_0^1 G_1(t,s) \frac{b_1(s)}{a_2^{\alpha_1}(s)} ds, \quad \beta_2(t) = \int_0^1 G_2(t,s) \frac{b_2(s)}{a_1^{\alpha_2}(s)} ds,$$

$$\hat{\beta}_1(t) = \int_0^1 G_1(t,s) \frac{\hat{b}_1(s)}{a_2^{\alpha_1}(s)} ds, \quad \hat{\beta}_2(t) = \int_0^1 G_2(t,s) \frac{\hat{b}_2(s)}{a_1^{\alpha_2}(s)} ds.$$

假设 $(x,y) \in K$, 由 G_i 和 $f_i(i = 1, 2)$ 的非负性, 有

$$\begin{aligned}
(Ax)(t) &= \int_0^1 G_1(t,s) f_1(s,y(s))ds + \gamma_1(t) \\
&\geqslant \int_0^1 G_1(t,s) \frac{\hat{b}_1(s)}{y^{\alpha_1}(s)} ds \\
&\geqslant \int_0^1 G_1(t,s) \frac{\hat{b}_1(s)}{a_2^{\alpha_1}(s) R_2^{\alpha_1}} ds \\
&\geqslant \hat{\beta}_{1*} \cdot \frac{1}{R_2^{\alpha_1}} a_1(t),
\end{aligned}$$

且对于任意的 $(x, y) \in K$, 有

$$
\begin{aligned}
(Ax)(t) &= \int_0^1 G_1(t, s) f_1(s, y(s)) ds + \gamma_1(t) \\
&\leqslant \int_0^1 G_1(t, s) \frac{b_1(s)}{y^{\alpha_1}(s)} ds + \gamma_1^* a_1(t) \\
&\leqslant \int_0^1 G_1(t, s) \frac{b_1(s)}{a_2^{\alpha_1}(s) r_2^{\alpha_1}} ds + \gamma_1^* a_1(t) \\
&\leqslant \left[\beta_1^* \cdot \frac{1}{r_2^{\alpha_1}} + \gamma_1^* \right] a_1(t).
\end{aligned}
$$

类似地, 有

$$
\begin{aligned}
(Ay)(t) &= \int_0^1 G_2(t, s) f_2(s, x(s)) ds + \gamma_2(t) \\
&\geqslant \int_0^1 G_2(t, s) \frac{\hat{b}_2(s)}{x^{\alpha_2}(s)} ds \\
&\geqslant \int_0^1 G_2(t, s) \frac{\hat{b}_2(s)}{a_1^{\alpha_2}(s) R_1^{\alpha_2}} ds \\
&\geqslant \hat{\beta}_{2*} \cdot \frac{1}{R_1^{\alpha_2}} a_2(t),
\end{aligned}
$$

$$
\begin{aligned}
(Ay)(t) &= \int_0^1 G_2(t, s) f_2(s, x(s)) ds + \gamma_2(t) \\
&\leqslant \int_0^1 G_2(t, s) \frac{b_2(s)}{x^{\alpha_2}(s)} ds + \gamma_2^* a_2(t) \\
&\leqslant \int_0^1 G_2(t, s) \frac{b_2(s)}{a_1^{\alpha_2}(s) r_1^{\alpha_2}} ds + \gamma_2^* a_2(t) \\
&\leqslant \left[\beta_2^* \cdot \frac{1}{r_1^{\alpha_2}} + \gamma_2^* \right] a_2(t).
\end{aligned}
$$

因此, 如果选取适当的 r_1, r_2, R_1 和 R_2 满足

$$
\hat{\beta}_{1*} \cdot \frac{1}{R_2^{\alpha_1}} \geqslant r_1, \quad \beta_1^* \cdot \frac{1}{r_2^{\alpha_1}} + \gamma_1^* \leqslant R_1,
$$

$$
\hat{\beta}_{2*} \cdot \frac{1}{R_1^{\alpha_2}} \geqslant r_2, \quad \beta_2^* \cdot \frac{1}{r_1^{\alpha_2}} + \gamma_2^* \leqslant R_2.
$$

则 $(Ax, Ay) \in K$.

注意到 $\hat{\beta}_{i*}, \beta_{i*} > 0$, 取 $R = R_1 = R_2, r = r_1 = r_2, r = \dfrac{1}{R}$, 只要找到 $R > 1$, 使得

$$
\hat{\beta}_{1*} \cdot R^{1-\alpha_1} \geqslant 1, \quad \beta_1^* \cdot R^{\alpha_1} + \gamma_1^* \leqslant R,
$$

$$\hat{\beta}_{2*} \cdot R^{1-\alpha_2} \geqslant 1, \quad \beta_2^* \cdot R^{\alpha_2} + \gamma_2^* \leqslant R$$

成立, 因为 $\alpha_i < 1$, 所以 R 足够大, 可以保证上面的不等式成立.

下面我们将要证明 $A : K \to K$ 是连续且紧的. 令 $x_n, x_0 \in K, y_n, y_0 \in K$, 当 $n \to \infty$, 满足

$$\|x_n - x_0\| \to 0, \quad \|y_n - y_0\| \to 0.$$

当 $n \to \infty, t \in (0,1)$, 有

$$\rho_{1n}(t) = |f_1(t, y_n(t)) - f_1(t, y_0(t))| \to 0,$$

$$\rho_{2n}(t) = |f_2(t, x_n(t)) - f_2(t, x_0(t))| \to 0,$$

且

$$\rho_{1n}(t) \leqslant f_1(t, y_n(t)) + f_1(t, y_0(t)), \quad t \in (0,1);$$

$$\rho_{2n}(t) \leqslant f_2(t, x_n(t)) + f_2(t, x_0(t)), \quad t \in (0,1).$$

其中,

$$f_1(t, y_n(t)) \leqslant \frac{b_1(t)}{y_n^{\alpha_1}(t)} \leqslant \frac{b_1(t)}{r_2^{\alpha_1}[t(1-t)]^{\alpha_1}}, \quad t \in (0,1);$$

$$f_1(t, y_0(t)) \leqslant \frac{b_1(t)}{y_0^{\alpha_1}(t)} \leqslant \frac{b_1(t)}{r_2^{\alpha_1}[t(1-t)]^{\alpha_1}}, \quad t \in (0,1);$$

$$f_2(t, x_n(t)) \leqslant \frac{b_2(t)}{x_n^{\alpha_2}(t)} \leqslant \frac{b_2(t)}{r_1^{\alpha_2}[t(1-t)]^{\alpha_2}}, \quad t \in (0,1);$$

$$f_2(t, x_0(t)) \leqslant \frac{b_2(t)}{x_0^{\alpha_2}(t)} \leqslant \frac{b_2(t)}{r_1^{\alpha_2}[t(1-t)]^{\alpha_2}}, \quad t \in (0,1).$$

由 Lebesgue 控制收敛定理知, 当 $n \to \infty$ 时, 有

$$\|Ax_n - Ax_0\| \leqslant \sup_{t \in [0,1]} \int_0^1 G_1(t,s)\rho_{1n}(s)ds \to 0,$$

$$\|Ay_n - Ay_0\| \leqslant \sup_{t \in [0,1]} \int_0^1 G_2(t,s)\rho_{2n}(s)ds \to 0$$

成立.

因此, $Ax : K \to K$ 和 $Ay : K \to K$ 连续.

从而, 对于 $x \in K, y \in K$, 有

$$
\begin{aligned}
\|Ax\| &= \sup_{t \in [0,1]} \left| \int_0^1 G_1(t,s)[f_1(s,y(s)) + e_1(s)]ds \right| \\
&\leqslant \sup_{t \in [0,1]} \left[\int_0^1 G_1(t,s)f_1(s,y(s))ds + \left| \int_0^1 G_1(t,s)e_1(s)ds \right| \right] \\
&\leqslant \sup_{t \in [0,1]} \left[\int_0^1 G_1(t,s) \frac{b_1(s)}{r_2^{\alpha_1}[s(1-s)]^{\alpha_1}}ds + |t(1-t)\gamma_1^*| \right] \\
&= \sup_{t \in [0,1]} [r_2^{-\alpha_1}\beta_1(t) + |t(1-t)\gamma_1^*|] \\
&\leqslant r_2^{-\alpha_1}\beta_1^*(t) + |\gamma_1^*|, \\
\|Ay\| &= \sup_{t \in [0,1]} \left| \int_0^1 G_2(t,s)[f_2(s,x(s)) + e_2(s)]ds \right| \\
&\leqslant \sup_{t \in [0,1]} \left[\int_0^1 G_2(t,s)f_2(s,x(s))ds + \left| \int_0^1 G_2(t,s)e_2(s)ds \right| \right] \\
&\leqslant \sup_{t \in [0,1]} \left[\int_0^1 G_2(t,s) \frac{b_2(s)}{r_2^{\alpha_2}[s(1-s)]^{\alpha_2}}ds + |t(1-t)\gamma_2^*| \right] \\
&= \sup_{t \in [0,1]} [r_1^{-\alpha_2}\beta_2(t) + |t(1-t)\gamma_2^*|] \\
&\leqslant r_1^{-\alpha_2}\beta_2^*(t) + |\gamma_2^*|,
\end{aligned}
$$

对于 $t, t' \in [0,1], |t - t'| < \tau$, 我们有

$$
|G_1(t,s) - G_1'(t',s)| < \frac{\epsilon}{r_2^{-\alpha_1} \int_0^1 b_1(s)[s(1-s)]^{-\alpha_1}ds + \int_0^1 |e_1(s)|ds},
$$

$$
|G_2(t,s) - G_2'(t',s)| < \frac{\epsilon}{r_1^{-\alpha_2} \int_0^1 b_2(s)[s(1-s)]^{-\alpha_2}ds + \int_0^1 |e_2(s)|ds},
$$

并且

$$
(Ax)(t) = \int_0^1 G_1(t,s)[f_1(s,y(s)) + e_1(s)]ds,
$$

$$
(Ax)(t') = \int_0^1 G_1(t,s)[f_1(s,y(s)) + e_1(s)]ds,
$$

$$|(Ax)(t) - (Ax)(t')| = \left| \int_0^1 [G_1(t,s) - G_1(t',s)][f_1(s,y(s)) + e_1(s)]ds \right|$$

$$\leqslant \int_0^1 |[G_1(t,s) - G_1(t',s)]||[f_1(s,y(s)) + e_1(s)]|ds$$

$$\leqslant \int_0^1 |[G_1(t,s) - G_1(t',s)]| \left[b_1(s)\frac{1}{r_2^{\alpha_1}[s(1-s)]^{\alpha_1}} + |e_1(s)| \right] ds$$

$$< \epsilon.$$

同理

$$|(Ay)(t) - (Ay)(t')| = \left| \int_0^1 [G_2(t,s) - G_2(t',s)][f_2(s,x(s)) + e_2(s)]ds \right|$$

$$\leqslant \int_0^1 |[G_2(t,s) - G_2(t',s)]||[f_2(s,x(s)) + e_2(s)]|ds$$

$$\leqslant \int_0^1 |[G_2(t,s) - G_2(t',s)]| \left[b_2(s)\frac{1}{r_1^{\alpha_2}[s(1-s)]^{\alpha_2}} + |e_2(s)| \right] ds$$

$$< \epsilon.$$

因此, 由 Arzela-Ascoli 定理知, $Ax: K \to K$ 和 $Ay: K \to K$ 是紧的.

2. $\gamma_1^* \leqslant 0, \gamma_2^* \leqslant 0$ 的情况

主要目的是: 当 $\gamma_1^* \leqslant 0, \gamma_2^* \leqslant 0$ 时, 在弱奇性条件下可以得到方程组的正解.

定理 4.2.2 假设 (H_1) 成立, 且存在 $b_i, \hat{b}_i \succ 0$ 和 $0 < \alpha_i < 1$ 使得 (H_2) 和 (H_3) 成立. 如果 $\gamma_1^* \leqslant 0, \gamma_2^* \leqslant 0$, 且

$$\gamma_{1*} \geqslant \left[\alpha_1\alpha_2 \cdot \frac{\hat{\beta}_{1*}}{(\beta_2^*)^{\alpha_1}} \right]^{\frac{1}{1-\alpha_1\alpha_2}} \left(1 - \frac{1}{\alpha_1\alpha_2} \right),$$

$$\gamma_{2*} \geqslant \left[\alpha_1\alpha_2 \cdot \frac{\hat{\beta}_{2*}}{(\beta_1^*)^{\alpha_2}} \right]^{\frac{1}{1-\alpha_1\alpha_2}} \left(1 - \frac{1}{\alpha_1\alpha_2} \right) \tag{4.2.2}$$

成立, 则 (4.2.1) 至少存在一个正解.

证明 为了证明 $A: K \to K$, 只需找到 $0 < r_1 < R_1, 0 < r_2 < R_2$ 满足

$$\frac{\hat{\beta}_{1*}}{R_2^{\alpha_1}} + \gamma_{1*} \geqslant r_1, \quad \frac{\beta_1^*}{r_2^{\alpha_1}} \leqslant R_1, \tag{4.2.3}$$

$$\frac{\hat{\beta}_{2*}}{R_1^{\alpha_2}} + \gamma_{2*} \geqslant r_2, \quad \frac{\beta_2^*}{r_1^{\alpha_2}} \leqslant R_2. \tag{4.2.4}$$

取定 $R_1 = \dfrac{\beta_1^*}{r_2^{\alpha_1}}$, $R_2 = \dfrac{\beta_2^*}{r_1^{\alpha_2}}$, 当 r_2 满足

$$\hat{\beta}_{2*}(\beta_1^*)^{-\alpha_2} r_2^{\alpha_1\alpha_2} + \gamma_{2*} \geqslant r_2,$$

即

$$\gamma_{2*} \geqslant g(r_2) := r_2 - \frac{\hat{\beta}_{2*}}{(\beta_1^*)^{\alpha_2}} r_2^{\alpha_1\alpha_2}$$

成立, 有 (4.2.4) 的第一个不等式成立.

函数 $g(r_2)$ 在

$$r_{20} := \left[\alpha_1 \alpha_2 \cdot \frac{\hat{\beta}_{2*}}{(\beta_1^*)^{\alpha_2}} \right]^{\frac{1}{1-\alpha_1\alpha_2}}$$

处存在最小值. 取 $r_2 = r_{20}$ 且

$$\gamma_{2*} \geqslant g(r_{20}) = \left[\alpha_1 \alpha_2 \cdot \frac{\hat{\beta}_{2*}}{(\beta_1^*)^{\alpha_2}} \right]^{\frac{1}{1-\alpha_1\alpha_2}} \left(1 - \frac{1}{\alpha_1\alpha_2} \right),$$

则 (4.2.4) 成立. 类似地,

$$\gamma_{1*} \geqslant h(r_1) := r_1 - \frac{\hat{\beta}_{1*}}{(\beta_2^*)^{\alpha_1}} r_1^{\alpha_1\alpha_2},$$

$h(r_1)$ 在

$$r_{10} := \left[\alpha_1 \alpha_2 \cdot \frac{\hat{\beta}_{1*}}{(\beta_2^*)^{\alpha_1}} \right]^{\frac{1}{1-\alpha_1\alpha_2}}$$

处存在最小值. 最小值为

$$\gamma_{1*} \geqslant \left[\alpha_1 \alpha_2 \cdot \frac{\hat{\beta}_{1*}}{(\beta_2^*)^{\alpha_1}} \right]^{\frac{1}{1-\alpha_1\alpha_2}} \left(1 - \frac{1}{\alpha_1\alpha_2} \right).$$

取 $r_1 = r_{10}, r_2 = r_{20}$ 且当 $\gamma_{1*} \geqslant g(r_1)$ 和 $\gamma_{2*} \geqslant g(r_2)$, 则 (4.2.3) 和 (4.2.4) 的第一个不等式成立, 也即是 (4.2.3) 成立. 选取适当的 R_1 和 R_2, 第二个不等式成立.

还需证, $R_1 = \frac{\beta_1^*}{r_{20}^{\alpha_1}} > r_{10}$, $R_2 = \frac{\beta_2^*}{r_{10}^{\alpha_2}} > r_{20}$. 因为 $\hat{\beta}_{i*} \leqslant \beta_i^*, i = 1, 2$. 通过简单计算有

$$R_1 = \frac{\beta_1^*}{r_{20}^{\alpha_1}} = \frac{\beta_1^*}{\left\{\left[\alpha_1\alpha_2 \cdot \frac{\hat{\beta}_{2*}}{(\beta_1^*)^{\alpha_2}}\right]^{\frac{1}{1-\alpha_1\alpha_2}}\right\}^{\alpha_1}}$$

$$= \frac{\beta_1^*}{\left[\alpha_1\alpha_2 \cdot \frac{\hat{\beta}_{2*}}{(\beta_1^*)^{\alpha_2}}\right]^{\frac{\alpha_1}{1-\alpha_1\alpha_2}}} = \frac{(\beta_1^*)^{1+\frac{\alpha_1\alpha_2}{1-\alpha_1\alpha_2}}}{(\alpha_1\alpha_2 \cdot \hat{\beta}_{2*})^{\frac{\alpha_1}{1-\alpha_1\alpha_2}}}$$

$$= \frac{(\beta_1^*)^{\frac{1}{1-\alpha_1\alpha_2}}}{[(\alpha_1\alpha_2 \cdot \hat{\beta}_{2*})^{\alpha_1}]^{\frac{1}{1-\alpha_1\alpha_2}}} = \left[\frac{\beta_1^*}{(\alpha_1\alpha_2 \cdot \hat{\beta}_{2*})^{\alpha_1}}\right]^{\frac{1}{1-\alpha_1\alpha_2}}$$

$$= \left[\frac{1}{(\alpha_1\alpha_2)^{\alpha_1}} \cdot \frac{\beta_1^*}{(\hat{\beta}_{2*})^{\alpha_1}}\right]^{\frac{1}{1-\alpha_1\alpha_2}} > \left[\alpha_1\alpha_2 \cdot \frac{\hat{\beta}_{1*}}{(\beta_2^*)^{\alpha_1}}\right]^{\frac{1}{1-\alpha_1\alpha_2}} = r_{10},$$

类似地, 有 $R_2 > r_{20}$.

3. $\gamma_{1*} \geqslant 0, \gamma_2^* \leqslant 0$　$(\gamma_1^* \leqslant 0, \gamma_{2*} \geqslant 0)$ 的情况

定理 4.2.3　假设 (H$_1$), (H$_2$) 和 (H$_3$) 成立. 如果 $\gamma_{1*} \geqslant 0, \gamma_2^* \leqslant 0$ 和

$$\gamma_{2*} \geqslant r_{21} - \hat{\beta}_{2*} \cdot \frac{r_{21}^{\alpha_1\alpha_2}}{(\beta_1^* + \gamma_1^* r_{21}^{\alpha_1})^{\alpha_2}} \tag{4.2.5}$$

成立, 其中, $0 < r_{21} < +\infty$ 是如下方程的唯一正解

$$r_2^{1-\alpha_1\alpha_2}(\beta_1^* + \gamma_1^* \cdot r_2^{\alpha_1})^{1+\alpha_2} = \alpha_1\alpha_2\beta_1^*\hat{\beta}_{2*}, \tag{4.2.6}$$

则 (4.2.1) 至少存在一正解.

证明　为了证明 $A : K \to K$, 需要找到 $r_1 < R_1, r_2 < R_2$ 使得

$$\frac{\hat{\beta}_{1*}}{R_2^{\alpha_1}} \geqslant r_1, \quad \frac{\beta_2^*}{r_1^{\alpha_2}} \leqslant R_2. \tag{4.2.7}$$

$$\frac{\hat{\beta}_{2*}}{R_1^{\alpha_2}} + \gamma_{2*} \geqslant r_2, \quad \frac{\beta_1^*}{r_2^{\alpha_1}} + \gamma_1^* \leqslant R_1 \tag{4.2.8}$$

成立. 取定 $R_2 = \frac{\beta_2^*}{r_1^{\alpha_2}}$ 且 r_1 满足

$$\frac{\hat{\beta}_{1*}}{(\beta_2^*)^{\alpha_1}} \cdot r_1^{\alpha_1\alpha_2} \geqslant r_1, \tag{4.2.9}$$

即

$$0 < r_1 \leqslant \left[\frac{\hat{\beta}_{1*}}{(\beta_2^*)^{\alpha_1}} \right]^{\frac{1}{1-\alpha_1\alpha_2}}. \tag{4.2.10}$$

(4.2.7) 的第一个不等式成立.

选择 $r_1 > 0$ 且充分小, 那么 (4.2.10) 成立且 R_2 充分大.

如果取定 $R_1 = \dfrac{\beta_1^*}{r_2^{\alpha_1}} + \gamma_1^*$ 且当 r_2 满足

$$\gamma_{2*} \geqslant r_2 - \frac{\hat{\beta}_{2*}}{R_1^{\alpha_2}}$$

$$= r_2 - \hat{\beta}_{2*} \cdot \frac{1}{\left(\dfrac{\beta_1^*}{r_2^{\alpha_1}} + \gamma_1^* \right)^{\alpha_2}}$$

$$= r_2 - \hat{\beta}_{2*} \cdot \frac{1}{\left(\dfrac{\beta_1^* + \gamma_1^* \cdot r_2^{\alpha_1}}{r_2^{\alpha_1}} \right)^{\alpha_2}}$$

$$= r_2 - \hat{\beta}_{2*} \cdot \frac{r_2^{\alpha_1\alpha_2}}{(\beta_1^* + \gamma_1^* \cdot r_2^{\alpha_1})^{\alpha_2}},$$

即

$$\gamma_{2*} \geqslant f(r_2) := r_2 - \hat{\beta}_{2*} \cdot \frac{r_2^{\alpha_1\alpha_2}}{(\beta_1^* + \gamma_1^* \cdot r_2^{\alpha_1})^{\alpha_2}},$$

则 (4.2.8) 的第一个不等式成立. 根据

$$\begin{aligned}
f'(r_2) &= 1 - \hat{\beta}_{2*} \cdot \frac{1}{(\beta_1^* + \gamma_1^* \cdot r_2^{\alpha_1})^{2\alpha_2}} \cdot [\alpha_1\alpha_2 r_2^{\alpha_1\alpha_2-1}(\beta_1^* + \gamma_1^* \cdot r_2^{\alpha_1})^{\alpha_2} \\
&\quad - r_2^{\alpha_1\alpha_2} \alpha_2 (\beta_1^* + \gamma_1^* \cdot r_2^{\alpha_1})^{\alpha_2-1} \alpha_1 \gamma_1^* r_2^{\alpha_1-1}] \\
&= 1 - \frac{\hat{\beta}_{2*}\alpha_1\alpha_2 r_2^{\alpha_1\alpha_2-1}}{(\beta_1^* + \gamma_1^* \cdot r_2^{\alpha_1})^{\alpha_2}} \left[1 - \frac{r_2^{\alpha_1}\gamma_1^*}{\beta_1^* + \gamma_1^* \cdot r_2^{\alpha_1}} \right] \\
&= 1 - \alpha_1\alpha_2\beta_1^*\hat{\beta}_{2*} r_2^{\alpha_1\alpha_2-1}(\beta_1^* + \gamma_1^* \cdot r_2^{\alpha_1})^{-1-\alpha_2},
\end{aligned}$$

我们有 $f'(0) = -\infty, f'(+\infty) = 1$, 存在 r_{21} 使得 $f'(r_{21}) = 0$ 和

$$\begin{aligned}
f''(r_2) &= -[\alpha_1\alpha_2\beta_1^*\hat{\beta}_{2*}(\alpha_1\alpha_2-1)r_2^{\alpha_1\alpha_2-2}(\beta_1^* + \gamma_1^* \cdot r_2^{\alpha_1})^{-1-\alpha_2} \\
&\quad + \alpha_1\alpha_2\beta_1^*\hat{\beta}_{2*} r_2^{\alpha_1\alpha_2-1}(-1-\alpha_2)(\beta_1^* + \gamma_1^* \cdot r_2^{\alpha_1})^{-2-\alpha_2}\gamma_1^*\alpha_1 r_2^{\alpha_1-1}] > 0
\end{aligned}$$

成立. 因此, 函数 $f(r_2)$ 在 r_{21} 处存在最小值, 也即是 $f(r_{21}) = \min\limits_{r_2 \in (0,+\infty)} f(r_2)$.

注意到 $f'(r_{21}) = 0$, 则

$$1 - \alpha_1\alpha_2\beta_1^*\hat{\beta}_{2*} r_{21}^{\alpha_1\alpha_2-1}(\beta_1^* + \gamma_1^* \cdot r_{21}^{\alpha_1})^{-1-\alpha_2} = 0,$$

即

$$r_{21}^{1-\alpha_1\alpha_2}(\beta_1^* + \gamma_1^* \cdot r_{21}^{\alpha_1})^{1+\alpha_2} = \alpha_1\alpha_2\beta_1^*\hat{\beta}_{2*}.$$

取 $r_2 = r_{21}$ 且 $\gamma_{2*} \geqslant f(r_{21})$, (4.2.8) 的第一个不等式成立. 即条件 (4.2.5) 成立. 适当地选取 R_2 易得第二个不等式成立. 还需证明 $r_{21} < R_2$ 和 $r_{10} < R_1$. 适当地选取充分大 R_2 和充分小 r_1, 结论显然成立.

类似地, 我们有如下推论.

推论 4.2.1　假设 (H_1), (H_2) 和 (H_3) 成立. 如果 $\gamma_1^* \leqslant 0, \gamma_{2*} \geqslant 0$ 和

$$\gamma_{1*} \geqslant r_{11} - \hat{\beta}_{1*} \cdot \frac{r_{11}^{\alpha_1\alpha_2}}{(\beta_2^* + \gamma_2^* r_{11}^{\alpha_2})^{\alpha_1}} \tag{4.2.11}$$

成立, 其中, $0 < r_{11} < +\infty$ 是如下方程的唯一正解

$$r_1^{1-\alpha_1\alpha_2}(\beta_2^* + \gamma_2^* \cdot r_1^{\alpha_2})^{1+\alpha_1} = \alpha_1\alpha_2\beta_2^*\hat{\beta}_{1*},$$

则 (4.2.1) 至少存在一正解.

4. $\gamma_{1*} < 0 < \gamma_1^*, \gamma_{2*} < 0 < \gamma_2^*$ 的情况

定理 4.2.4　假设 (H_1), (H_2) 和 (H_3) 成立. 如果 $\gamma_{1*} < 0 < \gamma_1^*, \gamma_{2*} < 0 < \gamma_2^*$ 和

$$\gamma_{1*} \geqslant r_{10} - \hat{\beta}_{1*} \cdot \frac{r_{10}^{\alpha_1\alpha_2}}{(\beta_2^* + \gamma_2^* r_{10}^{\alpha_2})^{\alpha_1}}, \tag{4.2.12}$$

$$\gamma_{2*} \geqslant r_{20} - \hat{\beta}_{2*} \cdot \frac{r_{20}^{\alpha_1\alpha_2}}{(\beta_1^* + \gamma_1^* r_{20}^{\alpha_1})^{\alpha_2}} \tag{4.2.13}$$

成立,　其中, $0 < r_{10} < +\infty$ 是如下方程的唯一正解,

$$r_1^{1-\alpha_1\alpha_2}(\beta_2^* + \gamma_2^* \cdot r_1^{\alpha_2})^{1+\alpha_1} = \alpha_1\alpha_2\beta_2^*\hat{\beta}_{1*},$$

$0 < r_{20} < +\infty$ 是如下方程的唯一正解,

$$r_2^{1-\alpha_1\alpha_2}(\beta_1^* + \gamma_1^* \cdot r_2^{\alpha_1})^{1+\alpha_2} = \alpha_1\alpha_2\beta_1^*\hat{\beta}_{2*},$$

则 (4.2.1) 至少存在一正解.

证明　为了证明 $A : K \to K$, 需要找到 $r_1 < R_1, r_2 < R_2$ 满足

$$\frac{\hat{\beta}_{1*}}{R_2^{\alpha_1}} + \gamma_{1*} \geqslant r_1, \quad \frac{\beta_1^*}{r_2^{\alpha_1}} + \gamma_1^* \leqslant R_1. \tag{4.2.14}$$

$$\frac{\hat{\beta}_{2*}}{R_1^{\alpha_2}} + \gamma_{2*} \geqslant r_2, \quad \frac{\beta_2^*}{r_1^{\alpha_2}} + \gamma_2^* \leqslant R_2. \tag{4.2.15}$$

取定 $R_1 = \dfrac{\beta_1^*}{r_2^{\alpha_1}} + \gamma_1^*, R_2 = \dfrac{\beta_2^*}{r_1^{\alpha_2}} + \gamma_2^*$ 且 r_2 满足

$$\gamma_{2*} \geqslant g(r_2) := r_2 - \hat{\beta}_{2*} \cdot \frac{r_2^{\alpha_1 \alpha_2}}{(\beta_1^* + \gamma_1^* \cdot r_2^{\alpha_1})^{\alpha_2}}.$$

那么 (4.2.15) 的第一个不等式成立. 根据

$$\begin{aligned}
g'(r_2) &= 1 - \hat{\beta}_{2*} \cdot \frac{1}{(\beta_1^* + \gamma_1^* \cdot r_2^{\alpha_1})^{2\alpha_2}} \cdot [\alpha_1 \alpha_2 r_2^{\alpha_1 \alpha_2 - 1}(\beta_1^* + \gamma_1^* \cdot r_2^{\alpha_1})^{\alpha_2} \\
&\quad - r_2^{\alpha_1 \alpha_2} \alpha_2 (\beta_1^* + \gamma_1^* \cdot r_2^{\alpha_1})^{\alpha_2 - 1} \alpha_1 \gamma_1^* r_2^{\alpha_1 - 1}] \\
&= 1 - \frac{\hat{\beta}_{2*} \alpha_1 \alpha_2 r_2^{\alpha_1 \alpha_2 - 1}}{(\beta_1^* + \gamma_1^* \cdot r_2^{\alpha_1})^{\alpha_2}} \left[1 - \frac{r_2^{\alpha_1} \gamma_1^*}{\beta_1^* + \gamma_1^* \cdot r_2^{\alpha_1}}\right] \\
&= 1 - \alpha_1 \alpha_2 \beta_1^* \hat{\beta}_{2*} r_2^{\alpha_1 \alpha_2 - 1}(\beta_1^* + \gamma_1^* \cdot r_2^{\alpha_1})^{-1-\alpha_2},
\end{aligned}$$

有 $g'(0) = -\infty, g'(+\infty) = 1$, 从而, 存在 r_{20} 使得 $g'(r_{20}) = 0$ 和

$$\begin{aligned}
g''(r_2) &= -[\alpha_1 \alpha_2 \beta_1^* \hat{\beta}_{2*}(\alpha_1 \alpha_2 - 1) r_2^{\alpha_1 \alpha_2 - 2}(\beta_1^* + \gamma_1^* \cdot r_2^{\alpha_1})^{-1-\alpha_2} \\
&\quad + \alpha_1 \alpha_2 \beta_1^* \hat{\beta}_{2*} r_2^{\alpha_1 \alpha_2 - 1}(-1-\alpha_2)(\beta_1^* + \gamma_1^* \cdot r_2^{\alpha_1})^{-2-\alpha_2} \gamma_1^* \alpha_1 r_2^{\alpha_1 - 1}] > 0
\end{aligned}$$

成立. 因此, $g(r_2)$ 在 r_{20} 处存在最小值, 也即是 $g(r_{20}) = \min\limits_{r_2 \epsilon (0,+\infty)} g(r_2)$.

注意到 $g'(r_{20}) = 0$, 有

$$1 - \alpha_1 \alpha_2 \beta_1^* \hat{\beta}_{2*} r_{21}^{\alpha_1 \alpha_2 - 1}(\beta_1^* + \gamma_1^* \cdot r_{21}^{\alpha_1})^{-1-\alpha_2} = 0,$$

即

$$r_{20}^{1-\alpha_1 \alpha_2}(\beta_1^* + \gamma_1^* \cdot r_{20}^{\alpha_1})^{1+\alpha_2} = \alpha_1 \alpha_2 \beta_1^* \hat{\beta}_{2*}.$$

类似地,

$$\gamma_{1*} \geqslant g(r_1) := r_1 - \hat{\beta}_{1*} \cdot \frac{r_1^{\alpha_1 \alpha_2}}{(\beta_2^* + \gamma_2^* \cdot r_1^{\alpha_2})^{\alpha_1}}.$$

$g(r_{10}) = \min\limits_{r_1 \epsilon (0,+\infty)} g(r_1)$, 且

$$r_{10}^{1-\alpha_1 \alpha_2}(\beta_2^* + \gamma_2^* \cdot r_{10}^{\alpha_2})^{1+\alpha_1} = \alpha_1 \alpha_2 \beta_2^* \hat{\beta}_{1*}.$$

取 $r_1 = r_{10}$ 和 $r_2 = r_{20}$, 并且 $\gamma_{1*} \geqslant g(r_{10}), \gamma_{2*} \geqslant g(r_{20})$, 则 (4.2.14) 和 (4.2.15) 的第一个不等式成立, 即条件 (4.2.12) 和 (4.2.13) 也成立. 适当地选取 R_1 和 R_2, 第二

个不等式成立. 接下来证明 $r_{10} < R_1$ 和 $r_{20} < R_2$ 满足条件. 通过简单的计算易得

$$
\begin{aligned}
R_1 &= \frac{\beta_1^*}{r_{20}^{\alpha_1}} + \gamma_1^* \\
&= \frac{\beta_1^* + \gamma_1^* \cdot r_{20}^{\alpha_1}}{r_{20}^{\alpha_1}} \\
&= \frac{(\alpha_1 \alpha_2 \beta_1^* \hat{\beta}_{2*})^{\frac{1}{1+\alpha_2}} \cdot r_{20}^{\frac{\alpha_1 \alpha_2 - 1}{1+\alpha_2}}}{r_{20}^{\alpha_1}} \\
&= (\alpha_1 \alpha_2 \beta_1^* \hat{\beta}_{2*})^{\frac{1}{1+\alpha_2}} \cdot r_{20}^{-\frac{1+\alpha_1}{1+\alpha_2}}.
\end{aligned}
$$

类似于 R_1, 有 $R_2 = (\alpha_1 \alpha_2 \beta_2^* \hat{\beta}_{1*})^{\frac{1}{1+\alpha_1}} \cdot r_{10}^{-\frac{1+\alpha_2}{1+\alpha_1}}$. 下面我们将要证明 $r_{10} < R_1, r_{20} < R_2$, 即往证

$$
r_{10} r_{20}^{\frac{1+\alpha_1}{1+\alpha_2}} < (\alpha_1 \alpha_2 \beta_1^* \hat{\beta}_{2*})^{\frac{1}{1+\alpha_2}},
$$
$$
r_{20} r_{10}^{\frac{1+\alpha_2}{1+\alpha_1}} < (\alpha_1 \alpha_2 \beta_2^* \hat{\beta}_{1*})^{\frac{1}{1+\alpha_1}},
$$

也即是

$$
r_{10}^{1+\alpha_2} r_{20}^{1+\alpha_1} < \alpha_1 \alpha_2 \beta_1^* \hat{\beta}_{2*}, \quad r_{20}^{1+\alpha_1} r_{10}^{1+\alpha_2} < \alpha_1 \alpha_2 \beta_2^* \hat{\beta}_{1*}.
$$

由

$$
r_{20}^{1-\alpha_1 \alpha_2} (\beta_1^*)^{1+\alpha_2} \leqslant \alpha_1 \alpha_2 \beta_1^* \hat{\beta}_{2*},
$$

则

$$
r_{20} \leqslant (\alpha_1 \alpha_2 (\beta_1^*)^{-\alpha_2} \hat{\beta}_{2*})^{\frac{1}{1-\alpha_1 \alpha_2}}. \tag{4.2.16}
$$

同理,

$$
r_{10} \leqslant (\alpha_1 \alpha_2 (\beta_2^*)^{-\alpha_1} \hat{\beta}_{1*})^{\frac{1}{1-\alpha_1 \alpha_2}}. \tag{4.2.17}
$$

结合 (4.2.16) 和 (4.2.17) 知

$$
r_{10}^{1+\alpha_2} r_{20}^{1+\alpha_1} \leqslant (\alpha_1 \alpha_2 (\beta_2^*)^{-\alpha_1} \hat{\beta}_{1*})^{\frac{1+\alpha_2}{1-\alpha_1 \alpha_2}} (\alpha_1 \alpha_2 (\beta_1^*)^{-\alpha_2} \hat{\beta}_{2*})^{\frac{1+\alpha_1}{1-\alpha_1 \alpha_2}}.
$$

现在, 如果可以证明

$$
(\alpha_1 \alpha_2 (\beta_2^*)^{-\alpha_1} \hat{\beta}_{1*})^{\frac{1+\alpha_2}{1-\alpha_1 \alpha_2}} (\alpha_1 \alpha_2 (\beta_1^*)^{-\alpha_2} \hat{\beta}_{2*})^{\frac{1+\alpha_1}{1-\alpha_1 \alpha_2}} < \alpha_1 \alpha_2 \beta_1^* \hat{\beta}_{2*}
$$

成立, 则

$$
r_{10}^{1+\alpha_2} r_{20}^{1+\alpha_1} < \alpha_1 \alpha_2 \beta_1^* \hat{\beta}_{2*}. \tag{4.2.18}
$$

实际上, 因为 $\hat{\beta}_{i*} \leqslant \beta_i^*, i = 1, 2$, 所以

$$(\alpha_1\alpha_2)^{\frac{2+\alpha_2+\alpha_1-1}{1-\alpha_1\alpha_2}} \cdot \left(\frac{\hat{\beta}_{1*}}{\beta_1^*}\right)^{\frac{1+\alpha_2}{1-\alpha_1\alpha_2}} \cdot \left(\frac{\hat{\beta}_{2*}}{\beta_2^*}\right)^{\frac{\alpha_1(1+\alpha_2)}{1-\alpha_1\alpha_2}} < 1,$$

类似地, 我们有 $r_{20}^{1+\alpha_1} r_{10}^{1+\alpha_2} < \alpha_1\alpha_2\beta_2^*\hat{\beta}_{1*}$, 省略详细证明. 可得 $r_{10} < R_1, r_{20} < R_2$. 定理证毕.

同样的方法, 可得另外几种情况下的定理 4.2.5—定理 4.2.8. 这里我们略去冗长的计算过程.

5. $\gamma_1^* \leqslant 0, \gamma_{2*} < 0 < \gamma_2^*$ ($\gamma_2^* \leqslant 0, \gamma_{1*} < 0 < \gamma_1^*$) 的情况

定理 4.2.5 假设 (H_1), (H_2) 和 (H_3) 成立. 如果 $\gamma_1^* \leqslant 0, \gamma_{2*} < 0 < \gamma_2^*$ 和

$$\gamma_{2*} \geqslant \left(1 - \frac{1}{\alpha_1\alpha_2}\right)\left[\alpha_1\alpha_2\frac{\hat{\beta}_{2*}}{(\beta_1^*)^{\alpha_2}}\right]^{\frac{1}{1-\alpha_1\alpha_2}},$$

$$\gamma_{1*} \geqslant r_{11} - \hat{\beta}_{1*} \cdot \frac{r_{11}^{\alpha_1\alpha_2}}{(\beta_2^* + \gamma_2^*r_{11}^{\alpha_2})^{\alpha_1}}$$

成立, 其中, $0 < r_{11} < +\infty$ 是如下方程的唯一正解,

$$r_1^{1-\alpha_1\alpha_2}(\beta_2^* + \gamma_2^* \cdot r_1^{\alpha_2})^{1+\alpha_1} = \alpha_1\alpha_2\beta_2^*\hat{\beta}_{1*},$$

则 (4.2.1) 至少存在一个正解.

定理 4.2.6 假设 (H_1), (H_2) 和 (H_3) 成立. 如果 $\gamma_2^* \leqslant 0, \gamma_{1*} < 0 < \gamma_1^*$ 和

$$\gamma_{1*} \geqslant \left(1 - \frac{1}{\alpha_1\alpha_2}\right) \cdot \left[\alpha_1\alpha_2\frac{\hat{\beta}_{1*}}{(\beta_2^*)^{\alpha_1}}\right]^{\frac{1}{1-\alpha_1\alpha_2}},$$

$$\gamma_{2*} \geqslant r_{21} - \hat{\beta}_{2*} \cdot \frac{r_{21}^{\alpha_1\alpha_2}}{(\beta_1^* + \gamma_1^*r_{21}^{\alpha_1})^{\alpha_2}}$$

成立, 其中, $0 < r_{21} < +\infty$ 是如下方程的唯一正解,

$$r_2^{1-\alpha_1\alpha_2}(\beta_1^* + \gamma_1^* \cdot r_2^{\alpha_1})^{1+\alpha_2} = \alpha_1\alpha_2\beta_1^*\hat{\beta}_{2*},$$

则 (4.2.1) 至少存在一个正解.

6. $\gamma_{1*} \geqslant 0, \gamma_{2*} < 0 < \gamma_2^*$ $(\gamma_{2*} \geqslant 0, \gamma_{1*} < 0 < \gamma_1^*)$ 的情况

定理 4.2.7　假设 (H_1), (H_2) 和 (H_3) 成立. 如果 $\gamma_{1*} \geqslant 0, \gamma_{2*} < 0 < \gamma_2^*$ 和

$$\gamma_{2*} \geqslant r_{22} - \hat{\beta}_{2*} \cdot \frac{r_{22}^{\alpha_1 \alpha_2}}{(\beta_1^* + \gamma_1^* r_{22}^{\alpha_1})^{\alpha_2}}$$

成立, 其中,$0 < r_{22} < +\infty$ 是如下方程的唯一正解,

$$r_2^{1-\alpha_1 \alpha_2}(\beta_1^* + \gamma_1^* \cdot r_2^{\alpha_1})^{1+\alpha_2} = \alpha_1 \alpha_2 \beta_1^* \hat{\beta}_{2*},$$

从而,(4.2.1) 至少存在一正解.

定理 4.2.8　假设 (H_1), (H_2) 和 (H_3) 成立. 如果 $\gamma_{2*} \geqslant 0, \gamma_{1*} < 0 < \gamma_1^*$ 和

$$\gamma_{1*} \geqslant r_{12} - \hat{\beta}_{1*} \cdot \frac{r_{12}^{\alpha_1 \alpha_2}}{(\beta_2^* + \gamma_2^* r_{12}^{\alpha_2})^{\alpha_1}}$$

成立, 其中, $0 < r_{12} < +\infty$ 是如下方程的唯一正解,

$$r_1^{1-\alpha_1 \alpha_2}(\beta_2^* + \gamma_2^* \cdot r_1^{\alpha_2})^{1+\alpha_1} = \alpha_1 \alpha_2 \beta_2^* \hat{\beta}_{1*},$$

则 (4.2.1) 至少存在一个正解.

例 4.2.1　考虑二阶奇异耦合 Dirichlet 系统:

$$\begin{cases} x'' + f_1(t, y(t)) + e_1(t) = 0, \\ y'' + f_2(t, x(t)) + e_2(t) = 0, \\ x(0) = x(1) = 0, \quad y(0) = y(1) = 0, \end{cases} \tag{4.2.19}$$

其中, $e_1, e_2 \in C[0,1], f_1, f_2 \in C([0,1] \times (0,+\infty), (0,+\infty))$ 且在零点有奇性, 另外, 假设存在 $b_i \succ 0, \hat{b}_i \succ 0$ 和 $0 < \alpha_i < 1$ 使得

$$0 \leqslant \frac{\hat{b}_i(t)}{x^{\alpha_i}} \leqslant f_i(t, x) \leqslant \frac{b_i(t)}{x^{\alpha_i}}, \ x > 0, \text{ a.e. } t \in (0,1), \quad i = 1, 2$$

成立. 这里

$$\int_0^1 b_i(s)[s(1-s)]^{-\alpha_i} ds < \infty, \quad i = 1, 2.$$

定义算子 $\gamma_i : R \to R, \gamma_i(t) = \displaystyle\int_0^1 G_i(t,s)e_i(s)ds, i = 1, 2.$ 这里 $G_i(t,s)$ 是 Dirichlet 问题的格林函数, 则

$$G_i(t,s) = \begin{cases} (1-t)s, & 0 \leqslant s \leqslant t \leqslant 1, \\ (1-s)t, & 0 \leqslant t \leqslant s \leqslant 1, \end{cases}$$

其中 $i = 1, 2$. 且 $t(1-t)s(1-s) \leqslant G_i(t,s) \leqslant t(1-t)$, $(t,s) \in [0,1] \times [0,1]$, $i = 1, 2$.

记号

$$\gamma_{i*}(t) = \inf_{t \in (0,1)} \frac{\gamma_i(t)}{t(1-t)}, \quad \gamma_i^*(t) = \sup_{t \in (0,1)} \frac{\gamma_i(t)}{t(1-t)}, \quad i = 1, 2.$$

(i) 若 $\gamma_{1*} \geqslant 0$, $\gamma_{2*} \geqslant 0$, 则 (4.2.19) 至少存在一个周期正解. 事实上, 取 $a_i(t) = t(1-t)$, $m_i(s) = s(1-s)$, $M_i(s) = 1$, $i = 1, 2$. 所以定理 4.2.1 的 (H_1) 条件满足, 即

$$a_i(t)m_i(s) \leqslant G_i(t,s) \leqslant a_i(t)M_i(s), \quad i = 1, 2.$$

于是, $|\gamma_i(t)| \leqslant t(1-t) \int_0^1 e_i(s)ds$. 从而,

$$t(1-t)\gamma_{i*} \leqslant \gamma(t) \leqslant t(1-t)\gamma_i^*, \quad i = 1, 2.$$

再由已知条件可知, 定理 4.2.1 的条件 (H_2) 和 (H_3) 满足, 利用定理 4.2.1 得, (4.2.19) 至少存在一个周期正解.

(ii) 引入记号

$$\beta_i(t) = \int_0^1 G_i(t,s) \frac{b_i(s)}{[s(1-s)]^{\alpha_i}} ds, \quad \hat{\beta}_i(t) = \int_0^1 G_i(t,s) \frac{\hat{b}_i(s)}{[s(1-s)]^{\alpha_i}} ds, \quad i = 1, 2.$$

$$\hat{\beta}_{i*}(t) = \inf_{t \in (0,1)} \frac{\hat{\beta}_i(t)}{t(1-t)}, \quad \hat{\beta}_i^*(t) = \sup_{t \in (0,1)} \frac{\hat{\beta}_i(t)}{t(1-t)},$$

$$\beta_{i*}(t) = \inf_{t \in (0,1)} \frac{\beta_i(t)}{t(1-t)}, \quad \beta_i^*(t) = \sup_{t \in (0,1)} \frac{\beta_i(t)}{t(1-t)},$$

由定理 4.2.2 得到

若 $\gamma_1^* \leqslant 0$, $\gamma_2^* \leqslant 0$ 且

$$\gamma_{1*} \geqslant \left[\alpha_1 \alpha_2 \frac{\hat{\beta_{1*}}}{(\beta_2^*)^{\alpha_1}} \right]^{\frac{1}{1-\alpha_1\alpha_2}} \left(1 - \frac{1}{\alpha_1 \alpha_2} \right),$$

$$\gamma_{2*} \geqslant \left[\alpha_1 \alpha_2 \frac{\hat{\beta_{2*}}}{(\beta_1^*)^{\alpha_2}} \right]^{\frac{1}{1-\alpha_1\alpha_2}} \left(1 - \frac{1}{\alpha_1 \alpha_2} \right)$$

成立, 则 (4.2.19) 至少存在一个周期正解.

(iii) 若 $\gamma_{1*} \geqslant 0$, $\gamma_2^* \leqslant 0$ 且

$$\gamma_{2*} \geqslant r_{21} - \hat{\beta}_{2*} \cdot \frac{r_{21}^{\alpha_1 \alpha_2}}{(\beta_1^* + \gamma_1^* r_{21}^{\alpha_1})^{\alpha_2}}$$

成立, 其中, $0 < r_{21} < +\infty$ 是如下方程

$$r_2^{1-\alpha_1\alpha_2}(\beta_1^* + \gamma_1^* \cdot r_2^{\alpha_1})^{1+\alpha_2} = \alpha_1\alpha_2\beta_1^*\hat{\beta}_{2*},$$

的唯一正解, 则 (4.2.19) 至少存在一个周期正解.

(iv) 若 $\gamma_1^* \leqslant 0, \gamma_{2*} \geqslant 0$ 和

$$\gamma_{1*} \geqslant r_{11} - \hat{\beta}_{1*} \cdot \frac{r_{11}^{\alpha_1\alpha_2}}{(\beta_2^* + \gamma_2^* r_{11}^{\alpha_2})^{\alpha_1}}$$

也成立, 其中, $0 < r_{11} < +\infty$ 是如下方程的唯一正解,

$$r_1^{1-\alpha_1\alpha_2}(\beta_2^* + \gamma_2^* \cdot r_1^{\alpha_2})^{1+\alpha_1} = \alpha_1\alpha_2\beta_2^*\hat{\beta}_{1*},$$

则 (4.2.19) 至少存在一个周期正解.

(v) 若 $\gamma_{1*} < 0 < \gamma_1^*, \gamma_{2*} < 0 < \gamma_2^*$ 和

$$\gamma_{1*} \geqslant r_{10} - \hat{\beta}_{1*} \cdot \frac{r_{10}^{\alpha_1\alpha_2}}{(\beta_2^* + \gamma_2^* r_{10}^{\alpha_2})^{\alpha_1}},$$

$$\gamma_{2*} \geqslant r_{20} - \hat{\beta}_{2*} \cdot \frac{r_{20}^{\alpha_1\alpha_2}}{(\beta_1^* + \gamma_1^* r_{20}^{\alpha_1})^{\alpha_2}}$$

成立, 其中, $0 < r_{10} < +\infty$ 和 $0 < r_{20} < +\infty$ 分别是如下方程

$$r_1^{1-\alpha_1\alpha_2}(\beta_2^* + \gamma_2^* \cdot r_1^{\alpha_2})^{1+\alpha_1} = \alpha_1\alpha_2\beta_2^*\hat{\beta}_{1*}$$

和

$$r_2^{1-\alpha_1\alpha_2}(\beta_1^* + \gamma_1^* \cdot r_2^{\alpha_1})^{1+\alpha_2} = \alpha_1\alpha_2\beta_1^*\hat{\beta}_{2*}$$

的唯一解, 则 (4.2.19) 至少存在一个正解.

(vi) 若 $\gamma_1^* \leqslant 0, \gamma_{2*} < 0 < \gamma_2^*$ 和

$$\gamma_{2*} \geqslant \left(1 - \frac{1}{\alpha_1\alpha_2}\right)\left[\alpha_1\alpha_2 \frac{\hat{\beta}_{2*}}{(\beta_1^*)^{\alpha_2}}\right]^{\frac{1}{1-\alpha_1\alpha_2}},$$

$$\gamma_{1*} \geqslant r_{11} - \hat{\beta}_{1*} \cdot \frac{r_{11}^{\alpha_1\alpha_2}}{(\beta_2^* + \gamma_2^* r_{11}^{\alpha_2})^{\alpha_1}}$$

成立, 其中, $0 < r_{11} < +\infty$ 是如下方程

$$r_1^{1-\alpha_1\alpha_2}(\beta_2^* + \gamma_2^* \cdot r_1^{\alpha_2})^{1+\alpha_1} = \alpha_1\alpha_2\beta_2^*\hat{\beta}_{1*}$$

的唯一解, 则 (4.2.19) 至少存在一个正解.

(vii) 若 $\gamma_2^* \leqslant 0, \gamma_{1*} < 0 < \gamma_1^*$ 和

$$\gamma_{1*} \geqslant \left(1 - \frac{1}{\alpha_1 \alpha_2}\right) \cdot \left[\alpha_1 \alpha_2 \frac{\hat{\beta}_{1*}}{(\beta_2^*)^{\alpha_1}}\right]^{\frac{1}{1-\alpha_1\alpha_2}},$$

$$\gamma_{2*} \geqslant r_{21} - \hat{\beta}_{2*} \cdot \frac{r_{21}^{\alpha_1\alpha_2}}{(\beta_1^* + \gamma_1^* r_{21}^{\alpha_1})^{\alpha_2}}$$

成立, 其中, $0 < r_{21} < +\infty$ 是如下方程

$$r_2^{1-\alpha_1\alpha_2}(\beta_1^* + \gamma_1^* \cdot r_2^{\alpha_1})^{1+\alpha_2} = \alpha_1 \alpha_2 \beta_1^* \hat{\beta}_{2*}$$

的唯一解, 则 (4.2.19) 至少存在一个正解.

(viii) 若 $\gamma_{1*} \geqslant 0, \gamma_{2*} < 0 < \gamma_2^*$ 和

$$\gamma_{2*} \geqslant r_{22} - \hat{\beta}_{2*} \cdot \frac{r_{22}^{\alpha_1\alpha_2}}{(\beta_1^* + \gamma_1^* r_{22}^{\alpha_1})^{\alpha_2}}$$

成立, 其中, $0 < r_{22} < +\infty$ 是如下方程

$$r_2^{1-\alpha_1\alpha_2}(\beta_1^* + \gamma_1^* \cdot r_2^{\alpha_1})^{1+\alpha_2} = \alpha_1 \alpha_2 \beta_1^* \hat{\beta}_{2*}$$

的唯一解, 则 (4.2.19) 至少存在一个正解.

(ix) 若 $\gamma_{2*} \geqslant 0, \gamma_{1*} < 0 < \gamma_1^*$ 和

$$\gamma_{1*} \geqslant r_{12} - \hat{\beta}_{1*} \cdot \frac{r_{12}^{\alpha_1\alpha_2}}{(\beta_2^* + \gamma_2^* r_{12}^{\alpha_2})^{\alpha_1}}$$

成立, 其中, $0 < r_{12} < +\infty$ 是如下方程

$$r_1^{1-\alpha_1\alpha_2}(\beta_2^* + \gamma_2^* \cdot r_1^{\alpha_2})^{1+\alpha_1} = \alpha_1 \alpha_2 \beta_2^* \hat{\beta}_{1*}$$

的唯一解, 则 (4.2.19) 至少存在一个正解.

4.3 弱奇性 $(k,\, n-k)$ 耦合边值问题正解的存在性

本节我们将研究下面奇异 $(k,\, n-k)$ 耦合边值问题正解的存在性问题:

$$\begin{cases} (-1)^{n-k}x^{(n)} = 0 & \text{a.e. } t \in (0,1), \\ x^{(i)} = 0, & 0 \leqslant i \leqslant k-1, \\ x^{(j)} = 1, & 0 \leqslant j \leqslant n-k-1, \end{cases} \tag{4.3.1}$$

对固定的 $1 \leqslant k \leqslant n-1$ 成立. 其中, $f \in \mathrm{Car}([(0,1) \times (0,+\infty), (0,+\infty))$ a.e. 映射 $x \mapsto f(t,x)$ 对几乎处处的 $t \in (0,1)$ 是连续的, 映射 $t \mapsto f(t,x)$ 对所有的 $x \in (0,+\infty)$ 是可测的. 注意到 $f(t,x)$ 可能在 $x = 0$ 处有奇性. 并且 $c \in L^1(0,1)$ 可能取负值. 这种类型的问题被称作半正问题, 文献 [97]—[99] 主要研究了正的情况, 最近文献 [100]—[103] 研究了半正非奇异问题. 弱奇性问题在文献 [81] 里得到讨论, 作者考虑了具有二阶半线性奇异问题的周期解. 我们将应用 Schauder 不动点定理研究系统 (4.3.1) 的正解存在性.

首先给出下面两个结论.

引理 4.3.1[98]　令 $G(t,s)$ 是下面 $(k,\, n-k)$ 耦合边值问题的格林函数

$$\begin{cases} (-1)^{n-k} x^{(n)} = f(t,x) + c(t), & \text{a.e. } t \in (0,1), \\ x^{(i)} = 0, & 0 \leqslant i \leqslant k-1, \\ x^{(j)} = 1, & 0 \leqslant j \leqslant n-k-1, \end{cases} \qquad (4.3.2)$$

则 $G(t,s)$ 能被表示成下面的形式

$$G(t,s) = \begin{cases} \dfrac{t^k(1-s)^k}{(k-1)!(n-k-1)!} \displaystyle\sum_{j=0}^{n-k-1} \mathrm{C}_{n-k-1}^j \dfrac{[t(1-s)]^j}{k+j}(s-t)^{n-k-1-j}, & 0 \leqslant t \leqslant s \leqslant 1, \\ \dfrac{(1-t)^{n-k}s^{n-k}}{(k-1)!(n-k-1)!} \displaystyle\sum_{j=0}^{k-1} \mathrm{C}_{k-1}^j \dfrac{[s(1-t)]^j}{n-k-j}(t-s)^{k-1-j}, & 0 \leqslant s \leqslant t \leqslant 1. \end{cases}$$

引理 4.3.2[96]　令 $G(t,s)$ 是 $(k,\, n-k)$ 耦合边值问题的格林函数, 则有下面两个不等式

$$G(t,s) \leqslant \frac{1}{\min\{k,\, n-k\}(k-1)!(n-k-1)!} t^k(1-t)^{n-k}s^{n-k-1}(1-s)^{k-1},$$

$$(t,s) \in [0,1] \times [0,1]$$

和

$$G(t,s) \geqslant \frac{1}{(n-1)(k-1)!(n-k-1)!} t^k(1-t)^{n-k}s^{n-k}(1-s)^k, \quad (t,s) \in [0,1] \times [0,1].$$

如果取

$$C_1 = \frac{1}{\min\{k,\, n-k\}(k-1)!(n-k-1)!},$$

$$C_0 = \frac{1}{(n-1)(k-1)!(n-k-1)!},$$

则

$$C_0 t^k (1-t)^{n-k} s^{n-k} (1-s)^k \leqslant G(t,s) \leqslant C_1 t^k (1-t)^{n-k} s^{n-k-1} (1-s)^{k-1}.$$

定义下面的函数

$$\gamma(t) = \int_0^1 G(t,s) c(s) ds,$$

它是下面线性 $(k,\, n-k)$ 耦合边值问题的唯一解,

$$\begin{cases} (-1)^{n-k} x^{(n)} = c(t), & \text{a.e. } t \in (0,1), \\ x^{(i)} = 0, & 0 \leqslant i \leqslant k-1, \\ x^{(j)} = 1, & 0 \leqslant j \leqslant n-k-1. \end{cases} \qquad (4.3.3)$$

注意到

$$|\gamma(t)| \leqslant \int_0^1 G(t,s) |c(s)| ds \leqslant t^k (1-t)^{n-k} \int_0^1 C_1 s^{n-k-1} (1-s)^{k-1} |c(s)| ds,$$

且

$$|\gamma(t)| \geqslant \int_0^1 G(t,s) |c(s)| ds \leqslant t^k (1-t)^{n-k} \int_0^1 C_0 s^{n-k} (1-s)^k |c(s)| ds.$$

我们取

$$\gamma^* = \sup_{t \in (0,1)} \left\{ \frac{\gamma(t)}{t^k (1-t)^{n-k}} \right\}, \quad \gamma_* = \inf_{t \in (0,1)} \left\{ \frac{\gamma(t)}{t^k (1-t)^{n-k}} \right\},$$

则有

$$t^k (1-t)^{n-k} \gamma_* \leqslant \gamma(t) \leqslant t^k (1-t)^{n-k} \gamma^*.$$

记 $b \succ 0$, 如果 $b \geqslant 0$ 对所有的 $t \in [0,1]$ 成立且在正的可测集上是正的.

定理 4.3.1 假设 $b \succ 0$ 且 $\alpha > 0$ 使得

$$0 \leqslant f(t,x) \leqslant \frac{b(t)}{x^\alpha}, \quad x > 0,\ \text{a.e. } t \in (0,1),$$

且

$$\int_0^1 s^{n-k-1-k\alpha} (1-s)^{k-1-(n-k)\alpha} b(s) ds < \infty.$$

如果 $\gamma_* > 0$, 则系统 (4.3.1) 存在一个正解.

证明 令 $E = (C[0,1], \|\cdot\|)$ 且 K 是一个锥定义如下

$$K = \{ x \in C[0,1] : m t^k (1-t)^{n-k} \leqslant x(t) \leqslant M t^k (1-t)^{n-k}, \quad t \in [0,1] \},$$

其中 $E = C[0,1]$ 是一个由 $[0,1]$ 上连续函数构成的 Banach 空间具有核

$$\|x\| := \max\{|x(t)| : 0 \leqslant t \leqslant 1\},$$

并且 $M > m > 0$ 是待定的正常数.

现在定义一个算子 $A : K \to E$ 如下

$$(Ax(t)) := \int_0^1 G(t,s)[f(s,x(s)) + c(s)]ds$$
$$= \int_0^1 G(t,s)f(s,x(s))ds + \gamma(t),$$

则系统 (4.3.1) 等价于不动点问题

$$x = Ax.$$

如果 $x \in K$, 则有

$$mt^k(1-t)^{n-k} \leqslant x(t) \leqslant Mt^k(1-t)^{n-k}$$

且

$$0 \leqslant f(t,x(t)) \leqslant \frac{b(t)}{m^\alpha}[t^k(1-t)^{n-k}]^{-\alpha}, \quad 0 < t < 1.$$

首先证明 $A : K \to K$ 对待定常数 m, M 成立. 如果 $x \in K$, 有

$$(Ax(t)) = \int_0^1 G(t,s)[f(s,x(s)) + c(s)]ds$$
$$\geqslant t^k(1-t)^{n-k}\gamma_*.$$

令

$$\beta = \int_0^1 C_1 s^{n-k-1-k\alpha}(1-s)^{k-1-(n-k)\alpha}b(s)ds,$$

且对每个 $x \in K$, 有

$$(Ax(t)) = \int_0^1 G(t,s)f(s,x(s))ds + \gamma(t)$$
$$\leqslant t^k(1-t)^{n-k}\left[\int_0^1 C_1 s^{n-k-1-k\alpha}(1-s)^{k-1-(n-k)\alpha}\frac{b(s)}{m^\alpha}ds\right] + t^k(1-t)^{n-k}\gamma^*$$
$$= t^k(1-t)^{n-k}\left(\frac{\beta}{m^\alpha} + \gamma^*\right), \quad \text{i.e.}$$

显然 $Ax \in K$, 如果 $m = \gamma^*$ 且 $M = \dfrac{\beta}{(\gamma_*)^\alpha} + \gamma^*$.

接下来我们将证明 $A: K \to K$ 是连续紧的. 令 $x_n, x_0 \in K$ 满足 $\|x_n - x_0\| \to 0$ $(n \to \infty)$. 此外, 当 $n \to \infty, t \in (0,1)$,

$$\rho_n t = |f(t, x_n(t)) - f(t, x_0(t))| \to 0,$$

并有

$$\rho_n t \leqslant f(t, x_n(t)) + f(t, x_0(t)), \quad t \in (0,1),$$

其中

$$f(t, x_n(t)) \leqslant \frac{b(t)}{\gamma_*^\alpha}[t^k(1-t)^{n-k}]^{-\alpha}, \quad t \in (0,1);$$

$$f(t, x_0(t)) \leqslant \frac{b(t)}{\gamma_*^\alpha}[t^k(1-t)^{n-k}]^{-\alpha}, \quad t \in (0,1).$$

上述结论结合 Lebesgue 控制收敛定理有

$$\|Ax_n - Ax_0\| \leqslant \sup_{t \in [0,1]} \int_0^1 G(t,s)\rho_n t(s)ds \to 0,$$

且

$$\begin{aligned}
\|Ax\| &= \sup_{t \in [0,1]} \int_0^1 G(t,s)[f(s, x(s) + c(s))]ds \\
&\leqslant \sup_{t \in [0,1]} \{t^k(1-t)^{n-k}\} \left[\int_0^1 C_1 s^{n-k-1-k\alpha}(1-s)^{k-1-(n-k)\alpha}\frac{b(s)}{m^\alpha}ds + \gamma^* \right] \\
&= \left(\frac{\beta}{m^\alpha} + \gamma^* \right) \max_{t \in [0,1]} \{t^k(1-t)^{n-k}\}
\end{aligned}$$

且当 $t, t' \in [0,1]$ 时有

$$\|Ax_n - Ax_0\| \leqslant \int_0^1 |G(t,s) - G(t',s)| \cdot |f(s, x(s) + c(s)|ds,$$

则 Arzela-Ascoli 定理保证了 $A: K \to K$ 是紧的. 由 Schauder 不动点定理知结论成立.

1. $\gamma_* = 0$ 的情况

定理 4.3.2 假设存在 $b \succ 0, \hat{b} \succ 0$ 和 $0 < \alpha < 1$ 使得

(H_1) 任意的 $x > 0$, a.e. $t \in (0,1)$, 有 $0 \leqslant \dfrac{\hat{b}(t)}{x^\alpha} \leqslant f(t, x) \leqslant \dfrac{b(t)}{x^\alpha}$, 和

$$\int_0^1 s^{n-k-1-k\alpha}(1-s)^{k-1-(n-k)\alpha}b(s)ds < \infty,$$

$$\int_0^1 s^{n-k-1-k\alpha}(1-s)^{k-1-(n-k)\alpha}\hat{b}(s)ds < \infty,$$

如果 $\gamma_* = 0$, 则 (4.3.1) 至少存在一个正解.

证明　令

$$\beta = \int_0^1 C_1 s^{n-k-1-k\alpha}(1-s)^{k-1-(n-k)\alpha}b(s)ds,$$

$$\hat{\beta} = \int_0^1 C_0 s^{n-k-1-k\alpha}(1-s)^{k-1-(n-k)\alpha}\hat{b}(s)ds.$$

如果 $x \in K$, 有

$$mt^k(1-t)^{n-k} \leqslant x(t) \leqslant Mt^k(1-t)^{n-k}$$

且

$$0 \leqslant \frac{\hat{b}(t)}{M^\alpha}\left[t^k(1-t)^{n-k}\right]^{-\alpha} \leqslant \frac{b(t)}{m^\alpha}\left[t^k(1-t)^{n-k}\right]^{-\alpha}, \quad 0 < t < 1.$$

首先证明 $A : K \to K$, 对待定常数 m, M 成立. 如果 $x \in K$, 有

$$(Ax(t)) = \int_0^1 G(t,s)[f(s,x(s)) + c(s)]ds$$
$$\geqslant t^k(1-t)^{n-k}\gamma_*.$$

令

$$\beta = \int_0^1 C_1 s^{n-k-1-k\alpha}(1-s)^{k-1-(n-k)\alpha}b(s)ds,$$

且对每个 $x \in K$, 有

$$(Ax(t)) \geqslant t^k(1-t)^{n-k}\left[\int_0^1 C_0 s^{n-k}(1-s)^k f(s,x(s))ds + \gamma^*\right]$$
$$\geqslant t^k(1-t)^{n-k}\int_0^1 C_0 s^{n-k-1-k\alpha}(1-s)^{k-1-(n-k)\alpha}\frac{\hat{b}(s)}{M^\alpha}ds$$
$$= t^k(1-t)^{n-k}\frac{\hat{\beta}}{M^\alpha},$$

并且

$$(Ax(t)) \geqslant t^k(1-t)^{n-k}\left[\int_0^1 C_1 s^{n-k-1-k\alpha}(1-s)^{k-1-(n-k)\alpha}\frac{b(s)}{M^\alpha}ds + \gamma^*\right]$$
$$= t^k(1-t)^{n-k}\left[\frac{\beta}{m^\alpha} + \gamma^*\right],$$

显然 $Ax \in K$, 如果 m, M 满足 $m = \gamma^*$ 和 $M = \dfrac{\beta}{(\gamma_*)^\alpha} + \gamma^*$, 则

$$\frac{\hat{\beta}}{M^\alpha} \geqslant m, \quad \frac{\beta}{m^\alpha} + \gamma^* \leqslant M.$$

注意到 $\hat{\beta} > 0, \beta > 0$, 取 $M = \dfrac{1}{m}$, 显然 $M > 1$ 使得

$$\hat{\beta} M^{1-\alpha} \geqslant 1, \quad \beta M^\alpha + \gamma^* \leqslant M,$$

且这些不等式对充分大的 M 必成立, 因为 $\alpha < 1$.

接下来我们将证明 $A : K \to K$ 是连续紧的. 令 $x_n, x_0 \in K$ 满足 $\|x_n - x_0\| \to 0$ $(n \to \infty)$.

定理 4.3.3 假设 (H_1) 成立. 如果 $C \equiv 0$, 则系统 (4.3.1) 存在一个正解满足

$$t^k (1-t)^{n-k} \left(\frac{\hat{\beta}}{\beta^\alpha} \right)^{\frac{1}{1-\alpha^2}} \leqslant x(t) \leqslant t^k (1-t)^{n-k} \left(\frac{\beta^\alpha}{\hat{\beta}} \right)^{\frac{1}{1-\alpha^2}}.$$

证明 为了保证 $A : K \to K$, 我们选取常数 $m < M$ 使得

$$\frac{\hat{\beta}}{M^\alpha} \geqslant m, \quad \frac{\beta}{m^\alpha} + \gamma^* \leqslant M.$$

令

$$m = \left(\frac{\hat{\beta}}{\beta^\alpha} \right)^{\frac{1}{1-\alpha^2}}, \quad M = \left(\frac{\beta^\alpha}{\hat{\beta}} \right)^{\frac{1}{1-\alpha^2}},$$

则定理得证.

2. $\gamma^* \leqslant 0$ 的情况

定理 4.3.4 假设 (H_1) 成立. 如果 $\gamma^* \leqslant 0$ 且

$$\gamma_* \geqslant \left(\frac{\hat{\beta}}{\beta^\alpha} \alpha^2 \right)^{\frac{1}{1-\alpha^2}} \left(1 - \frac{1}{\alpha^2} \right), \tag{4.3.4}$$

则系统 (4.3.1) 存在一个正解.

证明 为了保证 $A : K \to K$, 我们选取常数 $m < M$ 使得

$$\frac{\hat{\beta}}{M^\alpha} + \gamma_* \geqslant m, \quad \frac{\beta}{m^\alpha} + \gamma^* \leqslant M.$$

如果 $m < \beta^{\frac{1}{\alpha+1}}$, 则固定 $M = \dfrac{\beta}{m^\alpha}$, 显然第一个不等式成立. 如果 m 满足

$$\frac{\hat{\beta}}{\beta^\alpha} m^{\alpha^2} + \gamma_* \geqslant m,$$

或等价于

$$\gamma_* \geqslant g(m) := m - \frac{\hat{\beta}}{\beta^\alpha} m^{\alpha^2}.$$

$g(m)$ 取下面的点

$$m_0 := \left[\left(\frac{\hat{\beta}}{\beta^\alpha} \alpha^2 \right)^{\frac{1}{1-\alpha^2}} \right].$$

取 $m = m_0$, 于是第一个不等式成立, 如果 $\gamma_* \geqslant g(m)$, 则条件 (4.3.4) 成立. 第二个不等式与 M 的取值有关, 我们取 $M = \frac{\beta}{m_0^\alpha} > m_0$ 即可. 定理得证.

注释 4.3.1　显然 $L_\alpha = \left[\left(\frac{\hat{\beta}}{\beta^\alpha} \alpha^2 \right)^{\frac{1}{1-\alpha^2}} \right]$ 是负的, 因为 $0 < \alpha < 1$. 显然有

$$\lim_{\alpha \to 0^+} L_\alpha = -\hat{\beta}.$$

第 5 章　脉冲微分方程

5.1　二阶脉冲奇异半正定 Dirichlet 系统多个正解的存在性

本节主要研究下面奇异半正边值脉冲微分方程多个正解的存在性问题

$$
\begin{cases}
y''(t) + \mu q(t) f(y(t)) = 0, & t \neq t_k, t \in (0,1), \\
-\Delta y'|_{t=t_k} = I_k(y(t_k)), & k = 1, 2, \cdots, m, \\
y(0) = 0, \quad y(1) = 0,
\end{cases}
\tag{5.1.1}
$$

其中, $\mu > 0$ 是一个常数且给定 $0 < t_1 < t_2 < \cdots < t_m < 1$, 其中非线性项 f 可能在 $y = 0$ 有奇性, $I_k : [0, \infty) \to [0, \infty)$ 是连续减函数; $\Delta y'|_{t=t_k} = y'(t_k + 0) - y'(t_k - 0)$, 其中 $y'(t_k + 0)(y'(t_k - 0))$ 表示 $y'(t)$ 在 $t = t_k$ 处的右极限 (或左极限).

令 $J = [0,1]$, $J' = (0,1)$, $J^0 = (0,1)/\{t_1, t_2, \cdots, t_m\}$, $J_0 = (0, t_1]$, $J_1 = (t_1, t_2], \cdots, J_{m-1} = (t_{m-1}, t_m]$, $J_m = (t_m, 1)$. $PC^1[J, R] = \{y | y : J \to R$ 连续, 且 $y'(t)$ 在 J^0 上连续, $y'(t_k + 0)$ 和 $y'(t_k - 0)$ 存在, 且 $y'(t_k) = y'(t_k - 0)$, $k = 1, 2, \cdots, m\}$, 则 $PC^1[J, R]$ 是满足 $|y|_1 = \max_{t \in J}\{|y|_0, |y'|_0\}$, $|y|_0 = \sup_{t \in J} |y(t)|$ 的 Banach 空间.

如果 $y \in PC^1[J, R] \cap C^2[J^0, R]$ 满足 (5.1.1), 我们说 y 是 (5.1.1) 的解.

当 $I_k = 0 (k = 1, 2, \cdots, m)$ 时, 系统 (5.1.1) 就是常微分方程两点边值问题. Jiang[107], Agarwal 和 O'Regan[108] 应用上下解方法和不动点定理得到了奇异半正问题 (5.1.1) 多个正解的存在性.

然而, 众所周知, 只有很少的文献研究了二阶脉冲半正奇异边值问题的正解存在性. 在文献 [107] 与 [108] 工作的基础上, 我们将研究带有脉冲的二阶微分方程的正解.

考虑下面的二阶脉冲微分方程

$$
\begin{cases}
y''(t) + F(t, y(t)) = 0, & t \in J^0, \\
-\Delta y'|_{t=t_k} = N_k(y(t_k)), & k = 1, 2, \cdots, m, \\
y(0) = A, \quad y(1) = B,
\end{cases}
\tag{5.1.2}
$$

其中 $A, B \in R$, $F \in C(D, R)$ 满足 $D \subset J' \times R$, $N_k : R \to R$ 连续. 为了方便起见, 记

$$E = \left\{ h \in C(0,1) \left| \int_0^1 s(1-s) \left| h(s) \right| ds < \infty \right. \right\}$$

和

$$D_\alpha^\beta = \{(t, u) | t \in J', \alpha(t) \leqslant u \leqslant \beta(t)\}.$$

定义 5.1.1 称 $\alpha \in PC^1[J, R] \cap C^2[J^0, R]$ 是方程 (5.1.2) 的下解, 如果 $(t, \alpha(t)) \subset D$ 对所有的 $t \in J'$ 成立且

$$\begin{cases} \alpha''(t) + F(t, \alpha(t)) \geqslant 0, & t \neq t_k, \\ -\Delta \alpha'|_{t=t_k} \leqslant N_k(y(t_k)), & k = 1, 2, \cdots, m, \\ \alpha(0) \leqslant A, & \alpha(1) \leqslant B. \end{cases}$$

我们同样可以定义上解 $\beta \in PC^1[J, R] \cap C^2[J^0, R]$, 如果 β 满足相反的不等式. 现给出系统 (5.1.2) 的上下解定理, 定理证明参见文献 [106].

定理 5.1.1 假设

(F) $F(t, u)$ 在 $t \neq t_k$ $(k = 1, 2, \cdots, m)$ 上关于 u 连续.

此外, $\lim_{t \to t_k^-} F(t, u) = F(t_k, u)$ 且 $\lim_{t \to t_k+} F(t, u)$ 存在.

(a_1) α 和 β 分别是系统 (5.1.2) 的下解和上解, 且 $\alpha(t) \leqslant \beta(t)$ 对所有的 $t \in J$ 成立.

(a_2) 存在函数 $h \in E$ 使得 $|F(t, u)| \leqslant h(t)$, 对所有的 $(t, u) \in D_\alpha^\beta$ 成立.

则系统 (5.1.2) 至少存在一个正解 u 满足 $\alpha(t) \leqslant u(t) \leqslant \beta(t)$ 在 J 上成立.

考虑下面的问题

$$\begin{cases} y''(t) + \mu q(t) f(y(t)) = 0, & t \in J^0, \\ -\Delta y'|_{t=t_k} = I_k(y(t_k)), & k = 1, 2, \cdots, m, \\ y(0) = 0, & y(1) = 0, \end{cases} \quad (5.1.3)$$

其中, $\mu > 0$ 是一个常数, 非线性项 f 可能在 $y = 0$ 有奇性, $I_k : [0, \infty) \to [0, \infty)$ 是连续增函数.

首先给出下面的结论.

引理 5.1.1[104] 如果 $y \in C[0,1] \cap C^2(0,1)$ 是一个 J 上的非负凹函数, 则

$$y(t) \geqslant t(1-t)|y|_0, \quad t \in J,$$

其中 $|y|_0 = \sup_{t \in J} |y(t)|$.

引理 5.1.2[108]   假设 $q \in L^1[0,1]$ 其中 $q > 0$ 在 J' 上成立. 这边界值问题

$$\begin{cases} y''(t) + q(t) = 0, & t \in J', \\ y(0) = 0, & y(1) = 0 \end{cases}$$

有一个解 w 满足

$$w(t) \leqslant t(1-t)C_0, \quad t \in J,$$

其中

$$C_0 = \max_{t \in J} \left\{ \frac{1}{1-t} \int_t^1 (1-x)q(x)dx + \frac{1}{t} \int_0^t xq(x)dx \right\}.$$

引理 5.1.3[109] $S \subset PC^1[J,R]$ 是一个相对紧集当且仅当对 S 中的每个函数在 J 上都是一致有界的且对给每个 J_k $(k = 0,1,\cdots,m)$ 都是等度连续的.

现给出一个没有奇性的边界值问题存在正解的准则, 参见文献 [105].

$$\begin{cases} y'' + f(t,y) = 0, & t \in J^0, \\ -\Delta y'|_{t=t_k} = I_k(y(t_k)), & k = 1,2,\cdots,m, \\ y(0) = a, & y(1) = b. \end{cases} \tag{5.1.4}$$

引理 5.1.4   假设下面两个条件成立:

$$f : J \times R \longrightarrow R \quad \text{连续}$$

且

$$I_k : R \longrightarrow R \quad \text{连续}.$$

(I) 假设

$$\begin{cases} \text{对每个 } r > 0, \text{ 存在 } h_r \in L^1_{\text{loc}}(J') \text{ 满足} \\ \int_0^1 t(1-t)h_r(t)\,dt < \infty, \text{ 使得 } |y| \leqslant r. \text{ 表明} \\ |f(t,y)| \leqslant h_r(t), \quad t \in J' \end{cases}$$

成立. 并假设存在独立于 λ 的常数 $H > |a| + |b|$, 满足

$$|y|_0 = \sup_{t \in J} |y(t)| \neq H$$

对任何解 $y \in PC^1[J,R] \bigcap C^2[J^0,R]$ 满足

$$\begin{cases} y'' + \lambda f(t,y) = 0, & t \in J^0, \\ -\Delta y'|_{t=t_k} = \lambda I_k(y(t_k)), & k = 1, 2, \cdots, m, \\ y(0) = a, \quad y(1) = b, \end{cases}$$

对每个 $\lambda \in J'$ 成立, 则系统 (5.1.4) 有一个解 y 满足 $|y|_0 \leqslant H$.

(II) 假设

$$\begin{cases} \text{存在 } h \in L^1_{loc}(J') \text{ 满足 } \int_0^1 t(1-t)h(t)\, dt < \infty, \\ \text{使得 } |f(t,y)| \leqslant h(t), \text{ 对 } t \in J' \text{ 且 } y \in R \end{cases}$$

成立. 则 (5.1.4) 有一个解.

引理 5.1.5[104]　　令 $E = (E, \|.\|)$ 是一个 Banach 空间, $K \subset E$ 是一个锥并且 $\|.\|$ 关于 K 递增. r, R 是满足 $0 < r < R$ 的两个常数. 假设 $A : \overline{\Omega_R} \cap K \to K$ (其中 $\Omega_R = \{x \in E : \|x\| < R\}$) 是一个连续的紧映射. 假设下面的条件成立:

$$x \neq \lambda A(x), \quad \text{当 } \lambda \in [0,1) \text{ 且 } x \in \partial_E \Omega_r \cap K,$$

并且

$$\|A x\| > \|x\|, \quad \text{当 } x \in \partial_E \Omega_R \cap K,$$

则 A 在 $K \cap \{x \in E : r \leqslant \|x\| \leqslant R\}$ 中有一个不动点.

定理 5.1.2　　假设下面的条件成立

$$\begin{cases} f : (0,\infty) \to \mathbf{R} \text{ 连续且存在一个常数} \\ M > 0 \text{ 满足 } f(u) + M \geqslant 0, \\ \text{当 } u \in (0,\infty); \end{cases} \tag{5.1.5}$$

$$\begin{cases} f(u) + M = g(u) + h(u), \ u \in (0,\infty) \text{ 满足 } g > 0 \\ \text{在}(0,\infty)\text{上是连续且非增的}, \ h \geqslant 0 \\ \text{在}[0,\infty)\text{上连续且 } \dfrac{h}{g} \text{ 在 } (0,\infty)\text{上非减}; \end{cases} \tag{5.1.6}$$

$$q \in C(0,1) \cap L^1[0,1], \quad \text{在 } J' \text{上满足 } q > 0; \tag{5.1.7}$$

$$\exists K_0 \text{ 满足 } g(ab) \leqslant K_0\, g(a)g(b), \quad \forall a > 0, b > 0; \tag{5.1.8}$$

$$\begin{cases} \exists r > \mu M C_0 \text{ 满足 } \int_0^r \dfrac{du}{g(u)} > \dfrac{\sum\limits_{k=1}^m I_k(r)}{2g(r)} + \mu K_0\, b_0\, g\left(1 - \dfrac{\mu M C_0}{r}\right)\left\{1 + \dfrac{h(r)}{g(r)}\right\}, \\[3mm] \text{其中 } b_0 = \max\left\{\, 2\int_0^{\frac{1}{2}} t(1-t)\, q(t)\, dt,\ 2\int_{\frac{1}{2}}^1 t(1-t)\, q(t)\, dt\,\right\}; \end{cases} \tag{5.1.9}$$

$$\begin{cases} \text{存在常数 } L > M \text{ 和 } \varepsilon_0 > 0, \\ \text{使得 } g(u) > L, \text{ 对所有的 } 0 < u < \varepsilon_0 \text{成立}. \end{cases} \tag{5.1.10}$$

则 (5.1.3) 有一个解 $y \in PC^1[J, R] \cap C^2[J^0, R]$ 满足 $y(t) > 0$ 对 $t \in J'$, $|y + \phi|_0 < r$ 成立, 其中 $\phi(t) = \mu M w(t)$ (w 的定义如引理 3.2).

证明 选择 $\delta > 0$ 和 $\delta < r$ 满足

$$\int_\delta^r \dfrac{du}{g(u)} > \dfrac{\sum\limits_{k=1}^m I_k(r)}{2g(r)} + \mu K_0\, b_0\, g\left(1 - \dfrac{\mu M C_0}{r}\right)\left\{1 + \dfrac{h(r)}{g(r)}\right\}. \tag{5.1.11}$$

令 $m_0 \in \{1, 2, \cdots\}$ 满足 $\dfrac{1}{m_0} < \min\left\{\dfrac{\delta}{2},\ \varepsilon_0\right\}$, $N_0 = \{m_0, m_0 + 1, \cdots\}$.

为了证明问题 (5.1.3) 有一个非负解 $y \in PC^1[J, R] \cap C^2[J^0, R]$ 满足 $|y + \phi|_0 < r$, 我们将证明

$$\begin{cases} y''(t) + \mu q(t) f^*(y(t) - \phi(t)) = 0, \quad t \in J^0, \\ -\Delta y'|_{t=t_k} = I_k((y - \phi)(t_k)), \quad k = 1, 2, \cdots, m, \\ y(0) = 0, \quad y(1) = 0, \end{cases} \tag{5.1.12}$$

有一个解 $y_1 \in PC^1[J, R] \cap C^2[J^0, R]$ 满足 $y_1(t) > \phi(t)$ 对 $t \in J'$ 且 $|y_1|_0 < r$, 且 $\phi(t) = \mu M w(t)$ (ω 定义如引理 5.1.2), 且

$$f^*(v) = f(v) + M = g(v) + h(v), \quad v > 0.$$

如果上面结论是对的, 则 $u(t) = y_1(t) - \phi(t)$ 是问题 (5.1.3) 的一个非负解 (在 J' 上是正的) 且 $|u + \phi|_0 < r$, 因为

$$\begin{aligned} u''(t) = y_1''(t) - \phi''(t) &= -\mu q(t) f^*(y_1(t) - \phi(t)) + \mu M q(t) \\ &= -\mu q(t) [f(y_1(t) - \phi(t)) + M] + \mu M q(t) \\ &= -\mu q(t) f(y_1(t) - \phi(t)) = -\mu q(t) f(u(t)), \quad t \in J^0, \end{aligned}$$

$$-\Delta u'|_{t=t_k} = -[u'(t_k + 0) - u'(t_k - 0)]$$

$$= -[(y_1'(t_k + 0) - y_1'(t_k - 0)) - (\phi'(t_k + 0) - \phi'(t_k - 0))]$$

$$= -[y_1'(t_k + 0) - y_1'(t_k - 0)]$$

$$= -\Delta y_1'|_{t=t_k} = I_k((y_1 - \phi)(t_k)) = I_k(u(t_k)), \quad k = 1, 2, \cdots, m.$$

对于系统 (5.1.12), 我们将首先证明

$$\begin{cases} y''(t) + \mu q(t) f_m^*(y(t) - \phi(t)) = 0, & t \in J^0, \\ -\Delta y'|_{t=t_k} = I_k^*((y - \phi)(t_k)), & k = 1, 2, \cdots, m, \\ y(0) = \dfrac{1}{m}, \quad y(1) = \dfrac{1}{m}, & m \in N_0, \end{cases} \quad (5.1.13)^m$$

有一个解 y_m 对每个 $m \in N_0$ 成立且满足 $y_m(t) \geqslant \dfrac{1}{m}$, $y_m(t) \geqslant \phi(t)$ 对 $t \in J$ 和 $|y_m|_0 < r$ 成立, 其中 $f_m^*(v) = g_m^*(v) + h(v)$, 且

$$g_m^*(v) = \begin{cases} g(v), & v \geqslant \dfrac{1}{m}, \\ g\left(\dfrac{1}{m}\right), & v \leqslant \dfrac{1}{m}; \end{cases} \qquad I_k^*(v) = \begin{cases} I_k(v), & v \geqslant 0, \\ I_k(0), & v \leqslant 0. \end{cases}$$

我们有下面的结论.

结论 5.1.1 $\alpha_m(t) = \dfrac{1}{m} + lw(t) + \phi(t) = \dfrac{1}{m} + (l + \mu M)w(t)$ 是系统 $(5.1.13)^m$

的一个下解, 其中 $0 < l < \min\left\{\mu(L - M), \dfrac{\varepsilon_0 - \dfrac{1}{m_0}}{|w|_0}\right\}, m \in N_0.$

证明   注意到 $\alpha_m(0) = \alpha_m(1) = \dfrac{1}{m}$, $\alpha_m(t) - \phi(t) \geqslant \dfrac{1}{m}$, $t \in J$, 且

$$\alpha_m''(t) + \mu q(t) f_m^*(\alpha_m(t) - \phi(t))$$

$$= lw''(t) + \phi''(t) + \mu q(t) f^*\left(lw(t) + \dfrac{1}{m}\right)$$

$$= -lq(t) - \mu M q(t) + \mu q(t)\left[g\left(lw(t) + \dfrac{1}{m}\right) + h\left(lw(t) + \dfrac{1}{m}\right)\right]$$

$$= \mu q(t)\left[g\left(lw(t) + \dfrac{1}{m}\right) + h\left(lw(t) + \dfrac{1}{m}\right) - M - \dfrac{l}{\mu}\right]$$

$$\geqslant \mu q(t)\left[g\left(lw(t) + \dfrac{1}{m}\right) - M - \dfrac{l}{\mu}\right]$$

$$\geqslant \mu q(t)\left[L - M - \frac{l}{\mu}\right] > 0, \quad t \in J^0,$$

因为 $lw(t) + \dfrac{1}{m} \leqslant l|w|_0 + \dfrac{1}{m_0} < \varepsilon_0$, 且 $l < \mu(L - M)$, 有

$$-\Delta\alpha_m'|_{t=t_k} = 0 \leqslant I_k^*((\alpha_m - \phi)(t_k)) = I_k((\alpha_m - \phi)(t_k)), \quad k = 1, 2, \cdots, m.$$

为了找到 $(5.1.13)^m$ 的上解, 我们考虑下面的脉冲边界值问题:

$$\begin{cases} y''(t) + \mu q(t)g_m^*(y(t) - \phi(t))\left\{1 + \dfrac{h(r)}{g(r)}\right\} = 0, \quad t \in J^0, \\ -\Delta y'|_{t=t_k} = I_k(r), \quad k = 1, 2, \cdots, m, & (5.1.14)^m \\ y(0) = \dfrac{1}{m}, \quad y(1) = \dfrac{1}{m}, \quad m \in N_0. \end{cases}$$

类似于结论 5.1.1, 容易证明 $\alpha_m(t) = \dfrac{1}{m} + lw(t) + \phi(t) = \dfrac{1}{m} + (l + \mu M)w(t)$ 是系统 $(5.1.14)^m$ 的一个下解.

令 $\beta_m^0 \in PC^1[J, R] \cap C^2[J^0, R]$ 是下面边界值问题的唯一解,

$$\begin{cases} y''(t) + \mu q(t)g(\alpha_m(t) - \phi(t))\left\{1 + \dfrac{h(r)}{g(r)}\right\} = 0, \quad t \in J^0, \\ -\Delta y'|_{t=t_k} = I_k(r), \quad k = 1, 2, \cdots, m, & (5.1.15)^m \\ y(0) = \dfrac{1}{m}, \quad y(1) = \dfrac{1}{m}, \quad m \in N_0, \end{cases}$$

于是有

$$\beta_m^0(t) = \frac{1}{m} + \mu \int_0^1 G(t, s)q(s)g(\alpha_m(s) - \phi(s))$$

$$\cdot \left\{1 + \frac{h(r)}{g(r)}\right\} ds + \sum_{k=1}^m G(t, t_k) I_k(r),$$

其中 $G(t, s)$ 是下面 Dirichlet 边值问题的格林函数 $-x'' = 0$, $x(0) = x(1) = 0$, 且

$$G(t, s) := \begin{cases} (1 - t)s, & 0 \leqslant s \leqslant t \leqslant 1, \\ (1 - s)t, & 0 \leqslant t \leqslant s \leqslant 1, \end{cases}$$

类似地, 我们可以证明 $\alpha_m(t)$ 是 $(5.1.15)^m$ 的一个下解. 于是有

$$\beta_m^0(t) = \frac{1}{m} + \mu \int_0^1 G(t,s)q(s)g(\alpha_m(s) - \phi(s))\left\{1 + \frac{h(r)}{g(r)}\right\}ds + \sum_{k=1}^m G(t,t_k)I_k((r)$$

$$\geqslant \frac{1}{m} + \mu \int_0^1 G(t,s)q(s)g(\alpha_m(s) - \phi(s))\left\{1 + \frac{h(r)}{g(r)}\right\}ds$$

$$= \frac{1}{m} + \mu \int_0^1 G(t,s)q(s)g\left(\frac{1}{m} + lw(s)\right)\left\{1 + \frac{h(r)}{g(r)}\right\}ds$$

$$\geqslant \frac{1}{m} + \mu L\left\{1 + \frac{h(r)}{g(r)}\right\}\int_0^1 G(t,s)q(s)ds \geqslant \frac{1}{m} + \mu Lw(t)$$

$$\geqslant \frac{1}{m} + lw(t) + \phi(t)$$

$$= \alpha_m(t).$$

由此可得

$$(\beta_m^0(t))'' + \mu q(t)g_m^*(\beta_m^0(t) - \phi(t))\left\{1 + \frac{h(r)}{g(r)}\right\}$$

$$= \mu q(t)\left\{1 + \frac{h(r)}{g(r)}\right\}[g(\beta_m^0(t) - \phi(t)) - g(\alpha_m(t) - \phi(t))] \leqslant 0, \quad t \in J^0,$$

和

$$-\Delta(\beta_m^0)'|_{t=t_k} = -[G_t'(t_k+0,t_k) - G_t'(t_k-0,t_k)]I_k(r) = I_k(r), \quad k = 1,2,\cdots,m,$$

因此 β_m^0 是系统 $(5.1.14)^m$ 的一个上解.

如果取 $\alpha_m^0 \equiv \alpha_m$, 有 α_m^0 和 β_m^0 分别是系统 $(5.1.14)^m$ 的下解和上解且满足 $\alpha_m^0(t) \leqslant \beta_m^0(t)$, 对所有 $t \in J$ 成立. 因此可知 $(5.1.14)^m$ 存在一个解 $\beta_m \in PC^1[J,R] \cap C^2[J^0,R]$ 满足

$$\alpha_m(t) = \alpha_m^0(t) \leqslant \beta_m(t) \leqslant \beta_m^0(t), \quad \forall t \in J.$$

因为 g_m^* 在 $[0,\infty)$ 上非增, 易得 β_m 是系统 $(5.1.14)^m$ 的唯一解.

下面, 我们将利用引理 5.1.4 证明 $|\beta_m|_0 < r$. 考虑下面的方程:

$$\begin{cases} y''(t) + \lambda\,\mu q(t)g_m^*(y(t) - \phi(t))\left\{1 + \dfrac{h(r)}{g(r)}\right\} = 0, \quad t \in J^0, \\[2mm] -\Delta y'|_{t=t_k} = \lambda\,I_k(r), \quad k = 1,2,\cdots,m, \\[2mm] y(0) = \dfrac{1}{m}, \quad y(1) = \dfrac{1}{m}, \quad m \in N_0, \end{cases} \qquad (5.1.16)_\lambda^m$$

其中 $0 < \lambda < 1$.

显然有 $|y|_0 \neq r$. 如果结论不真, i.e., 假设 $|y|_0 = r$. 因为 $y'' \leqslant 0$ 在 J^0 上成立, 则 $y(t) \geqslant t(1-t)|y|_0 = t(1-t)r$ (由引理 5.1.1 可得) 且存在 σ_m 满足 $y(\sigma_m) = \max\limits_{t \in J}\{y(t)\}$ 且 $y'(\sigma_m - 0) \geqslant 0$, $y'(\sigma_m + 0) \leqslant 0$. 因为 $y'' \leqslant 0$ 在 J^0 上成立, 则 y' 在 J_k 上非增. 假设 $t_1, t_2, \cdots, t_p$ 是 $(0, \sigma_m)$ 上的脉冲点. 于是有

$$y'(t) \geqslant y'(\sigma_m - 0) \geqslant 0, \quad t \in (t_p, \sigma_m)$$

$$\Delta y'|_{t=t_p} = -\lambda I_p(r) \leqslant 0.$$

因此

$$y'(t_p) = y'(t_p - 0) \geqslant y'(t_p + 0) \geqslant y'(\sigma_m - 0) \geqslant 0.$$

类似地, 在 $J_0, J_1, \cdots, J_{p-1}$ 上都有 $y'(t) \geqslant 0$ 成立, 因此 $y'(t) \geqslant 0$, $t \in (0, \sigma_m)$. 类似地, $y'(t) \leqslant 0$ $(\sigma_m, 1)$. 当 $t \in J$ 时, 有

$$y(t) - \phi(t) = y(t)\left(1 - \frac{\mu M w(t)}{y(t)}\right) \geqslant y(t)\left(1 - \frac{\mu M C_0}{r}\right),$$

由于 $y(t) \geqslant t(1-t)|y|_0 = t(1-t)r$, 且 $w(t) \leqslant t(1-t)C_0$ 对 $t \in J$ 成立. 于是有

$$y(t) - \phi(t) \geqslant y(t)\left(1 - \frac{\mu M C_0}{r}\right) > 0, \quad t \in J', \tag{5.1.17}$$

由于 $r > \mu M C_0$. 此外 $y(t) - \phi(t) \geqslant \alpha_m(t) - \phi(t) \geqslant \dfrac{1}{m}$, 有 $g_m^*(y(t) - \phi(t)) = g(y(t) - \phi(t))$. 因此对于 $x \in J^0$, 可知

$$-y''(x) = \lambda \mu q(x) g(y(x) - \phi(x))\left\{1 + \frac{h(r)}{g(r)}\right\}.$$

结合式 (5.1.17) 得

$$-y''(x) \leqslant \mu K_0 \, g\left(1 - \frac{\mu M C_0}{r}\right)\left\{1 + \frac{h(r)}{g(r)}\right\} g(y(x)) q(x) \tag{5.1.18}$$

对 $x \in J^0$ 成立. 从 t $(t \leqslant \sigma_m)$ 到 σ_m 积分得

$$-\left(y'(\sigma_m - 0) - y'(t + 0) - \sum_{t < t_k < \sigma_m} \Delta y'|_{t=t_k}\right)$$

$$\leqslant g(y(t))\mu K_0\ g\left(1-\frac{\mu MC_0}{r}\right)\left\{1+\frac{h(r)}{g(r)}\right\}\int_t^{\sigma_m} q(x)\,dx,$$

因此有

$$y'(t+0)\leqslant y'(\sigma_m-0)+\sum_{t<t_k<\sigma_m} I_k(r)+g(y(t))\mu K_0\ g\left(1-\frac{\mu MC_0}{r}\right)$$

$$\cdot\left\{1+\frac{h(r)}{g(r)}\right\}\int_t^{\sigma_m} q(x)\,dx.$$

由于 $-y'(\sigma_m+0)+y'(\sigma_m-0)\leqslant I_m(r)$,

$$y'(t+0)\leqslant\sum_{k=1}^m I_k(r)+g(y(t))\mu K_0\ g\left(1-\frac{\mu MC_0}{r}\right)\left\{1+\frac{h(r)}{g(r)}\right\}\int_t^{\sigma_m} q(x)\,dx,$$

于是从 0 到 σ_m 积分得

$$\int_{\frac{1}{m}}^r\frac{du}{g(u)}=\int_{\frac{1}{m}}^{y(\sigma_m)}\frac{du}{g(u)}$$

$$\leqslant\sigma_m\frac{\displaystyle\sum_{k=1}^m I_k(r)}{g(r)}+\mu K_0\ g\left(1-\frac{\mu MC_0}{r}\right)\left\{1+\frac{h(r)}{g(r)}\right\}\int_0^{\sigma_m} x\ q(x)\ dx,$$

因为 $y(\sigma_m)=r$, 因此有

$$\int_\delta^r\frac{du}{g(u)}\leqslant\sigma_m\frac{\displaystyle\sum_{k=1}^m I_k(r)}{g(r)}+\mu K_0\ g\left(1-\frac{\mu MC_0}{r}\right)$$

$$\cdot\left\{1+\frac{h(r)}{g(r)}\right\}\frac{1}{1-\sigma_m}\int_0^{\sigma_m} x(1-x)q(x)dx.\qquad(5.1.19)$$

类似地, 如果我们从 σ_m 到 t $(t\geqslant\sigma_m)$ 积分 (5.1.18), 再从 σ_m 到 1 可得

$$\int_\delta^r\frac{du}{g(u)}\leqslant(1-\sigma_m)\frac{\displaystyle\sum_{k=1}^m I_k(r)}{g(r)}+\mu K_0\ g\left(1-\frac{\mu MC_0}{r}\right)$$

$$\cdot\left\{1+\frac{h(r)}{g(r)}\right\}\frac{1}{\sigma_m}\int_{\sigma_m}^1 x(1-x)q(x)dx.\qquad(5.1.20)$$

因此, 式 (5.1.19) 和式 (5.1.20) 表明

$$\int_\delta^r \frac{du}{g(u)} \leqslant \frac{\sum\limits_{k=1}^m I_k(r)}{2\,g(r)} + \mu K_0\, b_0\, g\left(1 - \frac{\mu M C_0}{r}\right)\left\{1 + \frac{h(r)}{g(r)}\right\}, \tag{5.1.21}$$

其中 b_0 定义如 (5.1.9). 结合式 (5.1.11) 可得 $|y|_0 \neq r$. 于是引理 5.1.4 说明系统 $(5.1.14)^m$ 有一个解 β_m^1 满足 $|\beta_m^1|_0 < r$.

由系统 $(5.1.14)^m$ 解的唯一性得 $\beta_m^1 = \beta_m$ 且 $|\beta_m|_0 < r$. 注意到

$$
\begin{aligned}
f_m^*(\beta_m(t) - \phi(t)) &= f^*(\beta_m(t) - \phi(t)) = g(\beta_m(t) - \phi(t)) + h(\beta_m(t) - \phi(t)) \\
&= g(\beta_m(t) - \phi(t))\left(1 + \frac{h(\beta_m(t) - \phi(t))}{g(\beta_m(t) - \phi(t))}\right) \\
&\leqslant g(\beta_m(t) - \phi(t))\left\{1 + \frac{h(r)}{g(r)}\right\}, \quad t \in J^0.
\end{aligned}
$$

于是有

$$
\begin{aligned}
&\beta_m''(t) + \mu q(t) f_m^*(\beta_m(t) - \phi(t)) \\
&= -\mu q(t) g_m^*(\beta_m(t) - \phi(t))\left\{1 + \frac{h(r)}{g(r)}\right\} + \mu q(t) f_m^*(\beta_m(t) - \phi(t)) \\
&\leqslant 0, \quad t \in J^0,
\end{aligned}
$$

且有

$$-\Delta \beta_m'|_{t=t_k} = I_k(r) \geqslant I_k((\beta_m - \phi)(t_k)),$$

因此 β_m 是系统 $(5.1.13)^m$ 的一个上解. 结合结论 5.1.1, 得 α_m 和 β_m 分别是系统 $(5.1.13)^m$ 的下解和上解, 且满足 $\alpha_m(t) \leqslant \beta_m(t)$, 对所有的 $t \in J$ 成立. 因此说 $(5.1.13)^m$ 有一个解 $y_m \in PC^1[J, R] \cap C^2[J^0, R]$ 满足

$$\alpha_m(t) \leqslant y_m(t) \leqslant \beta_m(t), \quad t \in J.$$

于是有

$$|y_m|_0 < r, \quad y_m(t) - \phi(t) \geqslant \frac{1}{m} + lw(t) > lw(t), \quad t \in J.$$

下面证明

$$\{y_m\}_{m \in N_0} \text{ 是 } J \text{ 上一个有界且等度连续的序列.} \tag{5.1.22}$$

由于

$$f^*(y_m(t) - \phi(t)) = g(y_m(t) - \phi(t)) + h(y_m(t) - \phi(t))$$

对 $t \in J^0$ 成立, 有

$$-y_m''(x) \leqslant \mu q(x) g(y_m(x) - \phi(x)) \left\{ 1 + \frac{h(r)}{g(r)} \right\}.$$

由于

$$-y_m''(x) \leqslant \mu K_0 \, g\left(1 - \frac{\mu M}{\mu M + l}\right) \left\{ 1 + \frac{h(r)}{g(r)} \right\} q(x) g(y_m(x)), \tag{5.1.23}$$

因为 $y_m(x) \geqslant \phi(x) + l w(x) = (\mu M + l) w(x)$, $|y_m|_0 < r$ 且

$$y_m(x) - \phi(x) = y_m(x) \left(1 - \frac{\mu M w(x)}{y_m(x)} \right) \geqslant y_m(x) \left(1 - \frac{\mu M}{\mu M + l} \right)$$

对 $x \in J$ 成立. 又因为存在 t_m 使得 $y_m' \geqslant 0$, $t \in (0, t_m)$ 且 $y_m' \leqslant 0$, $t \in (t_m, 1)$. 从 $t \, (t < t_m)$ 到 t_m 积分 (5.1.23) 得

$$\frac{y_m'(t+0)}{g(y_m(t))} \leqslant \frac{\displaystyle\sum_{k=1}^m I_k(r)}{g(r)}$$
$$+ \mu K_0 \, g\left(1 - \frac{\mu M}{\mu M + l}\right) \left\{ 1 + \frac{h(r)}{g(r)} \right\} \int_t^{t_m} q(x) dx. \tag{5.1.24}$$

另一方面从 t_m 到 $t \, (t > t_m)$ 积分 (5.1.23) 可得

$$\frac{-y_m'(t-0)}{g(y_m(t))} \leqslant \frac{\displaystyle\sum_{k=1}^m I_k(r)}{g(r)}$$
$$+ \mu K_0 \, g\left(1 - \frac{\mu M}{\mu M + l}\right) \left\{ 1 + \frac{h(r)}{g(r)} \right\} \int_{t_m}^t q(x) dx. \tag{5.1.25}$$

于是得存在 a_0 和 a_1 满足 $a_0 > 0$, $a_1 < 1$, $a_0 < a_1$ 且

$$a_0 < \inf\{t_m : m \in N_0\} \leqslant \sup\{t_m : m \in N_0\} < a_1. \tag{5.1.26}$$

注释 5.1.1　这里 t_m 是 J' 上满足 $y_m(t_m) = \max\limits_{t \in J}\{y_m(t)\}$ 的唯一一个点.

现在将证明 $\inf\{t_m : m \in N_0\} > 0$. 如果此结论不成立, 将存在一个 N_0 中的序列 S 满足 $t_m \to 0 \ (m \to \infty)$. 从 0 到 t_m 积分 (5.1.24) 得

$$\int_0^{y_m(t_m)} \frac{du}{g(u)} \leqslant t_m \frac{\sum_{k=1}^m I_k(r)}{g(r)} + \mu K_0 \ g\left(1 - \frac{\mu M}{\mu M + l}\right)$$
$$\cdot \left\{1 + \frac{h(r)}{g(r)}\right\} \int_0^{t_m} xq(x)dx + \int_0^{\frac{1}{m}} \frac{du}{g(u)} \qquad (5.1.27)$$

$m \in S$. 由于 $t_m \to 0, \ m \to \infty$ 在 S 中成立. 于是由式 (5.1.27) 得 $y_m(t_m) \to 0, \ m \to \infty$ 在 S 中成立. 但是 y_m 在 J 上的最大值出现在 t_m, 由此可知 $y_m \to 0, \ m \to \infty$ 在 S 中成立. 这与 $y_m(t) \geqslant \phi(t) + lw(t), \ t \in J$ 矛盾. 因此 $\inf\{t_m : m \in N_0\} > 0$. 类似地可得 $\sup\{t_m : m \in N_0\} < 1$. 令 a_0 和 a_1 定义如 (5.1.26), 则式 (5.1.24), (5.1.25) 和 (5.1.26) 表明

$$\frac{|y_m'(t)|}{g(y_m(t))} \leqslant \frac{\sum_{k=1}^m I_k(r)}{g(r)} + \mu K_0 \ g\left(1 - \frac{\mu M}{\mu M + l}\right)\left\{1 + \frac{h(r)}{g(r)}\right\} v(t), \quad t \in J', \quad (5.1.28)$$

其中

$$v(t) = \int_{\min\{t,a_0\}}^{\max\{t,a_1\}} q(x)dx.$$

注意到 $v \in L^1[0,1]$. 令 $B : [0,\infty) \to [0,\infty)$ 定义如下

$$B(z) = \int_0^z \frac{du}{g(u)}.$$

B 是从 $[0,\infty)$ 到 $[0,\infty)$ 的递增映射 (而 $B(\infty) = \infty$, 因为 $g > 0$ 在 $(0,\infty)$ 上递减), 满足 B 在 $[0,b]$ 上连续对所有的 $b > 0$ 成立. 注意到

$$\{B(y_m)\}_{m \in N_0} \text{ 在 } J \text{ 上有界且等度连续.} \qquad (5.1.29)$$

等度连续可由下面结论得到 ($t, s \in J$),

$$|B(y_m(t)) - B(y_m(s))|$$
$$= \left|\int_s^t \frac{d(y_m(x))}{g(y_m(x))}dx\right|$$

$$\leqslant \frac{1}{2}|t-s|\frac{\sum\limits_{k=1}^{m}I_k(r)}{g(r)}+\mu K_0\ g\left(1-\frac{\mu M}{\mu M+l}\right)\left\{1+\frac{h(r)}{g(r)}\right\}\left|\int_s^t v(x)dx\right|.$$

在 $[0,B(r)]$ 上 B^{-1} 具有等度连续性且

$$|y_m(t)-y_m(s)|=|B^{-1}(B(y_m(t)))-B^{-1}(B(y_m(s)))|,$$

于是 (5.1.22) 成立.

Arzela-Ascoli 定理保证了存在 N_0 中的序列 N 使得 $y\in PC^1[J,R]\cap C^2[J^0,R]$ 满足 y_m 在 J 中一致收敛于 y 当 $m\to\infty$. 同时 $y(0)=y(1)=0$, $\phi(t)+lw(t)\leqslant y(t)<r$ 当 $t\in J$, 也就是说 $y(t)>\phi(t)$ 当 $t\in J'$.

固定 $t\in(0,t_1)$. 不失一般性, 假设 $t>\frac{t_1}{2}$. 固定 $x\in(0,t_1)$ 满足 $x>t$. 对于 $s\in\left[\frac{t_1}{2},x\right]$, 由于 $y(s)-\phi(s)\geqslant lw(s)\geqslant l\min\left\{w\left(\frac{t_1}{2}\right),w(x)\right\}$. 选取 $n_1\in N$ 满足

$$\frac{1}{n_1}<l\min\left\{w\left(\frac{t_1}{2}\right),w(x)\right\}.$$

令 $N_1=\{m\in N,\ m\geqslant n_1\}$. 于是 $y_m\ (m\in N)$ 满足积分方程

$$\begin{aligned}y_m(x)=&y_m\left(\frac{t_1}{2}\right)+y_m'\left(\frac{t_1}{2}\right)\left(x-\frac{t_1}{2}\right)\\&+\mu\int_{\frac{t_1}{2}}^x(s-x)q(s)[g(y_m(s)-\phi(s))+h(y_m(s)-\phi(s))]ds.\end{aligned}$$

注意到 $\left\{y_m'\left(\frac{t_1}{2}\right)\right\},m\in N_1$ 是一个有界序列, 由于 $\phi(s)+lw(s)\leqslant y_m(s)<r,s\in J$. 因此 $\left\{y_m'\left(\frac{t_1}{2}\right)\right\}_{m\in N_1}$ 有一个收敛子列; 为了方便起见, 令 $\left\{y_m'\left(\frac{t_1}{2}\right)\right\}_{m\in N_1}$ 表示这个子列并令 $r_0\in\mathbf{R}$ 是它的极限. 令 $m\to\infty$ 通过 N_1 得到

$$y(x)=y\left(\frac{t_1}{2}\right)+r_0\left(x-\frac{t_1}{2}\right)+\mu\int_{\frac{t_1}{2}}^x(s-x)q(s)[g(y(s)-\phi(s))+h(y(s)-\phi(s))]ds.$$

特别地, $y''(t)+\mu q(t)[g(y(t)-\phi(t))+h(y(t)-\phi(t))]=0$. 可以断言对每个 $t\in(0,t_1)$ 有 $y''(t)+\mu q(t)f^*(y(t)-\phi(t))=0$ 当 $t\in(0,t_1)$. 可在下面的区间得到类似的结论 $(t_1,t_2),(t_2,t_3),\cdots,(t_m,1)$. 因此 y 是系统 (5.1.12) 的一个解且满足 $y(t)>\phi(t)$,

$t \in J'$. 因此可得 $|y|_0 < r$ (如果 $|y|_0 = r$ 则下面的讨论从 (5.1.17)—(5.1.21) 出现矛盾).

定理 5.1.3　假设条件 (5.1.5)—(5.1.9) 成立, 假设

$$
\begin{cases}
存在 a \in \left(0, \dfrac{1}{2}\right) (选择并固定它) 且 \exists R > r 满足 \\[2mm]
R < \mu g(R) \left\{1 + \dfrac{h(\epsilon a(1-a)R)}{g(\epsilon a(1-a)R)}\right\} \displaystyle\int_a^{1-a} q(s)G(\sigma, s)ds \\[4mm]
+ \displaystyle\sum_{k=1}^m G(\sigma, t_k)I_k(\epsilon t_k(1-t_k)R),
\end{cases}
\tag{5.1.30}
$$

其中 $\epsilon > 0$ 是任意常数 (选取并固定它), 于是有 $1 - \dfrac{\mu M C_0}{R} \geqslant \epsilon$ (注意到 ϵ 存在, 因为 $R > r > \mu M C_0$) 并且 $G(t,s)$ 是下面方程的格林函数:

$$
\begin{cases}
y'' = 0, \quad J', \\
y(0) = y(1) = 0,
\end{cases}
$$

并且 $0 \leqslant \sigma \leqslant 1$ 满足

$$
\int_a^{1-a} q(s)G(\sigma, s)ds = \sup_{t \in J} \int_a^{1-a} q(s)G(t, s)ds.
$$

则 (5.1.3) 有一个解 $y \in PC^1[J, R] \cap C^2[J^0, R]$ 满足 $y(t) > 0$, $t \in J'$, 且 $0 < r < |y + \phi|_0$, 其中 $\phi(t) = \mu M w(t)$ (w 的定义如引理 5.1.2).

证明　选取 $\delta > 0$ 且 $\delta < r$ 满足

$$
\int_\delta^r \frac{du}{g(u)} > \frac{\displaystyle\sum_{k=1}^m I_k(r)}{2g(r)} + \mu K_0\, b_0\, g \left(1 - \frac{\mu M C_0}{r}\right)\left\{1 + \frac{h(r)}{g(r)}\right\}.
\tag{5.1.31}
$$

令 $m_0 \in \{1, 2, \cdots\}$ 满足 $\dfrac{1}{m_0} < \dfrac{\delta}{2}$, $\dfrac{1}{m_0} < \epsilon a(1-a)R$, 且 $N_0 = \{m_0, m_0 + 1, \cdots\}$. 为了证明 (5.1.3) 存在非负解 $y \in PC^1[J, R] \cap C^2[J^0, R]$ 满足 $|y + \phi|_0 < r$, 我们将证明

$$
\begin{cases}
y'' + \mu q(t)f^*(y(t) - \phi(t)) = 0, \quad t \in J^0, \\
-\Delta y'|_{t=t_k} = I_k((y - \phi)(t_k)), \quad k = 1, 2, \cdots, m, \\
y(0) = 0, \quad y(1) = 0
\end{cases}
\tag{5.1.32}
$$

有一个非负解 $y_1 \in PC^1[J, R] \cap C^2[J^0, R]$ 满足 $y_1(t) > \phi(t)$ 当 $t \in J'$ 且 $|y_1|_0 < r$, 其中 $\phi(t) = \mu M w(t)$ (ω 的定义如引理 5.1.2), 且

$$f^*(v) = f(v) + M = g(v) + h(v), \quad v > 0.$$

如果上式正确, 则 $u(t) = y_1(t) - \phi(t)$ 是 (5.1.3) 的非负解 (在 J' 上为正) 并且 $|u + \phi|_0 < r$, 由于

$$
\begin{aligned}
u''(t) = y_1''(t) - \phi''(t) &= -\mu q(t) f^*(y_1(t) - \phi(t)) + \mu M q(t) \\
&= -\mu q(t)[f(y_1(t) - \phi(t)) + M] + \mu M q(t) \\
&= -\mu q(t) f(y_1(t) - \phi(t)) \\
&= -\mu q(t) f(u(t)), \quad t \in J^0,
\end{aligned}
$$

和

$$
\begin{aligned}
-\Delta u'|_{t=t_k} &= -[u'(t_k + 0) - u'(t_k - 0)] \\
&= -[(y_1'(t_k + 0) - y_1'(t_k - 0)) - (\phi'(t_k + 0) - \phi'(t_k - 0))] \\
&= -[y_1'(t_k + 0) - y_1'(t_k - 0)] \\
&= -\Delta y_1'|_{t=t_k} \\
&= I_k((y_1 - \phi)(t_k)) \\
&= I_k(u(t_k)), \quad k = 1, 2, \cdots, m.
\end{aligned}
$$

现在研究系统 (5.1.32).

首选证明

$$
\begin{cases}
y''(t) + \mu q(t) f_m(y(t) - \phi(t)) = 0, & t \in J^0, \\
-\Delta y'|_{t=t_k} = I_k^*((y - \phi)(t_k)), & k = 1, 2, \cdots, m, \\
y(0) = \dfrac{1}{m}, \ y(1) = \dfrac{1}{m}, & m \in N_0,
\end{cases}
\tag{5.1.33$)^m$}
$$

存在解 y_m 对每个 $m \in N_0$ 满足 $y_m(t) \geqslant \dfrac{1}{m}$, $y_m(t) \geqslant \phi(t)$, $t \in J$ 且 $r \leqslant |y_m|_0 \leqslant R$; 其中

$$
f_m(v) =
\begin{cases}
f(v) + M = g(v) + h(v), & v \geqslant \dfrac{1}{m}, \\
g\left(\dfrac{1}{m}\right) + h(v), & 0 \leqslant v \leqslant \dfrac{1}{m};
\end{cases}
$$

$$I_k^*(v) = \begin{cases} I_k(v), & v \geqslant 0 \\ I_k(0), & v \leqslant 0. \end{cases}$$

为了证明 $(5.1.33)^m$ 对每个 $m \in N_0$ 存在解, 我们考虑

$$\begin{cases} y''(t) + \mu q(t) f_m^*(y(t) - \phi(t)) = 0, & t \in J^0, \\ -\Delta y'|_{t=t_k} = I_k^*((y - \phi)(t_k)), & k = 1, 2, \cdots, m, \\ y(0) = \dfrac{1}{m}, \quad y(1) = \dfrac{1}{m}, & m \in N_0, \end{cases} \qquad (5.1.34)^m$$

满足

$$f_m^*(v) = \begin{cases} f(v) + M = g(v) + h(v), & v \geqslant \dfrac{1}{m}, \\ g\left(\dfrac{1}{m}\right) + h(v), & 0 \leqslant v \leqslant \dfrac{1}{m}, \\ g\left(\dfrac{1}{m}\right) + h(0), & v < 0 \end{cases}$$

注意到 $f_m^* \geqslant 0$, $v \in (-\infty, +\infty)$.

固定 $m \in N_0$. 令 $E = (PC^1[J, R], |.|_0)$ 且

$$K = \{u \in PC^1[J, R] : u(t) \geqslant 0, \ t \in J \ \text{且} \ u(t) \geqslant t(1-t)|u|_0, \ t \in J\}.$$

显然 K 是 E 中的锥. 令 $A : K \to PC^1[J, R]$ 定义如下

$$Ay(t) = \frac{1}{m} + \mu \int_0^1 q(s) G(t, s) f_m^*(y(s) - \phi(s)) ds + \sum_{k=1}^m G(t, t_k) I_k^*((y - \phi)(t_k)).$$

由于 $A : K \to PC^1[J, R]$ 连续且等度连续. 下面我们将证明 $A : K \to K$. 如果 $u \in K$, 则明显有 $Au(t) \geqslant 0$, $t \in J$, 由于 $f_m^*(v) \geqslant 0$, $v \in (-\infty, +\infty)$. 同时注意到

$$Ay(t) \geqslant \frac{1}{m} + t(1-t)\mu \int_0^1 s(1-s) q(s) f_m^*(y(t) - \phi(t)) ds$$

$$+ t(1-t) \sum_{k=1}^m t_k(1-t_k) I_k^*((y - \phi)(t_k)),$$

$$t(1-t)|Ay|_0 \leqslant t(1-t)\left[\frac{1}{m} + \mu \int_0^1 s(1-s) q(s) f_m^*(y(t) - \phi(t)) ds\right.$$

$$+ \sum_{k=1}^{m} t_k(1-t_k) I_k^*((y-\phi)(t_k)) \Bigg],$$

所以有 $Ay(t) \geqslant t(1-t)|Ay|_0$, 且

$$\begin{cases} (Au)''(t) \leqslant 0, \quad J^0, \\ Au(0) = Au(1) = \dfrac{1}{m}. \end{cases}$$

因此 $Au \in K$, 且 $A : K \to K$. 令

$$\Omega_1 = \{u \in PC^1[J,R] : |u|_0 < r\} \quad \text{和} \quad \Omega_2 = \{u \in PC^1[J,R] : |u|_0 < R\}.$$

首先证明

$$y \neq \lambda Ay, \quad \lambda \in [0,1) \quad \text{和} \quad y \in K \cap \Omega_1. \tag{5.1.35}$$

假设条件不真, 则假设存在 $y \in K \cap \Omega_1$ 和 $\lambda \in [0,1)$ 满足 $y = \lambda Ay$. 不妨假设 $\lambda \neq 0$. 由于 $y = \lambda Ay$, 有

$$\begin{cases} y'' + \lambda \, \mu q(t) f_m^*(y(t) - \phi(t)) = 0, \quad t \in J^0, \\ -\Delta y'|_{t=t_k} = \lambda I_k^*((y-\phi)(t_k)), \quad k = 1,2,\cdots,m, \\ y(0) = \dfrac{1}{m}, \quad y(1) = \dfrac{1}{m}, \quad m \in N_0, \end{cases} \tag{5.1.36$)_\lambda^m$}$$

满足 $y(t) \geqslant t(1-t)r$, $t \in J$ (由引理 5.1.1). 由于 $y'' \leqslant 0$ 在 J^0 上成立, 并且存在 $t_0 \in J'$ 满足 $y(t_0) = \max_{t \in J}\{y(t)\}$ 且 $y'(t_0 - 0) \geqslant 0$, $y'(t_0 + 0) \leqslant 0$. 利用类似定理 5.1.2 的证明方法, $y'(t) \geqslant 0$ 在 $(0, t_0)$ 上成立, 且 $y'(t) \leqslant 0$ $\left(t \int_0, 1\right)$ 且 $y \geqslant \dfrac{1}{m}$, $t \in J$, 并且 $y(t_0) = |y|_0 = r$ (注意到 $y \in K \cap \partial\Omega_1$). 同时对 $t \in J$ 有

$$y(t) - \phi(t) = y(t)\left[1 - \frac{\mu M w(t)}{y(t)}\right] \geqslant y(t)\left[1 - \frac{\mu M C_0}{r}\right].$$

因为 $y(t) \geqslant t(1-t)r$ 且 $w(t) \leqslant t(1-t)C_0$ 当 $t \in J$ 时成立. 因此有

$$y(t) - \phi(t) \geqslant y(t)\left[1 - \frac{\mu M C_0}{r}\right] > 0, \quad t \in J. \tag{5.1.37}$$

由于 $r > \mu M C_0$. 同时注意到

$$f_m^*(y(t) - \phi(t)) \leqslant g(y(t) - \phi(t)) + h(y(t) - \phi(t)),$$

$t \in J$, 因为如果 $0 \leqslant y(t) - \phi(t) \leqslant \dfrac{1}{m}$, 则有

$$f_m^*(y(t) - \phi(t)) = g\left(\frac{1}{m}\right) + h(y(t) - \phi(t)) \leqslant g(y(t) - \phi(t)) + h(y(t) - \phi(t)),$$

因为 g 在 $(0, \infty)$ 上非增. 于是对 $x \in J^0$ 得

$$-y''(x) \leqslant \mu q(x) g(y(x) - \phi(x)) \left\{ 1 + \frac{h(y(x) - \phi(x))}{g(y(x) - \phi(x))} \right\},$$

结合式 (5.1.37) 有

$$-y''(x) \leqslant \mu K_0 \, g\left(1 - \frac{\mu M C_0}{r}\right) \left\{ 1 + \frac{h(r)}{g(r)} \right\} g(y(x)) q(x), \quad x \in J^0. \qquad (5.1.38)$$

从 t $(t \leqslant t_0)$ 到 t_0 积分得

$$y'(t+0) \leqslant \sum_{k=1}^{m} I_k(r) + g(y(t)) \mu K_0 \, g\left(1 - \frac{\mu M C_0}{r}\right) \left\{ 1 + \frac{h(r)}{g(r)} \right\} \int_t^{t_0} q(x)\, dx,$$

再从 0 到 t_0 积分得

$$\int_{\frac{1}{m}}^{r} \frac{du}{g(u)} = \int_{\frac{1}{m}}^{y(t_0)} \frac{du}{g(u)}$$

$$\leqslant t_0 \frac{\displaystyle\sum_{k=1}^{m} I_k(r)}{g(r)} + \mu K_0 \, g\left(1 - \frac{\mu M C_0}{r}\right) \left\{ 1 + \frac{h(r)}{g(r)} \right\} \int_0^{t_0} x\, q(x)\, dx.$$

因此

$$\int_{\delta}^{r} \frac{du}{g(u)} \leqslant t_0 \frac{\displaystyle\sum_{k=1}^{m} I_k(r)}{g(r)} + \mu K_0 \, g\left(1 - \frac{\mu M C_0}{r}\right) \left\{ 1 + \frac{h(r)}{g(r)} \right\}$$

$$\cdot \frac{1}{1 - t_0} \int_0^{t_0} x(1-x)\, q(x)\, dx. \qquad (5.1.39)$$

类似地, 如果对方程 (5.1.38) 从 t_0 到 t $(t \geqslant t_0)$ 再从 t_0 到 1 积分得

$$\int_{\delta}^{r} \frac{du}{g(u)} \leqslant (1 - t_0) \frac{\displaystyle\sum_{k=1}^{m} I_k(r)}{g(r)} + \mu K_0 \, g\left(1 - \frac{\mu M C_0}{r}\right) \left\{ 1 + \frac{h(r)}{g(r)} \right\}$$

$$\cdot \frac{1}{t_0} \int_{t_0}^{1} x(1-x)\, q(x)\, dx. \qquad (5.1.40)$$

于是由式 (5.1.39) 和式 (5.1.40) 得

$$\int_\delta^r \frac{du}{g(u)} \leqslant \frac{\displaystyle\sum_{k=1}^m I_k(r)}{2g(r)} + \mu K_0\, b_0\, g\left(1 - \frac{\mu M C_0}{r}\right)\left\{1 + \frac{h(r)}{g(r)}\right\},$$

其中 b_0 定义如 (5.1.9). 这与 (5.1.31) 矛盾, 因此 (5.1.35) 正确.

下面我们证明

$$|A\,y|_0 > |y|_0, \quad y \in K \cap \partial\Omega_2. \tag{5.1.41}$$

令 $y \in K \cap \partial\Omega_2$, 于是

$$y(t) \geqslant t(1-t)|y|_0 = t(1-t)R, \quad t \in J.$$

又因为 $t \in J'$ 有

$$y(t) - \phi(t) \geqslant y(t) - \mu\, M\, C_0\, t(1-t)$$
$$\geqslant y(t)\left[1 - \frac{\mu M C_0}{R}\right] \geqslant \epsilon y(t) \geqslant \epsilon t(1-t)R\,.$$

于是对于 $t \in [a, 1-a]$ 有

$$y(t) - \phi(t) \geqslant \epsilon a(1-a)R,$$

因此

$$f_m^*(y(t) - \phi(t)) = g(y(t) - \phi(t)) + h(y(t) - \phi(t)), \quad \text{当 } t \in [a, 1-a],$$

由于 $y(t) - \phi(t) \geqslant \epsilon a(1-a)R > \dfrac{1}{m_0}$ 当 $t \in [a, 1-a]$. 因此有

$$A\,y(\sigma) = \frac{1}{m} + \mu \int_0^1 G(\sigma, s)\, q(s)\, f_m^*(y(s) - \phi(s))\, ds + \sum_{k=1}^m G(\sigma, t_k) I_k^*((y - \phi)(t_k))$$

$$> \mu \int_a^{1-a} G(\sigma, s)\, q(s)\, f_m^*(y(s) - \phi(s))\, ds + \sum_{k=1}^m G(\sigma, t_k) I_k(\epsilon t_k(1 - t_k)R)$$

$$= \mu \int_a^{1-a} G(\sigma, s)\, q(s)\, g(y(s) - \phi(s)) \left\{ 1 + \frac{h(y(x) - \phi(x))}{g(y(x) - \phi(x))} \right\} ds$$

$$+ \sum_{k=1}^m G(\sigma, t_k) I_k(\epsilon t_k(1 - t_k) R)$$

$$\geqslant \mu g(R) \left\{ 1 + \frac{h(\epsilon a\,(1-a)\,R)}{g(\epsilon a\,(1-a)\,R)} \right\} \int_a^{1-a} G(\sigma, s)\, q(s)\, ds$$

$$+ \sum_{k=1}^m G(\sigma, t_k) I_k(\epsilon t_k(1 - t_k) R)$$

$$> R = |y|_0,$$

利用 (5.1.30) 可知结论成立. 因此有 $|A\,y|_0 > |y|_0$, 由此可知 (5.1.41) 正确. 引理 5.1.5 表明 A 有一个不动点 $y_m \in K \cap (\overline{\Omega_2} \setminus \Omega_1)$ i.e. $r \leqslant |y_m|_0 \leqslant R$ 且 $y_m \geqslant t(1-t)r$, $t \in J$. 此外 $y_m \geqslant \phi(t)$, $t \in J'$, 由于

$$y_m \geqslant t(1 - t) r \geqslant \mu\, M\, C_0\, t(1 - t) \geqslant \mu\, M\, w(t) = \phi(t).$$

因此 y_m 是 $(5.1.34)^m$ 的一个解. 下面将证明

$$\{y_m\}_{m \in N_0} \text{ 是一个 } J \text{ 上的有界且等度连续的序列.} \tag{5.1.42}$$

回到 (5.1.38) (用 y 替代 y_m) 有

$$-y_m''(x) \leqslant \mu K_0 g\left(1 - \frac{\mu M C_0}{r}\right)\left\{1 + \frac{h(R)}{g(R)}\right\} g(y_m(x)) q(x), \quad x \in J^0. \tag{5.1.43}$$

因为 $r \leqslant |y_m|_0 \leqslant R$ 且

$$y_m(s) - \phi(s) = y_m(s)\left[1 - \frac{\mu M w(s)}{y_m(s)}\right] \geqslant y_m(s)\left[1 - \frac{\mu M C_0}{r}\right].$$

由于 $y_m'' \leqslant 0$, $t \in J^0$ 且 $y_m \geqslant \frac{1}{m}$, $t \in J^0$, 类似于定理 5.1.2 的证明可知存在 $t_m \in J'$ 满足 $y_m' \geqslant 0$, $t \in (0, t_m)$ 且 $y_m' \leqslant 0$, $t \in (t_m, 1)$. 从 t $(t < t_m)$ 到 t_m 积分 (5.1.43) 得

$$\frac{y_m'(t + 0)}{g(y_m(t))} \leqslant \frac{\sum_{k=1}^m I_k(R)}{g(R)} + \mu K_0\, g\left(1 - \frac{\mu M C_0}{r}\right)\left\{1 + \frac{h(R)}{g(R)}\right\} \int_t^{t_m} q(x)\, dx. \tag{5.1.44}$$

另一方面从 t_m 到 t $(t > t_m)$ 积分 (5.1.43) 得

$$\frac{-y_m'(t-0)}{g(y_m(t))} \leqslant \frac{\sum\limits_{k=1}^{m} I_k(R)}{g(R)} + \mu K_0\, g\left(1 - \frac{\mu M C_0}{r}\right)\left\{1 + \frac{h(R)}{g(R)}\right\} \int_{t_m}^{t} q(x)\, dx. \quad (5.1.45)$$

于是存在 a_0 和 a_1 使得 $a_0 > 0$, $a_1 < 1$, $a_0 < a_1$ 满足

$$a_0 < \inf\{t_m : m \in N_0\} \leqslant \sup\{t_m : m \in N_0\} < a_1. \quad (5.1.46)$$

注释 5.1.2　这里 t_m 在 J' 满足 $y_m(t_m) = \max_{t \in J}\{y_m(t)\}$ 的唯一一个点.

现在证明 $\inf\{t_m : m \in N_0\} > 0$. 如果结论不真, 则存在 N_0 中的序列 S 满足当 $n \to \infty$ 时 $t_m \to 0$ 在 S 中成立. 从 0 到 t_m 积分 (5.1.44) 得

$$\int_0^{y_m(t_m)} \frac{du}{g(u)} \leqslant \frac{\sum\limits_{k=1}^{m} I_k(R)}{g(R)} + \mu K_0\, g\left(1 - \frac{\mu M C_0}{r}\right)$$
$$\cdot \left\{1 + \frac{h(R)}{g(R)}\right\} \int_0^{t_m} x\, q(x)\, dx + \int_0^{\frac{1}{m}} \frac{du}{g(u)}. \quad (5.1.47)$$

当 $m \in S$. 由于 $t_m \to 0$, $(m \to \infty)$ 在 S 中成立, 从 (5.1.47) 看出 $y_m(t_m) \to 0$, $(m \to \infty)$ 在 S 中成立. 然而由于 y_m 在 J 中的最大值出现在 t_m, 可得 $y_m \to 0$, $(m \to \infty)$ 在 S 上成立. 这与 $y_m(t) \geqslant t(1-t)r$, $t \in J$ 矛盾. 因此 $\inf\{t_m : m \in N_0\} > 0$. 通过类似的讨论可得 $\sup\{t_m : n \in N_0\} < 1$. 令 a_0 和 a_1 的选取如 (5.1.46). 于是 (5.1.44), (5.1.45) 和 (5.1.46) 表明

$$\frac{|y_m'(t)|}{g(y_m(t))} \leqslant \frac{\sum\limits_{k=1}^{m} I_k(R)}{g(R)} + \mu K_0\, b_0\, g\left(1 - \frac{\mu M C_0}{r}\right)\left\{1 + \frac{h(R)}{g(R)}\right\} v(t), \quad t \in J', \quad (5.1.48)$$

其中

$$v(t) = \int_{\min\{t,a_0\}}^{\max\{t,a_1\}} q(x)\, dx.$$

显然有 $v \in L^1[J]$. 令 $B : [0, \infty) \to [0, \infty)$ 定义如下

$$B(z) = \int_0^z \frac{du}{g(u)}.$$

注意到 B 是一个从 $[0,\infty)$ 到 $[0,\infty)$ 的递增映射 (因为在 $(0,\infty)$ 上, $g>0$, 所以 $B(\infty)=\infty$), 对任何 $b>0$ 满足 B 在 $[0,b]$ 上连续. 注意到

$$\{B(y_m)\}_{m\in N_0} \text{ 是 } J \text{ 上一个有界且等度连续的序列.} \tag{5.1.49}$$

等度连续可由下面公式得到 (这里 $t, s \in J$)

$$|B(y_m(t)) - B(y_m(s))| = \left| \int_s^t \frac{d(y_m(x))}{g(y_m(x))} \right|$$

$$\leqslant \frac{1}{2}|t-s|\frac{\sum\limits_{k=1}^m I_k(R)}{g(R)} + \mu K_0\, b_0\, g\left(1 - \frac{\mu M C_0}{r}\right)$$

$$\left\{ 1 + \frac{h(R)}{g(R)} \right\} \left| \int_s^t v(x)\,dx \right|.$$

以此得到 B^{-1} 在 $[0, B(R)]$ 上的等度连续性以及

$$|y_m(t) - y_m(s)| = |B^{-1}(B(y_m(t))) - B^{-1}(B(y_m(s)))|,$$

于是 (5.1.42) 得证.

　　Arzela–Ascoli 定理保证了存在 N_0 中的序列 N 和函数 $y \in PC^1[J,R] \cap C^2[J^0, R]$ 满足 y_m 在 J 上一致收敛, 当 $m \to \infty$ 通过 N. 且 $y(0) = y(1) = 0$, $r \leqslant |y|_0 \leqslant R$ 并且 $y(t) \geqslant t(1-t)\,r$, $t \in J$. 尤其是 $y > 0$ 在 J' 上成立.

　　利用类似于定理 5.1.2 的方法, 我们能证明 $y''(t) + q(t)\,[g(y(t) - \phi(t)) + h(y(t) - \phi(t))] = 0$, $t \in J^0$. 综上 $|y|_0 > r$ (如果 $|y|_0 = r$, 那么从 (5.1.37)—(5.1.41) 将会得到矛盾).

　　定理 5.1.4　　假设条件 (5.1.5)—(5.1.10) 和 (5.1.30) 成立, 则 (5.1.3) 有两个解 $y_1, y_2 \in PC^1[J,R] \cap C^2[J^0, R]$ 满足 $y_1(t) > 0, y_2(t) > 0$ 当 $t \in J'$, 且 $0 < |y_1 + \phi|_0 < r < |y_2 + \phi|_0 \leqslant R$, 其中 $\phi(t) = \mu M w(t)$ (w 的定义如引理 5.1.2).

　　证明　　y_1 的存在性可由定理 5.1.2 得到而 y_2 的存在性可由定理 5.1.3 直接得到.

　　例 5.1.1　　考虑下面的边值问题:

$$\begin{cases} y'' + \mu(y^{-\alpha} + y^\beta - 1) = 0, & t \in J^0, \\ -\Delta y'|_{t=t_k} = C_k\, y(t_k), & k = 1, 2, \cdots, m, C_k \geqslant 0, \\ y(0) = y(1) = 0, & \alpha > 0, \quad \beta > 1, \end{cases} \tag{5.1.50}$$

其中 $\mu \in (0, \mu_0)$ 满足

$$\left(\frac{\mu_0(\alpha+1)}{3}\right)^{\frac{1}{\alpha}} + \frac{\mu_0}{2} \leqslant 1. \tag{5.1.51}$$

假设 $0 < \sum\limits_{k=1}^{m} c_k < \dfrac{1}{\alpha+1}$, 则 (5.1.50) 有两个解 y_1, y_2 满足 $y_1(t) > 0, y_2(t) > 0, t \in J'$,

且 $0 < |y_1 + \phi|_0 < 1 < |y_2 + \phi|_0$, 其中 $\phi(t) = \dfrac{\mu}{2}t(1-t)$.

为了得到这个结论, 我们利用定理 5.1.4 $\Big($其中 $R > 1$ 将在后面的证明中选取;

选取 $R > 1$ 使得 $M = 1, \epsilon = \dfrac{1}{2}, a = \dfrac{1}{4}, C_0 = \dfrac{1}{2}$, 选择 R 使得 $1 - \dfrac{\mu}{2R} \geqslant \dfrac{1}{2}\Big)$

$$M = 1, \quad w(t) = \frac{1}{2}t(1-t), \quad \phi(t) = \frac{\mu}{2}t(1-t),$$

且

$$g(y) = y^{-\alpha}, \quad h(y) = y^{\beta}, \quad \epsilon = \frac{1}{2}, \quad a = \frac{1}{4}, \quad C_0 = \frac{1}{2}, \quad K_0 = 1.$$

显然, 式 (5.1.5)—(5.1.8) 以及式 (5.1.10) 成立. 注意到

$$b_0 = \max\left\{2\int_0^{\frac{1}{2}} t(1-t)dt, 2\int_{\frac{1}{2}}^1 t(1-t)dt\right\} = \frac{1}{6}$$

且

$$\frac{\displaystyle\int_0^r \frac{du}{g(u)} - \frac{\displaystyle\sum_{k=1}^m I_k(r)}{2g(r)}}{g\left(1 - \frac{\mu M\, C_0}{r}\right)\left\{1 + \frac{h(r)}{g(r)}\right\}} = \frac{\dfrac{r^{\alpha+1}}{\alpha+1} - \dfrac{1}{2}r^\alpha \displaystyle\sum_{k=1}^m c_k r}{(1 + r^{\alpha+\beta})} \cdot \left(1 - \frac{\mu}{2r}\right)^\alpha.$$

于是 (5.1.9) 成立且 $r = 1$, 因为 $\mu M C_0 = \dfrac{\mu}{2} < \dfrac{\mu_0}{2} \leqslant 1 = r$ 且

$$\mu K_0\, b_0 \leqslant \frac{\mu}{6} < \frac{\mu_0}{6} \leqslant \frac{\left(1 - \dfrac{\mu_0}{2}\right)^\alpha}{2(\alpha+1)} \leqslant \frac{\dfrac{1}{\alpha+1} - \dfrac{1}{2\alpha+1}}{2} \cdot \left(1 - \frac{\mu}{2}\right)^\alpha$$

$$\leqslant \frac{\dfrac{1}{\alpha+1} - \dfrac{1}{2}\displaystyle\sum_{k=1}^m C_k}{2} \cdot \left(1 - \frac{\mu}{2}\right)^\alpha = \frac{\displaystyle\int_0^r \frac{du}{g(u)} - \frac{\displaystyle\sum_{k=1}^m I_k(r)}{2g(r)}}{g\left(1 - \dfrac{\mu M\, C_0}{r}\right)\left\{1 + \dfrac{h(r)}{g(r)}\right\}},$$

注意到 (5.1.30) 对充分大的 R 成立, 因为

$$\frac{\left[R - \sum_{k=1}^{m} G(\sigma, t_k) I_k(\epsilon\, t_k(1-t_k)R)\right] g(\epsilon a(1-a)R)}{g(R)g(\epsilon a(1-a)R) + g(R)h(\epsilon a(1-a)R)}$$

$$= \frac{\left[R - \sum_{k=1}^{m} G(\sigma, t_k) c_k \epsilon t_k(1-t_k)R\right] \left(\dfrac{3}{32}R\right)^{-\alpha}}{\left(\dfrac{3}{32}R\right)^{\beta} + 1 + \left(\dfrac{3}{32}R\right)^{-\alpha}}$$

$$= \frac{R^{1+\alpha}\left[1 - \dfrac{1}{2}\displaystyle\sum_{k=1}^{m} G(\sigma, t_k) c_k t_k(1-t_k)\right] \left(\dfrac{32}{3}\right)^{\alpha}}{\left(\dfrac{3}{32}\right)^{\beta} R^{\alpha+\beta} + \left(\dfrac{32}{3}\right)^{\alpha}} \to 0,$$

当 $R \to \infty$ 时成立, 因为 $\beta > 1$. 因此定理 5.1.4 的条件都成立, 因此系统存在两个解.

5.2　一维 p-Laplace 二阶脉冲奇异微分方程正解的存在性

本节将研究具有奇异边值的一维 p-Laplace 二阶微分方程在脉冲影响下的正解的存在性

$$\begin{cases} (\phi(u'))' + q(t)f(t, u) = 0, & t \in (0, 1)\setminus\{\tau\}, \quad \tau \in (0, 1), \\ -\Delta\phi(u')|_{t=\tau} = I(u(\tau)), & \\ u(0) = 0, \quad u(1) = 0. \end{cases} \tag{5.2.1}$$

其中, $\phi(s) = |s|^{p-2}s$, $p > 1$, 给定 $\tau \in (0, 1)$, 非线性项 f 可能在 $u = 0$ 具有奇性; q 可能在 $t = 0$ 或 $t = 1$ 具有奇性; $I : [0, \infty) \to [0, \infty)$ 连续非减; $\Delta\phi(u')|_{t=\tau} = \phi(u')(\tau+0) - \phi(u')(\tau-0)$, 其中 $\phi(u')(\tau+0), \phi(u')(\tau-0))$ 分别是 $\phi(u')(t)$ 在 $t = \tau$ 点的右极限和左极限.

二阶脉冲边值问题的研究很多 (见文献 [110],[112], [106], [114]—[117]), 很多文章研究了奇异与非奇异正解的问题. 在没有脉冲的情况下, 主要有两种建立存在性

的技巧: ① 单调迭代的上下解方法 (见文献 [112]—[116]); ② 运用锥中的 Krasnosel-skii 不动点定理 (见文献 [106],[110], [117]). 但是, 研究带有脉冲的 p-Laplace 二阶微分方程的奇异边值问题的文章还不多见. 文献 [110] 利用格林函数和不动点定理考虑了含脉冲的二阶微分方程的 Dirichlet 边值问题, 也就是二阶 p-Laplace 脉冲微分方程当 $p = 2$ 时的特殊情形. 文献 [111] 中同样是用不动点定理证明了不带脉冲的一维 p-Laplace 二阶微分方程的奇异边值问题

$$\begin{cases} (\phi(u'))' + q(t)f(t,u) = 0, & t \in (0,1), \\ u(0) = 0, & u(1) + B(u'(1)) = 0 \end{cases} \tag{5.2.2}$$

的正解的存在性.　文献 [112] 中, 作者应用上下解方法研究了含脉冲的非线性 ϕ-Laplace 二阶边值问题.

　　基于以上的工作, 本节将文献 [114] 的方法推广到二阶 p-Laplace 脉冲微分方程 (5.2.1) 中.

　　我们先给出一般性的存在性原则, 它将在我们后面的证明中被用到. 我们将利用 Schauder 不动点定理和一个 Leray-Schauder 非线性变换去获得一个普遍适用的存在性原则. 首先, 考虑下面形式的一维 p-Laplace 脉冲微分方程

$$\begin{cases} (\phi(u'))' + q(t)F(t,u) = 0, & t \in (0,1)\backslash\{\tau\}, \quad \tau \in (0,1), \\ -\Delta\phi(u')|_{t=\tau} = I(u(\tau)), \\ u(0) = a, & u(1) = b, \end{cases} \tag{5.2.3}$$

其中, $\phi(s) = |s|^{p-2}s$, $p > 1$, 非线性项 $F(t,u) \in C([0,1] \times R, R)$; $q(t) : [0,1] \to (0,\infty)$, 并且 $\displaystyle\int_0^1 q(t)\, dt < +\infty$; $I : R \to R$ 连续.

　　为方便起见, 令 $J = [0,1]$, $PC[J,R] = \{u : J \to R | u(t)$ 连续, $u'(\tau + 0)$ 和 $u'(\tau - 0)$ 存在, 且 $u'(\tau) = u'(\tau - 0)\}$, 则 $PC[J,R]$ 构成一个 Banach 空间, 其中 $|u|_0 = \sup\limits_{t\in[0,1]} |u(t)|$. 设 $J' = (0,1)$, $J^0 = (0,1)\backslash\{\tau\}$, $J_0 = [0,\tau]$, $J_1 = (\tau,1]$.

　　若 $u \in PC[J,R] \cap C^2[J^0,R]$ 满足方程 (5.2.3), 我们称 u 是方程 (5.2.3) 的解.

　　引理 5.2.1[118]　$S \subset PC[J,R]$ 是相对紧的集合当且仅当 S 上的每个函数在 J 一致有界且在每个 J_k $(k = 0,1,\cdots,m)$ 上等度连续.

定理 5.2.1 若下列两个条件成立:

$$F : [0,1] \times R \to R \text{ 有界,}$$

$$I : R \to R \text{ 有界,}$$

则 (5.2.3) 至少有一个解.

证明 首先, 定义映射 $T : C[0,1] \to C[0,1]$,

$$(Tu)(t) = \begin{cases} a + \displaystyle\int_0^t \phi^{-1}\left(c - \int_0^r q(s)F(s,u(s))\,ds \right) dr & 0 \leqslant t \leqslant \tau, \\[2mm] b - \displaystyle\int_t^1 \phi^{-1}\left(c - \int_0^r q(s)F(s,u(s))\,ds - I(u(\tau)) \right) dr, & \tau \leqslant t \leqslant 1, \end{cases}$$

其中 $\phi^{-1}(u) = |u|^{\frac{1}{p-1}} \operatorname{sgn} u$ 是 ϕ 的反函数, $c = c(u) = \phi(u'(0))$ 由下列方程唯一确定

$$\int_0^\tau \phi^{-1}\left(c - \int_0^r q(s)F(s,u(s))\,ds \right) dr$$

$$+ \int_\tau^1 \phi^{-1}\left(c - \int_0^r q(s)F(s,u(s))\,ds - I(u(\tau)) \right) dr$$

$$=: w(c) = b - a. \tag{5.2.4}$$

关于映射 T, 我们指出

(i) 对固定的 $u \in C[0,1]$, 方程 (5.2.4) 有唯一解 $c \in R$,

(ii) $C[0,1]$ 在映射 T 下的像在 $[0,1]$ 上一致有界且等度连续, 并且

(iii) 映射 T 在 $C[0,1]$ 连续.

令 $u \in C[0,1]$ 固定, 则由 $w(c)$ 的定义可知

$$\tau\phi^{-1}\left(c - M \cdot \int_0^1 q(s)\,\dot{s} \right) + (1-\tau)\phi^{-1}\left(c - M \cdot \int_0^1 q(s)\,\dot{s} - M \right)$$

$$\leqslant \omega(c) \leqslant \tau\phi^{-1}\left(c + M \cdot \int_0^1 q(s)\,\dot{s} \right) + (1-\tau)\phi^{-1}\left(c + M \cdot \int_0^1 q(s)\,\dot{s} + M \right), \tag{5.2.5}$$

这里 M 是一个正数并且有

$$|F(t,u)| \leqslant M \text{ 在 } [0,1] \times R,$$

$$|I(u(\tau))| \leqslant M \text{ 在 } (0,1).$$

由于 ϕ^{-1} 是 R 上严格增的连续函数, 且 $\phi^{-1}(-\infty) = -\infty$, $\phi^{-1}(+\infty) = +\infty$, 由 w 的定义及 (5.2.5) 知 w 也如此. 因此, 存在唯一的 $c \in R$ 满足方程 (5.2.4), 由此知 (i) 成立.

　　不失一般性, 我们可设 $a = 0$, $b = 0$. 根据积分中值定理及 (5.2.4), 可知对固定的 $u \in C[0,1]$, 存在 $\xi_1 \in (0, \tau)$ 和 $\xi_2 \in (\tau, 1)$, 使得

$$\tau \phi^{-1} \left(c - \int_0^{\xi_1} q(s) F(s, u(s)) \, ds \right)$$
$$+ (1 - \tau) \phi^{-1} \left(c - \int_0^{\xi_2} q(s) F(s, u(s)) \, ds - I(u(\tau)) \right) = 0,$$

即

$$\phi^{-1} \left[\tau^{p-1} \left(c - \int_0^{\xi_1} q(s) F(s, u(s)) \, ds \right) \right]$$
$$= \phi^{-1} \left[-(1 - \tau)^{p-1} \left(c - \int_0^{\xi_2} q(s) F(s, u(s)) \, ds - I(u(\tau)) \right) \right],$$

于是

$$\tau^{p-1} \left(c - \int_0^{\xi_1} q(s) F(s, u(s)) \, ds \right)$$
$$= -(1 - \tau)^{p-1} \left(c - \int_0^{\xi_2} q(s) F(s, u(s)) \, ds - I(u(\tau)) \right),$$

解得

$$c = \frac{1}{\tau^{p-1} + (1 - \tau)^{p-1}} \left[\tau^{p-1} \int_0^{\xi_1} q(s) F(s, u(s)) \, ds \right.$$
$$\left. + (1 - \tau)^{p-1} \left(\int_0^{\xi_2} q(s) F(s, u(s)) \, ds + I(u(\tau)) \right) \right],$$

其中 c 是对应函数 $u \in C[0,1]$ 的 (5.2.4) 的唯一解.

　　因此

$$|c| \leqslant \frac{1}{\tau^{p-1} + (1 - \tau)^{p-1}} \left[\tau^{p-1} M \int_0^1 q(s) \, ds + (1 - \tau)^{p-1} \left(M \int_0^1 q(s) \, ds + M \right) \right]$$
$$=: N,$$

并且有

$$\left| c - \int_0^t q(s) F(s, u(s)) \, ds \right| \leqslant N, \quad t \in [0,1] \backslash \{\tau\}. \tag{5.2.6}$$

由 ϕ 的定义及 (5.2.6) 可得 $(Tu)(t)$ 在 $[0,1] \backslash \{\tau\}$ 上是等度连续的.

又由

$$(Tu)'(t) = \begin{cases} \phi^{-1}\left(c - \int_0^t q(s)F(s,u(s))\,ds\right), & 0 \leqslant t < \tau \\ -\phi^{-1}\left(c - \int_0^t q(s)F(s,u(s))\,ds - I(u(\tau))\right), & \tau < t \leqslant 1 \end{cases}$$

$$\leqslant \begin{cases} \phi^{-1}(N), & 0 \leqslant t < \tau, \\ -\phi^{-1}(N+M), & \tau < t \leqslant 1, \end{cases}$$

知 $(Tu)'(t)$ 在 $[0,\tau)$ 和 $(\tau,1]$ 有界. 设在 $[0,\tau)$ 上,

$$(Tu)'(t) \leqslant L,$$

对任意 $\varepsilon > 0$, 取 $\delta = \dfrac{\varepsilon}{L}$, 则对 $t,s \in [0,\tau)$, $|t-s| < \delta$, 有

$$|(Tu)(t) - (Tu)(s)| \leqslant L|t-s| < \varepsilon.$$

从而 $(Tu)(t)$ 在 $[0,\tau)$ 上等度连续. 类似可证 $(Tu)(t)$ 在 $(\tau,1]$ 上等度连续. 于是 $(Tu)(t)$ 在整个 $[0,1]\backslash\{\tau\}$ 上是等度连续的. 因此 (ii) 成立.

设 $u_0, u_j \in C[0,1]$ 且当 $j \to \infty$ 时, 有 $\|u_j - u_0\| \to 0$. 于是

$$(Tu_j)(t) = \begin{cases} a + \int_0^t \phi^{-1}\left(c_j - \int_0^r q(s)F(s,u_j(s))\,ds\right)dr, & 0 \leqslant t \leqslant \tau, \\ b - \int_t^1 \phi^{-1}\left(c_j - \int_0^r q(s)F(s,u_j(s))\,ds - I(u_j(\tau))\right)dr, & \tau \leqslant t \leqslant 1, \end{cases}$$

其中 c_j, $j = 0,1,\cdots$ 满足下列方程:

$$\int_0^\tau \phi^{-1}\left(c_j - \int_0^r q(s)F(s,u_j(s))\,ds\right)dr$$
$$+ \int_\tau^1 \phi^{-1}\left(c_j - \int_0^r q(s)F(s,u_j(s))\,ds - I(u_j(\tau))\right)dr$$
$$= b - a. \tag{5.2.4^j}$$

由于 $\{c_j\}$ 有界, 从而必有聚点. 设 c^* 为 $\{c_j\}$ 的聚点, 由聚点定义, 存在 $\{c_j\}$ 的子集收敛到 c^*, 设此子集为 $\{c_{j(k)}\}$. 把 $j(k)$ 和 $\{c_{j(k)}\}$ 代入 (5.2.4)$^{j(k)}$ 并令 $k \to \infty$,

得

$$
\int_0^\tau \phi^{-1}\left(c^* - \int_0^r q(s)F(s,u_0(s))\,ds\right)dr
$$

$$
+ \int_\tau^1 \phi^{-1}\left(c^* - \int_0^r q(s)F(s,u_0(s))\,ds - I(u_0(\tau))\right)dr
$$

$$
= b - a.
$$

这说明 $c^* = c_0$, 因此 $c_j \to c_0$. 于是, 利用控制收敛定理可知

$$
\lim_{j\to\infty}(Tu_j)(t)
$$

$$
= \lim_{j\to\infty}
\begin{cases}
a + \displaystyle\int_0^t \phi^{-1}\left(c_j - \int_0^r q(s)F(s,u_j(s))\,ds\right)dr, & 0 \leqslant t \leqslant \tau, \\[4mm]
b - \displaystyle\int_t^1 \phi^{-1}\left(c_j - \int_0^r q(s)F(s,u_j(s))\,ds - I(u_j(\tau))\right)dr, & \tau \leqslant t \leqslant 1
\end{cases}
$$

$$
= (Tu_0)(t), \qquad t \in [0,1].
$$

这表明 $(Tu)(t)$ 在 $[0,1]$ 上连续. 因此 (iii) 成立. 由 (i), (ii), (iii), 根据 Arzela-Ascoli 定理可知, $(Tu)(t)$ 有界并且全连续. 由 Schauder 不动点定理可得 T 至少有一个不动点.

设 T 的不动点为 $u(t)$, 则有

$$
u(t) =
\begin{cases}
a + \displaystyle\int_0^t \phi^{-1}\left(c - \int_0^r q(s)F(s,u(s))\,ds\right)dr, & 0 \leqslant t \leqslant \tau, \\[4mm]
b - \displaystyle\int_t^1 \phi^{-1}\left(c - \int_0^r q(s)F(s,u(s))\,ds - I(u(\tau))\right)dr, & \tau \leqslant t \leqslant 1,
\end{cases}
$$

其中 c 满足限制条件 (5.2.4). 于是 $u(0) = a$, $u(1) = b$. 因此

$$
u'(t) =
\begin{cases}
\phi^{-1}\left(c - \displaystyle\int_0^t q(s)F(s,u(s))\,ds\right), & 0 \leqslant t < \tau, \\[4mm]
\phi^{-1}\left(c - \displaystyle\int_0^t q(s)F(s,u(s))\,ds - I(u(\tau))\right), & \tau < t \leqslant 1
\end{cases}
$$

$$
=
\begin{cases}
\phi^{-1}\left(c - \displaystyle\int_0^t q(s)F(s,u(s))\,ds\right), & 0 \leqslant t < \tau, \\[4mm]
\phi^{-1}\Big(c - \displaystyle\int_0^\tau q(s)F(s,u(s))\,ds - I(u(\tau)) \\[4mm]
\qquad - \displaystyle\int_\tau^t q(s)F(s,u(s))\,ds\Big), & \tau < t \leqslant 1,
\end{cases}
$$

于是

$$\phi(u'(t)) = \begin{cases} c - \displaystyle\int_0^t q(s)F(s,u(s))\,ds, & 0 \leqslant t < \tau, \\[2mm] c - \displaystyle\int_0^\tau q(s)F(s,u(s))\,ds - I(u(\tau)) - \int_\tau^t q(s)F(s,u(s))\,ds, & \tau < t \leqslant 1 \end{cases}$$

$$= \begin{cases} c - \displaystyle\int_0^t q(s)F(s,u(s))\,ds, & 0 \leqslant t < \tau, \\[2mm] \phi(u'(\tau-0)) - I(u(\tau)) - \displaystyle\int_\tau^t q(s)F(s,u(s))\,ds, & \tau < t \leqslant 1 \end{cases}$$

$$= \begin{cases} c - \displaystyle\int_0^t q(s)F(s,u(s))\,ds, & 0 \leqslant t < \tau, \\[2mm] \phi(u'(\tau+0)) - \displaystyle\int_\tau^t q(s)F(s,u(s))\,ds, & \tau < t \leqslant 1, \end{cases}$$

则

$$-(\phi(u'))' = q(t)F(t,u(t)), \quad t \in (0,1)\backslash\{\tau\},$$

因此, 函数 $u(t)$ 是 (5.2.3) 的解. 我们证明了 (5.2.3) 至少有一个解.

定理 5.2.2 设下列两个条件成立:

$$F: J \times R \longrightarrow R \ \ 连续 \tag{5.2.7}$$

且

$$I: R \longrightarrow R \ \ 连续、有界. \tag{5.2.8}$$

(i) 设

$$\begin{cases} 对任意 \ r > 0, \quad 存在 \ h_r \in L_{\log}^1(J) \ \ 且 \ \displaystyle\int_0^1 h_r(t)\,dt < \infty, \\[2mm] 使得对 \ t \in J, \ 当 \ |u| \leqslant r \ 时, 必有 \ |F(t,u)| \leqslant h_r(t) \end{cases} \tag{5.2.9}$$

成立. 并假设存在与 λ 无关的常数 $M > 0$, 使

$$|u|_0 = \sup_{t \in [0,1]} |u(t)| \neq M \tag{5.2.10}$$

成立, 其中 $u \in PC[J, R] \cap C^2[J^0, R]$ 是方程

$$
\begin{cases}
(\phi(u'))' + \lambda^{p-1} q(t) F(t, u) = 0, & t \in (0, 1), \\
-\Delta \phi(u')|_{t=\tau} = \lambda^{p-1} I(u(\tau)), & \tau \in (0, 1), \\
u(0) = a, \quad u(1) = b
\end{cases}
\tag{5.2.11}_\lambda
$$

对所有的 $\lambda \in (0, 1)$ 的任意解, 则 (5.2.3) 有解 u 且 $|u|_0 \leqslant M$.

(ii) 设

存在 $h \in L^1_{\text{loc}}(J)$ 且 $\displaystyle\int_0^1 h(t)\, dt < \infty$, 使得对于 $t \in J, u \in R$, 有 $|F(t, u)| \leqslant h(t)$

$$
\tag{5.2.12}
$$

成立, 则 (5.2.3) 必有解.

对这个定理我们不做证明, 因为它的证明过程和我们刚刚证明的定理是非常类似的, 其中有一些微小但是非常重要的不同. 我们可以设 $U = \{u \in C[0,1] : |u|_0 < M\}$, 并且定义映射 $T_\lambda :\to C[0, 1]$,

$$
(T_\lambda u)(t) = \begin{cases}
a + \lambda \displaystyle\int_0^t \phi^{-1}\left(c - \int_0^r q(s)F(s, u(s))\, ds\right) dr, & 0 \leqslant t \leqslant \tau, \\
b - \lambda \displaystyle\int_t^1 \phi^{-1}\left(c - \int_0^r q(s)F(s, u(s))\, ds - I(u(\tau))\right) dr, & \tau \leqslant t \leqslant 1,
\end{cases}
$$

其中 $c = c(u) = \phi(u'(0))$ 由下列方程唯一确定

$$
\lambda \int_0^\tau \phi^{-1}\left(c - \int_0^r q(s)F(s, u(s))\, ds\right) dr
$$

$$
+ \lambda \int_\tau^1 \phi^{-1}\left(c - \int_0^r q(s)F(s, u(s))\, ds - I(u(\tau))\right) dr
\tag{5.2.4}^\lambda
$$

$$
= b - a.
$$

我们只需证明 T_λ 在 $[0, 1]$ 上一致有界, 等度连续并且全连续. 它的证明可参照定理 5.2.1 中相关部分的证明.

我们将给出下面方程的存在性定理

$$
\begin{cases}
(\phi(u'))' + q(t)f(t, u) = 0, & t \in J^0, \\
-\Delta \phi(u')|_{t=\tau} = I(u(\tau)), & \tau \in (0, 1), \\
u(0) = 0, \quad u(1) = 0,
\end{cases}
\tag{5.2.13}
$$

其中 $I : [0, \infty) \to [0, \infty)$ 连续非减, 非线性项 f 可能在 $u = 0$ 具有奇性, q 可能在 $t = 0$ 和 (或) $t = 1$ 具有奇性. 我们将首先证明 (5.2.13) 具有 $PC[J, R] \cap C^2[J^0, R]$ 的解. 为此, 由定理 5.2.2, 对任意充分大的 n, 我们将先建立下列修正问题的 $PC[J, R] \cap C^2[J^0, R]$ 解的存在性

$$
\begin{cases}
(\phi(u'))' + q(t) f(t, u) = 0, \quad t \in J^0, \\
-\Delta \phi(u')|_{t=\tau} = I(u(\tau)), \\
u(0) = \dfrac{1}{n}, \quad u(1) = \dfrac{1}{n}.
\end{cases}
\tag{$5.2.14)^n$}
$$

要证明 (5.2.13) 有解只需令 $n \to \infty$, 这一步的关键思想就是 Arzela-Ascoli 定理.

定理 5.2.3 设下列条件成立:

$$
q \in C(0, 1), \quad \text{在} \ J' \text{上} \ q > 0 \ \text{且} \ \int_0^1 q(t) \, dt < \infty,
\tag{5.2.15}
$$

$$
f : J \times (0, \infty) \to (0, \infty) \ \text{连续},
\tag{5.2.16}
$$

$$
\begin{cases}
\text{在} \ J \times (0, \infty) \ \text{上}, \ 0 \leqslant f(t, u) \leqslant g(u) + h(u), \ \text{且} \\
\text{在} \ (0, \infty) \ \text{上}, \ g > 0 \ \text{连续非增}, \\
\text{在} \ [0, \infty) \ \text{上}, h \geqslant 0 \ \text{连续}, \ \text{且在} \ (0, \infty) \text{上}, \ \dfrac{h}{g} \ \text{非减},
\end{cases}
\tag{5.2.17}
$$

$$
\begin{cases}
\text{对任意常数} \ H > 0, \ \text{存在函数} \ \psi_H \ \text{在} \ J \ \text{上连续}, \ \text{且在} \ J' \ \text{上为正}, \\
\text{使得在} \ J' \times (0, H] \ \text{上}, \ f(t, u) \geqslant \psi_H(t),
\end{cases}
\tag{5.2.18}
$$

并且

$$
\exists \, r > 0 \quad \text{使} \quad \int_0^r \frac{du}{\phi^{-1}(g(u))} > \frac{1}{2} \phi^{-1}\left(\frac{I(r)}{g(r)} + b_0 \left\{ 1 + \frac{h(r)}{g(r)} \right\} \right),
\tag{5.2.19}
$$

其中

$$
b_0 = \max \left\{ \int_0^{\frac{1}{2}} q(t) \, dt, \int_{\frac{1}{2}}^1 q(t) \, dt \right\},
\tag{5.2.20}
$$

则 (5.2.13) 有解 $u \in PC[J, R] \cap C^2[J^0, R]$, 且在 J' 上 $u > 0$, $|u|_0 < r$.

证明 选择适当的 $\varepsilon > 0$, $\varepsilon < r$, 使

$$
\int_\varepsilon^r \frac{du}{\phi^{-1}(g(u))} > \frac{1}{2} \phi^{-1}\left(\frac{I(r)}{g(r)} + b_0 \left\{ 1 + \frac{h(r)}{g(r)} \right\} \right).
\tag{5.2.21}
$$

选取适当的 $n_0 \in \{1, 2, \cdots\}$, 使得 $\dfrac{1}{n_0} < \dfrac{\varepsilon}{2}$, 令 $N_0 = \{n_0, n_0 + 1, \cdots\}$. 为证 $(5.2.14)^n$, $n \in N_0$ 有解, 我们先考虑

$$
\begin{cases}
(\phi(u'))' + q(t)F_n(t, u) = 0, & t \in J^0, \\
-\Delta\phi(u')|_{t=\tau} = \widetilde{I}(u(\tau)), \\
u(0) = \dfrac{1}{n}, \quad u(1) = \dfrac{1}{n},
\end{cases}
\qquad (5.2.22)^n
$$

其中

$$
F_n(t, u) = \begin{cases}
f(t, u), & u \geqslant \dfrac{1}{n}, \\
f\left(t, \dfrac{1}{n}\right), & u < \dfrac{1}{n},
\end{cases}
$$

$$
\widetilde{I}(u) = \begin{cases}
I(u), & u \geqslant 0, \\
I(0), & u < 0.
\end{cases}
$$

我们将利用定理 5.2.2 证明对于任意的 $n \in N_0$, $(5.2.22)^n$ 都存在解. 为此, 先考虑问题族

$$
\begin{cases}
(\phi(u'))' + \lambda^{p-1}q(t)F_n(t, u) = 0, & t \in J^0, \\
-\Delta\phi(u')|_{t=\tau} = \lambda^{p-1}\widetilde{I}(u(\tau)), \\
u(0) = \dfrac{1}{n}, \quad u(1) = \dfrac{1}{n},
\end{cases}
\qquad (5.2.23)^n_\lambda
$$

其中 $0 < \lambda < 1$. 首先, 易知存在 $\tau_n \in (0, 1)$, 使得在 $(0, \tau_n)$ 上有 $u'(t) \geqslant 0$, 在 $(\tau_n, 1)$ 上有 $u'(t) \leqslant 0$, 且 $u(\tau_n) = \|u\| = r$. 令 u 是 $(5.2.23)^n_\lambda$ 的解, 若 $0 < \tau_n \leqslant \tau$, 则有

$$
u(t) = \begin{cases}
\dfrac{1}{n} + \lambda \displaystyle\int_0^t \phi^{-1}\left(\int_r^{\tau_n} q(s)F_n(s, u(s))\,ds\right)dr, & 0 \leqslant t \leqslant \tau_n, \\[4mm]
\dfrac{1}{n} + \lambda\left[\displaystyle\int_\tau^1 \phi^{-1}\left(I(u(\tau)) + \int_{\tau_n}^r q(s)F_n(s, u(s))\,ds\right)dr\right] \\[4mm]
\quad + \lambda\left[\displaystyle\int_t^\tau \phi^{-1}\left(\int_{\tau_n}^r q(s)F_n(s, u(s))\,ds\right)dr\right], & \tau_n \leqslant t \leqslant \tau, \\[4mm]
\dfrac{1}{n} + \lambda \displaystyle\int_t^1 \phi^{-1}\left(I(u(\tau)) + \int_{\tau_n}^r q(s)F_n(s, u(s))\,ds\right)dr, & \tau \leqslant t \leqslant 1,
\end{cases}
$$

其中 τ_n 由下列方程唯一确定

$$\int_0^{\tau_n} \phi^{-1}\left(\int_r^{\tau_n} q(s)F_n(s,u(s))\,ds\right)dr$$

$$= \int_\tau^1 \phi^{-1}\left(I(u(\tau)) + \int_{\tau_n}^r q(s)F_n(s,u(s))\,ds\right)dr$$

$$+ \int_{\tau_n}^\tau \phi^{-1}\left(\int_{\tau_n}^r q(s)F_n(s,u(s))\,ds\right)dr,$$

若 $\tau \leqslant \tau_n < 1$, 则有

$$u(t) = \begin{cases} \dfrac{1}{n} + \lambda \displaystyle\int_0^t \phi^{-1}\left(I(u(\tau)) + \int_r^{\tau_n} q(s)F_n(s,u(s))\,ds\right)dr, & 0 \leqslant t \leqslant \tau, \\[4mm] \dfrac{1}{n} + \lambda\left[\displaystyle\int_0^\tau \phi^{-1}\left(I(u(\tau)) + \int_r^{\tau_n} q(s)F_n(s,u(s))\,ds\right)dr\right] \\[4mm] \quad + \lambda\left[\displaystyle\int_\tau^t \phi^{-1}\left(\int_r^{\tau_n} q(s)F_n(s,u(s))\,ds\right)dr\right], & \tau \leqslant t \leqslant \tau_n, \\[4mm] \dfrac{1}{n} + \lambda \displaystyle\int_t^1 \phi^{-1}\left(\int_{\tau_n}^r q(s)F_n(s,u(s))\,ds\right)dr, & \tau_n \leqslant t \leqslant 1, \end{cases}$$

其中 τ_n 由下列方程唯一确定

$$\int_{\tau_n}^1 \phi^{-1}\left(\int_{\tau_n}^r q(s)F_n(s,u(s))\,ds\right)dr$$

$$= \int_0^\tau \phi^{-1}\left(I(u(\tau)) + \int_r^{\tau_n} q(s)F_n(s,u(s))\,ds\right)dr$$

$$+ \int_\tau^{\tau_n} \phi^{-1}\left(\int_r^{\tau_n} q(s)F_n(s,u(s))\,ds\right)dr,$$

因此

$$u(t) \geqslant \frac{1}{n}, \quad t \in [0,1], \quad \widetilde{I}(u(\tau)) = I(u(\tau)), \quad F_n(t,u(t)) = f(t,u(t)).$$

对于 $x \in J^0$, 显然有

$$-\big(\phi(u'(x))\big)' \leqslant g(u(x))\left\{1 + \frac{h(u(x))}{g(u(x))}\right\}q(x). \tag{5.2.24}$$

情形 1 若 $0 < \tau < \tau_n$, $u'(\tau_n) = 0$, 将 (5.2.24) 从 $t\,(\tau < t < \tau_n)$ 到 τ_n 积分, 得

$$\phi(u'(t)) \leqslant \left\{ 1 + \frac{h(u(\tau_n))}{g(u(\tau_n))} \right\} \int_t^{\tau_n} q(x)g(u(x))\,dx,$$

于是

$$\phi(u'(\tau+0)) \leqslant \left\{ 1 + \frac{h(u(\tau_n))}{g(u(\tau_n))} \right\} \int_\tau^{\tau_n} q(x)g(u(x))\,dx,$$

而由 $\phi(u'(\tau+0)) - \phi(u'(\tau-0)) = -I(u(\tau))$, 可知

$$\phi(u'(\tau-0)) = \phi(u'(\tau+0)) + I(u(\tau))$$

$$\leqslant I(u(\tau)) + \left\{ 1 + \frac{h(u(\tau_n))}{g(u(\tau_n))} \right\} \int_\tau^{\tau_n} q(x)g(u(x))\,dx,$$

再将 (5.2.24) 从 $t\ (0 < t < \tau)$ 到 τ 积分, 得

$$\phi(u'(t)) \leqslant \phi(u'(\tau-0)) + \left\{ 1 + \frac{h(u(\tau_n))}{g(u(\tau_n))} \right\} \int_t^{\tau} q(x)g(u(x))\,dx$$

$$\leqslant I(u(\tau)) + \left\{ 1 + \frac{h(u(\tau_n))}{g(u(\tau_n))} \right\} \int_t^{\tau_n} q(x)g(u(x))\,dx,$$

因此

$$\phi(u'(t)) \leqslant I(u(\tau_n)) + \left\{ 1 + \frac{h(u(\tau_n))}{g(u(\tau_n))} \right\} \int_t^{\tau_n} q(x)g(u(x))\,dx, \quad 0 < t \leqslant \tau_n,$$

则

$$u'(t) \leqslant \phi^{-1}\left[I(u(\tau_n)) + \left\{ 1 + \frac{h(u(\tau_n))}{g(u(\tau_n))} \right\} \int_t^{\tau_n} q(x)g(u(x))\,dx \right],$$

将上式从 0 到 τ_n 积分, 得

$$\int_{\frac{1}{n}}^{u(\tau_n)} \frac{du}{\phi^{-1}(g(u))} \leqslant \int_0^{\tau_n} \phi^{-1}\left[\frac{I(u(\tau_n))}{g(u(\tau_n))} + \left\{ 1 + \frac{h(u(\tau_n))}{g(u(\tau_n))} \right\} \int_t^{\tau_n} q(x)\,dx \right]$$

$$\leqslant \tau_n\phi^{-1}\left[\frac{I(u(\tau_n))}{g(u(\tau_n))} + \left\{ 1 + \frac{h(u(\tau_n))}{g(u(\tau_n))} \right\} \int_0^{\tau_n} q(x)\,dx \right],$$

从而

$$\int_\varepsilon^{u(\tau_n)} \frac{du}{\phi^{-1}(g(u))} \leqslant \tau_n\phi^{-1}\left[\frac{I(u(\tau_n))}{g(u(\tau_n))} + \left\{ 1 + \frac{h(u(\tau_n))}{g(u(\tau_n))} \right\} \int_0^{\tau_n} q(x)\,dx \right]. \quad (5.2.25)$$

类似地, 我们可将 (5.2.24) 从 τ_n 到 $t\ (t \geqslant \tau_n)$ 积分, 再从 τ_n 到 1 积分, 得

$$\int_{\varepsilon}^{u(\tau_n)} \frac{du}{\phi^{-1}(g(u))} \leqslant (1 - \tau_n)\phi^{-1}\left(\left\{1 + \frac{h(u(\tau_n))}{g(u(\tau_n))}\right\} \int_{\tau_n}^{1} q(x)\,dx\right). \qquad (5.2.26)$$

情形 2 若 $\tau_n < \tau < 1$, $u'(\tau_n) = 0$, 将 (5.2.24) 从 τ_n 到 $t\,(\tau_n < t < \tau)$ 积分, 得

$$-\phi(u'(t)) \leqslant \left\{1 + \frac{h(u(\tau_n))}{g(u(\tau_n))}\right\} \int_{\tau_n}^{t} q(x)g(u(x))\,dx,$$

于是

$$-\phi(u'(\tau - 0)) \leqslant \left\{1 + \frac{h(u(\tau_n))}{g(u(\tau_n))}\right\} \int_{\tau_n}^{\tau} q(x)g(u(x))\,dx,$$

而由 $\phi(u'(\tau + 0)) - \phi(u'(\tau - 0)) = -I(u(\tau))$, 可知

$$-\phi(u'(\tau + 0)) = -\phi(u'(\tau - 0)) + I(u(\tau))$$
$$\leqslant I(u(\tau)) + \left\{1 + \frac{h(u(\tau_n))}{g(u(\tau_n))}\right\} \int_{\tau_n}^{\tau} q(x)g(u(x))\,dx,$$

再将 (5.2.24) 从 τ 到 $t\,(\tau < t < 1)$ 积分, 得

$$-\phi(u'(t)) \leqslant -\phi(u'(\tau + 0)) + \left\{1 + \frac{h(u(\tau_n))}{g(u(\tau_n))}\right\} \int_{\tau}^{t} q(x)g(u(x))\,dx$$
$$\leqslant I(u(\tau)) + \left\{1 + \frac{h(u(\tau_n))}{g(u(\tau_n))}\right\} \int_{\tau_n}^{t} q(x)g(u(x))\,dx,$$

因此

$$-\phi(u'(t)) \leqslant I(u(\tau_n)) + \left\{1 + \frac{h(u(\tau_n))}{g(u(\tau_n))}\right\} \int_{\tau_n}^{t} q(x)g(u(x))\,dx, \quad \tau_n \leqslant t < 1,$$

则

$$-u'(t) \leqslant \phi^{-1}\left[I(u(\tau_n)) + \left\{1 + \frac{h(u(\tau_n))}{g(u(\tau_n))}\right\} \int_{\tau_n}^{t} q(x)g(u(x))\,dx\right],$$

将上式从 τ_n 到 1 积分, 得

$$\int_{\frac{1}{n}}^{u(\tau_n)} \frac{du}{\phi^{-1}(g(u))} \leqslant \int_{\tau_n}^{1} \phi^{-1}\left[\frac{I(u(\tau_n))}{g(u(\tau_n))} + \left\{1 + \frac{h(u(\tau_n))}{g(u(\tau_n))}\right\} \int_{\tau_n}^{t} q(x)\,dx\right]$$
$$\leqslant (1 - \tau_n)\phi^{-1}\left[\frac{I(u(\tau_n))}{g(u(\tau_n))} + \left\{1 + \frac{h(u(\tau_n))}{g(u(\tau_n))}\right\} \int_{\tau_n}^{1} q(x)\,dx\right],$$

从而

$$\int_{\epsilon}^{u(\tau_n)} \frac{du}{\phi^{-1}(g(u))} \leqslant (1-\tau_n)\phi^{-1}\left[\frac{I(u(\tau_n))}{g(u(\tau_n))} + \left\{1 + \frac{h(u(\tau_n))}{g(u(\tau_n))}\right\}\int_{\tau_n}^{1} q(x)\,dx\right].$$
$$(5.2.25)'$$

类似地, 我们可将 (5.2.24) 从 $t\,(t \leqslant \tau_n)$ 到 τ_n 积分, 再从 0 到 τ_n 积分, 得

$$\int_{\varepsilon}^{u(\tau_n)} \frac{du}{\phi^{-1}(g(u))} \leqslant \tau_n\phi^{-1}\left(\left\{1 + \frac{h(u(\tau_n))}{g(u(\tau_n))}\right\}\int_{0}^{\tau_n} q(x)\,dx\right). \tag{5.2.26$'$}$$

情形 3　若 $\tau = \tau_n$, $u'(\tau_n - 0) \geqslant 0$, $u'(\tau_n + 0) \leqslant 0$, 将 (5.2.24) 从 $t\,(t < \tau_n)$ 到 τ_n 积分, 得

$$
\begin{aligned}
\phi(u'(t)) &\leqslant \phi(u'(\tau_n - 0)) + \left\{1 + \frac{h(u(\tau_n))}{g(u(\tau_n))}\right\}\int_{t}^{\tau_n} q(x)g(u(x))\,dx \\
&\leqslant \phi(u'(\tau_n + 0)) + I(u(\tau)) + \left\{1 + \frac{h(u(\tau_n))}{g(u(\tau_n))}\right\}\int_{t}^{\tau_n} q(x)g(u(x))\,dx \\
&\leqslant I(u(\tau)) + \left\{1 + \frac{h(u(\tau_n))}{g(u(\tau_n))}\right\}\int_{t}^{\tau_n} q(x)g(u(x))\,dx,
\end{aligned}
$$

于是

$$u'(t) \leqslant \phi^{-1}\left[I(u(\tau_n)) + \left\{1 + \frac{h(u(\tau_n))}{g(u(\tau_n))}\right\}\int_{t}^{\tau_n} q(x)g(u(x))\,dx\right],$$

将上式从 0 到 τ_n 积分, 得

$$
\begin{aligned}
\int_{\frac{1}{n}}^{u(\tau_n)} \frac{du}{\phi^{-1}(g(u))} &\leqslant \int_{0}^{\tau_n} \phi^{-1}\left[\frac{I(u(\tau_n))}{g(u(\tau_n))} + \left\{1 + \frac{h(u(\tau_n))}{g(u(\tau_n))}\right\}\int_{t}^{\tau_n} q(x)\,dx\right] \\
&\leqslant \tau_n\phi^{-1}\left[\frac{I(u(\tau_n))}{g(u(\tau_n))} + \left\{1 + \frac{h(u(\tau_n))}{g(u(\tau_n))}\right\}\int_{0}^{\tau_n} q(x)\,dx\right],
\end{aligned}
$$

从而

$$\int_{\varepsilon}^{u(\tau_n)} \frac{du}{\phi^{-1}(g(u))} \leqslant \tau_n\phi^{-1}\left[\frac{I(u(\tau_n))}{g(u(\tau_n))} + \left\{1 + \frac{h(u(\tau_n))}{g(u(\tau_n))}\right\}\int_{0}^{\tau_n} q(x)\,dx\right]. \tag{5.2.25$''$}$$

类似地, 我们可将 (5.2.24) 从 τ_n 到 $t\,(t > \tau_n)$ 积分, 得

$$
\begin{aligned}
-\phi(u'(t)) &\leqslant -\phi(u'(\tau + 0)) + \left\{1 + \frac{h(u(\tau_n))}{g(u(\tau_n))}\right\}\int_{\tau_n}^{t} q(x)g(u(x))\,dx, \\
&\leqslant -\phi(u'(\tau - 0)) + I(u(\tau)) + \left\{1 + \frac{h(u(\tau_n))}{g(u(\tau_n))}\right\}\int_{\tau_n}^{t} q(x)g(u(x))\,dx, \\
&\leqslant I(u(\tau)) + \left\{1 + \frac{h(u(\tau_n))}{g(u(\tau_n))}\right\}\int_{\tau_n}^{t} q(x)g(u(x))\,dx,
\end{aligned}
$$

于是

$$-u'(t) \leqslant \phi^{-1}\left[I(u(\tau_n)) + \left\{1 + \frac{h(u(\tau_n))}{g(u(\tau_n))}\right\}\int_{\tau_n}^{t} q(x)g(u(x))\,dx\right],$$

将上式从 τ_n 到 1 积分, 得

$$
\int_{\frac{1}{n}}^{u(\tau_n)} \frac{du}{\phi^{-1}(g(u))} \leqslant \int_{\tau_n}^{1} \phi^{-1}\left[\frac{I(u(\tau_n))}{g(u(\tau_n))} + \left\{1 + \frac{h(u(\tau_n))}{g(u(\tau_n))}\right\}\int_{\tau_n}^{t} q(x)\,dx\right]
$$

$$
\leqslant (1-\tau_n)\phi^{-1}\left[\frac{I(u(\tau_n))}{g(u(\tau_n))} + \left\{1 + \frac{h(u(\tau_n))}{g(u(\tau_n))}\right\}\int_{\tau_n}^{1} q(x)\,dx\right],
$$

从而

$$
\int_{\epsilon}^{u(\tau_n)} \frac{du}{\phi^{-1}(g(u))} \leqslant (1-\tau_n)\phi^{-1}\left[\frac{I(u(\tau_n))}{g(u(\tau_n))} + \left\{1 + \frac{h(u(\tau_n))}{g(u(\tau_n))}\right\}\int_{\tau_n}^{1} q(x)\,dx\right].
$$
(5.2.26)''

由式 (5.2.25), (5.2.26), (5.2.25)′, (5.2.26)′ 和 (5.2.25)″, (5.2.26)″ 可知

$$
\int_{\varepsilon}^{u(\tau_n)} \frac{du}{\phi^{-1}(g(u))} \leqslant \frac{1}{2}\phi^{-1}\left[\frac{I(u(\tau_n))}{g(u(\tau_n))} + b_0\left\{1 + \frac{h(u(\tau_n))}{g(u(\tau_n))}\right\}\right].
$$

由此及 (5.2.21) 知 $|u|_0 \neq r$. 则根据定理 2.2, $(5.2.22)^n$ 有解 u_n, 且 $|u_n|_0 \leqslant r$. 事实上 (如前类似可证),

$$
\frac{1}{n} \leqslant u_n(t) < r, \quad t \in J.
$$

下面我们将给出关于 u_n 的更为确切的下界, 即

$$
u_n(t) \geqslant kt(1-t), \quad t \in J. \tag{5.2.27}
$$

为证 (5.2.27) 式, 首先注意到 (5.2.18) 保证了函数 $\psi_r(t)$ 的存在性, 并有 $\psi_r(t)$ 在 J 连续而在 J' 为正, 且当 $(t, u_n) \in J' \times (0, r]$ 时, 有 $f(t, u_n) \geqslant \psi_r(t)$. 现在我们考虑方程

$$
\begin{cases} \left(\phi(w'(t))\right)' + q(t)\psi_r(t) = 0, & t \in J^0, \\ w(0) = w(1) = 0. \end{cases} \tag{5.2.28}
$$

设 $w(t)$ 是式 (5.2.28) 的解, 显然有 $w(t) > 0$, $t \in (0, 1)$. 我们将证明 $u_n(t) \geqslant w(t)$. 事实上, 令 $z(t) = u_n(t) - w(t)$, 则 $z(0) = u_n(0) - w(0) = \dfrac{1}{n}$, $z(1) = u_n(1) - w(1) = \dfrac{1}{n}$. 若 $z(t) \geqslant 0$ 不成立, 则必有区间 $[a, b] \subset (0, 1)$ 使得

$$
z(a) = z(b) = 0, \quad \text{且} \quad z(t) < 0, \quad t \in (a, b).
$$

易知存在点 $t_0 \in (a, b)$ 使得 $z(t_0) = \min\limits_{t \in (a, b)} z(t) < 0$. 若 $\tau \neq t_0$, 有 $z'(t_0) = 0$. 不失一般性, 不妨设 $\tau > t_0$. 由于

$$
-\left(\phi(u_n'(t))\right)' \geqslant -\left(\phi(w'(t))\right)', \quad t \in (a, b). \tag{5.2.29}
$$

将上式两端从 t, $a < t \leqslant t_0$ 到 t_0 积分, 得

$$-\phi(u_n'(t_0)) + \phi(u_n'(t)) \geqslant -\phi(w'(t_0)) + \phi(w'(t)),$$

即

$$\phi(u_n'(t)) \geqslant \phi(w'(t)).$$

因此, $z'(t) \geqslant 0, t \in (a, t_0]$, 从而 $z(t_0) \geqslant z(a) = 0$ 与已知矛盾. 若 $\tau = t_0$, 有 $z'(\tau - 0) \leqslant 0$, $z'(\tau + 0) \geqslant 0$. 将 (5.2.29) 从 t, $a < t < t_0$ 到 t_0 积分, 得

$$-\phi(u_n'(\tau - 0)) + \phi(u_n'(t)) \geqslant -\phi(w'(\tau)) + \phi(w'(t)),$$

即

$$\phi(u_n'(t)) - \phi(w'(t)) \geqslant I(u_n(\tau)) + \left[\phi(u_n'(\tau + 0)) - \phi(w'(\tau))\right] \geqslant 0.$$

因此, $z'(t) \geqslant 0$, $t \in (a, \tau)$, 从而 $z(\tau) \geqslant z(a) = 0$ 与已知矛盾.

因此 $u_n(t) \geqslant w(t) \geqslant t(1-t)|w|_0$, 取 $k = |w|_0$, 则式 (5.2.27) 成立.

下面我们将证明

$$\{u_n\}_{n \in N_0} \quad \text{是} \quad J \text{ 上的有界等度连续族.} \tag{5.2.30}$$

返回式 (5.2.24) (将 u 用 u_n 代替), 有

$$-(\phi(u_n'(t)))' \leqslant g(u_n(t))\left\{1 + \frac{h(r)}{g(r)}\right\} q(t), \quad \text{对于} \quad t \in J^0. \tag{5.2.31}$$

由于在 J^0 上 $(\phi(u_n'(t)))' \leqslant 0$, 并在 J 上 $u_n \geqslant \dfrac{1}{n}$, 类似于式 $(5.2.23)_\lambda^n$ 和 (5.2.24) 的讨论可知, 存在 $\tau_n \in J'$ 使得在 $(0, \tau_n)$ 上 $u_n' \geqslant 0$ 而在 $(\tau_n, 1)$ 上 $u_n' \leqslant 0$, 将式 (5.2.31) 从 t $(t < \tau_n)$ 到 τ_n 积分, 得

$$\frac{\phi(u_n'(t+0))}{g(u_n(t))} \leqslant \frac{I(r)}{g(r)} + \left\{1 + \frac{h(r)}{g(r)}\right\} \int_t^{\tau_n} q(x)\,dx. \tag{5.2.32}$$

另一方面, 将式 (5.2.31) 从 τ_n 到 t $(t > \tau_n)$ 积分, 得

$$\frac{-\phi(u_n'(t-0))}{g(u_n(t))} \leqslant \frac{I(r)}{g(r)} + \left\{1 + \frac{h(r)}{g(r)}\right\} \int_{\tau_n}^t q(x)\,dx. \tag{5.2.33}$$

现在我们可以断言存在 a_0 和 a_1, $a_0 > 0$, $a_1 < 1$ 且 $a_0 < a_1$, 使

$$a_0 < \inf\{\tau_n : n \in N_0\} \leqslant \sup\{\tau_n : n \in N_0\} < a_1. \tag{5.2.34}$$

说明 5.2.1 这里 τ_n (如前) 是 $(0,1)$ 内唯一一点, 使得 $u_n(\tau_n) = \max\limits_{t \in [0,1]} \{u_n(t)\}$.

现在我们来证明 $\inf \{\tau_n : n \in N_0\} > 0$. 若此不真, 则存在 N_0 的子集 S, 使得在 S 中, 当 $n \to \infty$ 时有 $\tau_n \to 0$. 将 (5.2.32) 从 0 到 τ_n 积分, 得

$$\int_0^{u_n(\tau_n)} \frac{dy}{\phi^{-1}(g(y))} \leqslant \tau_n \phi^{-1} \left[\frac{I(r)}{g(r)} + \left\{ 1 + \frac{h(r)}{g(r)} \right\} \int_0^{\tau_n} q(x)\,dx \right] + \int_0^{\frac{1}{n}} \frac{dy}{\phi^{-1}(g(y))}.$$

$$(5.2.35)$$

这里 $n \in S$. 由于在 S 中, 当 $n \to \infty$ 时有 $\tau_n \to 0$, 则由式 (5.2.35) 可知在 S 中, 当 $n \to \infty$ 时有 $u_n(\tau_n) \to 0$. 而由 u_n 在 τ_n 处取得最大值, 可知当 $n \to \infty$ 时, $u_n \to 0$. 这与式 (5.2.27) 矛盾. 因此 $\inf \{\tau_n : n \in N_0\} > 0$. 类似讨论可得 $\sup \{\tau_n : n \in N_0\} < 1$.

选定式 (5.2.34) 中的 a_0 和 a_1, 则式 (5.2.32), (5.2.33) 和 (5.2.34) 保证了

$$\frac{|\phi(u_n'(t))|}{g(u_n(t))} \leqslant \frac{I(r)}{g(r)} + \left\{ 1 + \frac{h(r)}{g(r)} \right\} v(t), \quad \text{对于 } t \in J',$$

$$(5.2.36)$$

其中

$$v(t) = \int_{\min\{t, a_0\}}^{\max\{t, a_1\}} q(x)\,dx.$$

易知 $v \in L^1[J]$. 令 $B : [0, \infty) \to [0, \infty)$ 定义为

$$B(z) = \int_0^z \frac{du}{\phi^{-1}(g(u))}.$$

注意到 B 是 $[0, \infty)$ 到 $[0, \infty)$ 的增映射 (这是由于 $g > 0$ 在 $(0, \infty)$ 非增, $B(\infty) = \infty$), 且 B 在 $[0, a]$ 上对任意 $a > 0$ 连续. 于是

$$\{B(u_n)\}_{n \in N_0} \quad \text{是 } J \text{ 上的有界等度连续族.} \qquad (5.2.37)$$

等度连续性的证明如下 (这里 $t, s \in J$):

$$|B(u_n(t)) - B(u_n(s))| = \left| \int_s^t \frac{d(u_n(x))}{\phi^{-1}(g(u_n(x)))} \right|$$

$$\leqslant \frac{1}{2} |t - s| \phi^{-1} \left[\frac{I(r)}{g(r)} + \left\{ 1 + \frac{h(r)}{g(r)} \right\} \left| \int_s^t v(x)\,dx \right| \right].$$

此不等式说明, 在 $[0, B(r)]$ 上 B^{-1} 等度连续且

$$|u_n(t) - u_n(s)| = |B^{-1}(B(u_n(t))) - B^{-1}(B(u_n(s)))|,$$

于是得到了式 (5.2.30).

Arzela-Ascoli 定理保证了存在 N_0 中的子序列 N 和函数 $u \in PC[J,R] \cap C^2[J^0,R]$, 使得在 J 上当 $n \to \infty$ 时, u_n 一致收敛于 u, 且 $u(0) = u(1) = 0$, $|u|_0 \leqslant r$, $u(t) \geqslant 0$ 对 $t \in J$ 成立. 取定 $t \in (0,\tau)$, 则 u_n ($n \in N$) 满足积分方程

$$u_n(t) = u_n\left(\frac{\tau}{2}\right) + \int_{\frac{\tau}{2}}^{t} \phi^{-1}\left[\phi\left(u_n'\left(\frac{\tau}{2}\right)\right) - \int_{\frac{\tau}{2}}^{r} q(s)\,f(s,u_n(s))\,ds\right] dr, \quad t \in (0,\tau),$$

对于 $t \in (0,\tau)$. 因为对 $s \in J'$ 有 $0 \leqslant u_n(s) \leqslant r$, 所以 $\left\{u_n'\left(\frac{\tau}{2}\right)\right\}$, $n \in N$, 是有界序列. 于是 $\left\{u_n'\left(\frac{\tau}{2}\right)\right\}_{n \in N}$ 有一个收敛子列, 因此 $\{u_n(t)\}_{n \in N}$ 在 $(0,\tau)$ 是相对紧的. 为方便起见, 设 $\left\{u_n'\left(\frac{\tau}{2}\right)\right\}_{n \in N}$ 为此收敛子列并且令 $r_0 \in R$ 是它的极限. 在 N 上令 $n \to \infty$ (这里 f 在紧集 $\left[\min\left(\frac{\tau}{2},t\right), \max\left(\frac{\tau}{2},t\right)\right] \times (0,r]$ 上等度连续), 于是得到

$$u(t) = u\left(\frac{\tau}{2}\right) + \int_{\frac{\tau}{2}}^{t} \phi^{-1}\left(\phi(r_0) - \int_{\frac{\tau}{2}}^{r} q(s)\,f(s,u(s))\,ds\right) dr, \quad t \in (0,\tau).$$

我们可以对每个 $t \in (0,\tau)$ 做这种讨论, 得到 $(\phi(u'))' + q(t)\,f(t,u) = 0$ 对 $t \in (0,\tau)$ 成立.

同理, 在 $(\tau,1)$ 上我们可以得到相同的结论.

最后, 显而易见 $|u|_0 < r$ (否则, 如果 $|u|_0 = r$, 则由式 (5.2.24)—(5.2.26) 类似讨论可以得到矛盾).

例 5.2.1 考虑边值问题:

$$\begin{cases} (\phi(u'))' + \sigma\left(u^{-\alpha} + u^{\beta} + 1\right) = 0, & t \in J^0, \\ -\Delta\phi(u')|_{t=\tau} = \sigma u^{\beta}(\tau), \\ u(0) = u(1) = 0, \quad \alpha > 0, \quad \beta > p-1. \end{cases} \tag{5.2.38}$$

设 $0 < \sigma < \dfrac{2}{5}\left(\dfrac{2(p-1)}{p-1+\alpha}\right)^{p-1}$, 则问题 (5.2.38) 有解 $u \in PC[J,R] \cap C^2[J^0,R]$, 且在 J' 上 $u > 0$, $|u|_0 < 1$.

为证此, 我们可以应用定理 5.2.3. 令 $q(s) = \sigma$, $g(u) = u^{-\alpha}$, $h(u) = u^{\beta} + 1$. 显然式 (5.2.15)—(5.2.18) 成立. 并且有

$$b_0 = \max\left\{\int_0^{\frac{1}{2}} q(t)\,dt, \int_{\frac{1}{2}}^{1} q(t)\,dt\right\} = \frac{1}{2}\sigma.$$

取 $r = 1$, 由于

$$\int_0^r \frac{du}{\phi^{-1}(g(u))} = \int_0^1 u^{\frac{\alpha}{(p-1)}}\, du = \frac{p-1}{p-1+\alpha},$$

$$\frac{1}{2}\phi^{-1}\left(\frac{I(r)}{g(r)} + b_0\left\{1 + \frac{h(r)}{g(r)}\right\}\right) = \frac{1}{2}\phi^{-1}(\sigma + 3b_0) = \frac{1}{2}\left(\frac{5}{2}\sigma\right)^{\frac{1}{p-1}},$$

则有

$$\frac{p-1}{p-1+\alpha} > \frac{1}{2}\left(\frac{5}{2}\sigma\right)^{\frac{1}{p-1}}.$$

因此可知式 (5.2.19) 成立, 根据定理 5.2.3 可知结论成立.

第6章 举例应用

6.1 二阶奇异耦合 Dirichlet 系统正解的存在性

本节给出一个具体的问题, 考虑下面的方程

$$\begin{cases} x'' + f_1(t, y(t)) + e_1(t) = 0, \\ y'' + f_2(t, x(t)) + e_2(t) = 0, \\ x(0) = x(1) = 0, \quad y(0) = y(1) = 0. \end{cases} \tag{6.1.1}$$

其中 $e_1, e_2 \in C[0,1], f_1, f_2 \in C([0,1] \times (0, +\infty), (0, +\infty))$ 并在 0 点附近有奇性. 系统的解 (6.1.1) $(x(t), y(t))$ 在 $[0,1]$ 上连续, 二阶微分在 $(0,1)$ 上连续, 且满足 $x(t), y(t) > 0$ 对 $0 < t < 1$ 和 $x(0) = x(1) = y(0) = y(1) = 0$ 并且有 $x''(t) + f_1(t, y(t)) + e_1(t) = 0, y''(t) + f_2(t, x(t)) + e_2(t) = 0$ 对所有的 $t \in (0,1)$ 成立.

已知系统 (6.1.1) 等价于下面的积分方程

$$\begin{cases} x(t) = \displaystyle\int_0^1 G(t,s)(f_1(s, y(s)) + e_1(s))ds, \\ y(t) = \displaystyle\int_0^1 G(t,s)(f_2(s, x(s)) + e_2(s))ds, \end{cases}$$

其中格林函数为

$$G(t,s) = \begin{cases} t(1-s), & 0 \leqslant t \leqslant s \leqslant 1, \\ s(1-t), & 0 \leqslant s \leqslant t \leqslant 1. \end{cases}$$

且 $G(t,s)$ 满足下面的性质:

引理 6.1.1 $G(t,s) : [0,1] \times [0,1] \to [0, +\infty)$ 连续且 $t(1-t)s(1-s) \leqslant G(t,s) \leqslant t(1-t)$, 对所有 $t \in [0,1], s \in [0,1]$ 成立.

定义一个函数 $\gamma_i : [0,1] \to \mathbf{R}$ 满足

$$\gamma_i(t) = \int_0^1 G(t,s)e_i(s)ds, \quad i = 1,2,$$

它是下面方程的唯一解

$$\begin{cases} -w'' = e_i(t), \\ w(0) = w(1) = 0. \end{cases}$$

其中

$$|\gamma_i(t)| \leqslant t(1-t)\int_0^1 |e_i(s)|ds.$$

首先定义下面的符号: 给定函数 $\gamma \in L^1[0,1]$, 我们用

$$\gamma_i^* = \sup_{t\in(0,1)} \frac{\gamma_i(t)}{t(1-t)} \quad \text{和} \quad \gamma_{i*} = \inf_{t\in(0,1)} \frac{\gamma_i(t)}{t(1-t)}$$

表示上下确界并且有

$$-\infty < \inf_{t\in(0,1)} \frac{\gamma_i(t)}{t(1-t)} \leqslant \sup_{t\in(0,1)} \frac{\gamma_i(t)}{t(1-t)} < \infty.$$

情形 1 $\quad \gamma_{1*} \geqslant 0, \gamma_{2*} \geqslant 0$

定理 6.1.1 假设存在 $b_i \succ 0, \hat{b}_i \succ 0$ 和 $0 < \alpha_i < 1$ 使得

(H$_1$) $0 \leqslant \dfrac{\hat{b}_i(t)}{x^{\alpha_i}} \leqslant f_i(t,x) \leqslant \dfrac{b_i(t)}{x^{\alpha_i}}$, 对所有 $x > 0$ 成立, a.e. $t \in (0,1), i = 1,2$.

(H$_2$) $\displaystyle\int_0^1 b_i(s)[s(1-s)]^{-\alpha_i}ds < \infty, i = 1,2$.

如果 $\gamma_{1*} \geqslant 0, \gamma_{2*} \geqslant 0$, 系统 (6.1.1) 存在一个正解.

证明 系统 (6.1.1) 的解是连续映射 $A(x,y) = (A_1x, A_2y) : C[0,1] \times C[0,1] \to C[0,1] \times C[0,1]$ 的不动点定义为

$$\begin{aligned}(A_1x)(t) &:= \int_0^1 G(t,s)[f_1(s,y(s)) + e_1(s)]ds \\ &= \int_0^1 G(t,s)f_1(s,y(s))ds + \gamma_1(t)\end{aligned}$$

和

$$\begin{aligned}(A_2y)(t) &:= \int_0^1 G(t,s)[f_2(s,x(s)) + e_2(s)]ds \\ &= \int_0^1 G(t,s)f_2(s,x(s))ds + \gamma_2(t).\end{aligned}$$

利用 Schauder 不动点定理可知, 只要证明 A 是定义如下的凸集即可,

$$\begin{aligned}K = \{(x,y) \in C[0,1] \times C[0,1] : r_1t(1-t) \\ \leqslant x(t) \leqslant R_1t(1-t), r_2t(1-t) \leqslant y(t) \leqslant R_2t(1-t)\},\end{aligned}$$

且 $A : K \to K$ 是连续紧的, 其中 $R_1 > r_1 > 0, R_2 > r_2 > 0$ 是固定的正常数. 引入下面的符号:

$$\beta_i(t) = \int_0^1 G(t,s)\frac{b_i(s)}{[s(1-s)]^{\alpha_i}}ds, \quad \hat{\beta}_i(t) = \int_0^1 G(t,s)\frac{\hat{b}_i(s)}{[s(1-s)]^{\alpha_i}}ds, \quad i = 1,2,$$

$$\hat{\beta}_{i*} = \inf_{t \in (0,1)} \frac{\hat{\beta}_i(t)}{t(1-t)}, \quad \hat{\beta}_i^* = \sup_{t \in (0,1)} \frac{\hat{\beta}_i(t)}{t(1-t)},$$

$$\beta_{i*} = \inf_{t \in (0,1)} \frac{\beta_i(t)}{t(1-t)}, \quad \beta_i^* = \sup_{t \in (0,1)} \frac{\beta_i(t)}{t(1-t)}.$$

给定 $(x,y) \in K$, 利用 G 和 f_i 的非负性 $i = 1,2$, 我们有

$$(A_1 x)(t) = \int_0^1 G(t,s) f_1(s, y(s)) ds + \gamma_1(t)$$

$$\geqslant \int_0^1 G(t,s) \frac{\hat{b}_1(s)}{y^{\alpha_1}(s)} ds$$

$$\geqslant \int_0^1 G(t,s) \frac{\hat{b}_1(s)}{R_2^{\alpha_1}[s(1-s)]^{\alpha_1}} ds$$

$$= \hat{\beta}_1(t) \frac{1}{R_2^{\alpha_1}}$$

$$\geqslant \hat{\beta}_{1*} \cdot \frac{1}{R_2^{\alpha_1}}[t(1-t)],$$

并注意到当 $(x,y) \in K$ 有

$$(A_1 x)(t) = \int_0^1 G(t,s) f_1(s, y(s)) ds + \gamma_1(t)$$

$$\leqslant \int_0^1 G(t,s) \frac{b_1(s)}{y^{\alpha_1}(s)} ds + \gamma_1^*[t(1-t)]$$

$$\leqslant \int_0^1 G(t,s) \frac{b_1(s)}{[r_2 s(1-s)]^{\alpha_1}} ds + \gamma_1^*[t(1-t)]$$

$$= \frac{1}{r_2^{\alpha_1}} \int_0^1 G(t,s) \frac{b_1(s)}{[s(1-s)]^{\alpha_1}} ds + \gamma_1^*[t(1-t)]$$

$$\leqslant \frac{1}{r_2^{\alpha_1}} t(1-t) \beta_1^* + \gamma_1^*[t(1-t)]$$

$$= \left[\frac{1}{r_2^{\alpha_1}} \beta_1^* + \gamma_1^* \right] [t(1-t)].$$

并且

$$(A_2 y)(t) = \int_0^1 G(t,s) f_2(s, x(s)) ds + \gamma_2(t)$$

$$\geqslant \int_0^1 G(t,s) \frac{\hat{b}_2(s)}{x^{\alpha_2}(s)} ds$$

$$\geqslant \int_0^1 G(t,s) \frac{\hat{b}_2(s)}{[R_1 s(1-s)]^{\alpha_2}} ds$$

$$= \hat{\beta}_2(t) \cdot \frac{1}{R_1^{\alpha_2}}$$

$$\geqslant \hat{\beta}_{2*} \cdot \frac{1}{R_1^{\alpha_2}}[t(1-t)],$$

以及

$$
\begin{aligned}
(A_2 y)(t) &= \int_0^1 G(t,s) f_2(s, x(s)) ds + \gamma_2(t) \\
&\leqslant \int_0^1 G(t,s) \frac{b_2(s)}{x^{\alpha_2}(s)} ds + \gamma_2^*[t(1-t)] \\
&\leqslant \int_0^1 G(t,s) \frac{b_2(s)}{[r_1 s(1-s)]^{\alpha_2}} ds + \gamma_2^*[t(1-t)] \\
&= \beta_2(t) \frac{1}{r_1^{\alpha_2}} + \gamma_2^*[t(1-t)] \\
&\leqslant \left[\beta_2^* \cdot \frac{1}{r_1^{\alpha_2}} + \gamma_2^* \right][t(1-t)].
\end{aligned}
$$

于是有 $(A_1 x, A_2 y) \in K$, 如果 r_1, r_2, R_1 且 R_2 使得

$$\hat{\beta}_{1*} \cdot \frac{1}{R_2^{\alpha_1}} \geqslant r_1, \quad \beta_1^* \cdot \frac{1}{r_2^{\alpha_1}} + \gamma_1^* \leqslant R_1,$$

且

$$\hat{\beta}_{2*} \cdot \frac{1}{R_1^{\alpha_2}} \geqslant r_2, \quad \beta_2^* \cdot \frac{1}{r_1^{\alpha_2}} + \gamma_2^* \leqslant R_2.$$

注意到 $\hat{\beta}_{i*}, \beta_{i*} > 0$ 且取值于 $R = R_1 = R_2, r = r_1 = r_2, r = \dfrac{1}{R}$, 那么容易找到 $R > 1$ 使得

$$\hat{\beta}_{1*} \cdot R^{1-\alpha_1} \geqslant 1, \quad \beta_1^* \cdot R^{\alpha_1} + \gamma_1^* \leqslant R,$$

$$\hat{\beta}_{2*} \cdot R^{1-\alpha_2} \geqslant 1, \quad \beta_2^* \cdot R^{\alpha_2} + \gamma_2^* \leqslant R,$$

且不等式在 R 上成立因为 $\alpha_i < 1$.

下面我们将给出 $A : K \to K$ 是连续紧的. 令 $x_n, x_0 \in K$ 满足

$$\|x_n - x_0\| \to 0, \quad \|y_n - y_0\| \to 0$$

当 $n \to \infty$. 其中 $\|\cdot\|$ 是定义于 $C[0,1]$. 同时

$$\rho_{1n} = |f_1(t, y_n(t)) - f_1(t, y_0(t))| \to 0,$$

并有

$$\rho_{2n} = |f_2(t, x_n(t)) - f_2(t, x_0(t))| \to 0,$$

当 $n \to \infty, t \in (0,1)$, 且.

$$\rho_{1n} \leqslant f_1(t, y_n(t)) + f_1(t, y_0(t)), \quad t \in (0,1);$$

$$\rho_{2n} \leqslant f_2(t, x_n(t)) + f_2(t, x_0(t)), \quad t \in (0,1).$$

其中

$$f_1(t, y_n(t)) \leqslant \frac{b_1(t)}{y_n^{\alpha_1}(t)} \leqslant \frac{b_1(t)}{r_2^{\alpha_1}[t(1-t)]^{\alpha_1}}, \quad t \in (0,1);$$

$$f_1(t, y_0(t)) \leqslant \frac{b_1(t)}{y_0^{\alpha_1}(t)} \leqslant \frac{b_1(t)}{r_2^{\alpha_1}[t(1-t)]^{\alpha_1}}, \quad t \in (0,1);$$

$$f_2(t, x_n(t)) \leqslant \frac{b_2(t)}{x_n^{\alpha_2}(t)} \leqslant \frac{b_2(t)}{r_1^{\alpha_2}[t(1-t)]^{\alpha_2}}, \quad t \in (0,1);$$

$$f_2(t, x_0(t)) \leqslant \frac{b_2(t)}{x_0^{\alpha_2}(t)} \leqslant \frac{b_2(t)}{r_1^{\alpha_2}[t(1-t)]^{\alpha_2}}, \quad t \in (0,1).$$

上述结论结合 Lebesgue 控制收敛定理有

$$\|A_1 x_n - A_1 x_0\| \leqslant \sup_{t \in [0,1]} \int_0^1 G(t,s)\rho_{1n}(s)ds \to 0$$

且

$$\|A_2 y_n - A_2 y_0\| \leqslant \sup_{t \in [0,1]} \int_0^1 G(t,s)\rho_{2n}(s)ds \to 0,$$

当 $n \to \infty$. 于是有, $A : K \to K$ 是连续的.

从而得到 $A(K) \subset K$, 因为 K 是有界的, 因此 $A(K)$ 有界.

令

$$\delta = \min \left\{ \frac{\epsilon}{r_2^{-\alpha_1} \displaystyle\int_0^1 b_1(s)[s(1-s)]^{-\alpha_1}ds + \int_0^1 |e_1(s)|ds}, \right.$$
$$\left. \frac{\epsilon}{r_1^{-\alpha_2} \displaystyle\int_0^1 b_2(s)[s(1-s)]^{-\alpha_2}ds + \int_0^1 |e_2(s)|ds} \right\},$$

于是对 $\epsilon > 0, t, t' \in [0,1], |t - t'| < \delta$, 有

$$|G(t,s) - G(t',s)| \leqslant |t - t'|$$
$$< \frac{\epsilon}{r_2^{-\alpha_1} \displaystyle\int_0^1 b_1(s)[s(1-s)]^{-\alpha_1}ds + \int_0^1 |e_1(s)|ds},$$

和

$$|G(t,s) - G(t',s)| \leqslant |t - t'|$$
$$< \frac{\epsilon}{r_1^{-\alpha_2} \int_0^1 b_2(s)[s(1-s)]^{-\alpha_2} ds + \int_0^1 |e_2(s)| ds}.$$

于是有

$$
\begin{aligned}
|(A_1x)(t) - (A_1x)(t')| &= \left| \int_0^1 [G(t,s) - G(t',s)][f_1(s,y(s)) + e_1(s)] ds \right| \\
&\leqslant \int_0^1 |[G(t,s) - G(t',s)]||[f_1(s,y(s)) + e_1(s)]| ds \\
&\leqslant \int_0^1 |[G(t,s) - G(t',s)]| \left[b_1(s) \frac{1}{r_2^{\alpha_1}[s(1-s)]^{\alpha_1}} + |e_1(s)| \right] ds \\
&< \epsilon,
\end{aligned}
$$

和

$$
\begin{aligned}
|(A_2y)(t) - (A_2y)(t')| &= \left| \int_0^1 [G(t,s) - G(t',s)][f_2(s,x(s)) + e_2(s)] ds \right| \\
&\leqslant \int_0^1 |[G(t,s) - G(t',s)]||[f_2(s,x(s)) + e_2(s)]| ds \\
&\leqslant \int_0^1 |[G(t,s) - G(t',s)]| \left[b_2(s) \frac{1}{r_1^{\alpha_2}[s(1-s)]^{\alpha_2}} + |e_2(s)| \right] ds \\
&< \epsilon.
\end{aligned}
$$

则 Arzela-Ascoli 定理保证了 $A: K \to K$ 是紧的.

情形 2 $\gamma_1^* \leqslant 0, \gamma_2^* \leqslant 0$

定理 6.1.2 存在 $b_i, \hat{b}_i \succ 0$ 以及 $0 < \alpha_i < 1$, 使得 (H$_1$) 且 (H$_2$) 成立. 如果 $\gamma_1^* \leqslant 0, \gamma_2^* \leqslant 0$, 且

$$
\begin{aligned}
\gamma_{1*} &\geqslant \left[\alpha_1\alpha_2 \cdot \frac{\hat{\beta}_{1*}}{(\beta_2^*)^{\alpha_1}} \right]^{\frac{1}{1-\alpha_1\alpha_2}} \left(1 - \frac{1}{\alpha_1\alpha_2} \right), \\
\gamma_{2*} &\geqslant \left[\alpha_1\alpha_2 \cdot \frac{\hat{\beta}_{2*}}{(\beta_1^*)^{\alpha_2}} \right]^{\frac{1}{1-\alpha_1\alpha_2}} \left(1 - \frac{1}{\alpha_1\alpha_2} \right),
\end{aligned}
\tag{6.1.2}
$$

于是系统 (6.1.1) 存在正解.

证明   为了证明 $A: K \to K$, 需要找到 $0 < r_1 < R_1, 0 < r_2 < R_2$ 满足

$$\cdot \frac{\hat{\beta}_{1*}}{R_2^{\alpha_1}} + \gamma_{1*} \geqslant r_1, \quad \frac{\beta_1^*}{r_2^{\alpha_1}} \leqslant R_1, \tag{6.1.3}$$

$$\frac{\hat{\beta}_{2*}}{R_1^{\alpha_2}} + \gamma_{2*} \geqslant r_2, \quad \frac{\beta_2^*}{r_1^{\alpha_2}} \leqslant R_2. \tag{6.1.4}$$

如果固定 $R_1 = \dfrac{\beta_1^*}{r_2^{\alpha_1}}, R_2 = \dfrac{\beta_2^*}{r_1^{\alpha_2}}$, 于是系统 (6.1.4) 中的第一个不等式成立, 如果 r_2 满足

$$\hat{\beta}_{2*}(\beta_1^*)^{-\alpha_2} r_2^{\alpha_1 \alpha_2} + \gamma_{2*} \geqslant r_2,$$

或等价于

$$\gamma_{2*} \geqslant g(r_2) := r_2 - \frac{\hat{\beta}_{2*}}{(\beta_1^*)^{\alpha_2}} r_2^{\alpha_1 \alpha_2}.$$

函数 $g(r_2)$ 在

$$r_{20} := \left[\alpha_1 \alpha_2 \cdot \frac{\hat{\beta}_{2*}}{(\beta_1^*)^{\alpha_2}} \right]^{\frac{1}{1-\alpha_1 \alpha_2}}$$

处取最小值. 取 $r_2 = r_{20}$, 于是 (6.1.4) 成立, 如果

$$\gamma_{2*} \geqslant g(r_{20}) = \left[\alpha_1 \alpha_2 \cdot \frac{\hat{\beta}_{2*}}{(\beta_1^*)^{\alpha_2}} \right]^{\frac{1}{1-\alpha_1 \alpha_2}} \left(1 - \frac{1}{\alpha_1 \alpha_2} \right).$$

类似地,

$$\gamma_{1*} \geqslant h(r_1) := r_1 - \frac{\hat{\beta}_{1*}}{(\beta_2^*)^{\alpha_1}} r_1^{\alpha_1 \alpha_2},$$

$h(r_1)$ 在

$$r_{10} := \left[\alpha_1 \alpha_2 \cdot \frac{\hat{\beta}_{1*}}{(\beta_2^*)^{\alpha_1}} \right]^{\frac{1}{1-\alpha_1 \alpha_2}}$$

取得最小值

$$\gamma_{1*} \geqslant \left[\alpha_1 \alpha_2 \cdot \frac{\hat{\beta}_{1*}}{(\beta_2^*)^{\alpha_1}} \right]^{\frac{1}{1-\alpha_1 \alpha_2}} \left(1 - \frac{1}{\alpha_1 \alpha_2} \right).$$

取 $r_1 = r_{10}, r_2 = r_{20}$, 于是 (6.1.3) 的第一个不等式和 (6.1.4) 成立, 如果 $\gamma_{1*} \geqslant g(r_1)$ 且 $\gamma_{2*} \geqslant g(r_2)$, 这恰好是条件 (6.1.3). 由 R_1, R_2 的选取可知第二个条件成立,

于是只需证明 $R_1 = \dfrac{\beta_1^*}{r_{20}^{\alpha_1}} > r_{10}$, $R_2 = \dfrac{\beta_2^*}{r_{10}^{\alpha_2}} > r_{20}$. 这只需证明:

$$R_1 = \frac{\beta_1^*}{r_{20}^{\alpha_1}} = \frac{\beta_1^*}{\left\{\left[\alpha_1\alpha_2 \cdot \dfrac{\hat{\beta}_{2*}}{(\beta_1^*)^{\alpha_2}}\right]^{\frac{1}{1-\alpha_1\alpha_2}}\right\}^{\alpha_1}}$$

$$= \frac{\beta_1^*}{\left[\alpha_1\alpha_2 \cdot \dfrac{\hat{\beta}_{2*}}{(\beta_1^*)^{\alpha_2}}\right]^{\frac{\alpha_1}{1-\alpha_1\alpha_2}}} = \frac{(\beta_1^*)^{1+\frac{\alpha_1\alpha_2}{1-\alpha_1\alpha_2}}}{(\alpha_1\alpha_2 \cdot \hat{\beta}_{2*})^{\frac{\alpha_1}{1-\alpha_1\alpha_2}}}$$

$$= \frac{(\beta_1^*)^{\frac{1}{1-\alpha_1\alpha_2}}}{[(\alpha_1\alpha_2 \cdot \hat{\beta}_{2*})^{\alpha_1}]^{\frac{1}{1-\alpha_1\alpha_2}}} = \left[\frac{\beta_1^*}{(\alpha_1\alpha_2 \cdot \hat{\beta}_{2*})^{\alpha_1}}\right]^{\frac{1}{1-\alpha_1\alpha_2}}$$

$$= \left[\frac{1}{(\alpha_1\alpha_2)^{\alpha_1}} \cdot \frac{\beta_1^*}{(\hat{\beta}_{2*})^{\alpha_1}}\right]^{\frac{1}{1-\alpha_1\alpha_2}} > \left[\alpha_1\alpha_2 \cdot \frac{\hat{\beta}_{1*}}{(\beta_2^*)^{\alpha_1}}\right]^{\frac{1}{1-\alpha_1\alpha_2}} = r_{10},$$

因为 $\hat{\beta}_{i*} \leqslant \beta_i^*, i = 1, 2$. 类似地, 我们有 $R_2 > r_{20}$.

情形 3 $\gamma_{1*} \geqslant 0, \gamma_2^* \leqslant 0$ ($\gamma_1^* \leqslant 0, \gamma_{2*} \geqslant 0$)

定理 6.1.3 假设 (H_1) 和 (H_2) 成立. 如果 $\gamma_{1*} \geqslant 0, \gamma_2^* \leqslant 0$ 且

$$\gamma_{2*} \geqslant r_{21} - \hat{\beta}_{2*} \cdot \frac{r_{21}^{\alpha_1\alpha_2}}{(\beta_1^* + \gamma_1^* r_{21}^{\alpha_1})^{\alpha_2}}, \tag{6.1.5}$$

其中 $0 < r_{21} < +\infty$ 是方程

$$r_2^{1-\alpha_1\alpha_2}(\beta_1^* + \gamma_1^* \cdot r_2^{\alpha_1})^{1+\alpha_2} = \alpha_1\alpha_2\beta_1^*\hat{\beta}_{2*}$$

的唯一正解, 因此 $(6.1.1)$ 存在唯一正解.

证明 我们将证明 $A: K \to K$, 即需要找到 $r_1 < R_1, r_2 < R_2$ 使得

$$\frac{\hat{\beta}_{1*}}{R_2^{\alpha_1}} \geqslant r_1, \quad \frac{\beta_2^*}{r_1^{\alpha_2}} \leqslant R_2. \tag{6.1.6}$$

$$\frac{\hat{\beta}_{2*}}{R_1^{\alpha_2}} + \gamma_{2*} \geqslant r_2, \quad \frac{\beta_1^*}{r_2^{\alpha_1}} + \gamma_1^* \leqslant R_1. \tag{6.1.7}$$

如果固定 $R_2 = \dfrac{\beta_2^*}{r_1^{\alpha_2}}$, 于是 $(6.1.6)$ 的第一个方程对 r_1 成立且满足

$$\frac{\hat{\beta}_{1*}}{(\beta_2^*)^{\alpha_1}} \cdot r_1^{\alpha_1\alpha_2} \geqslant r_1, \tag{6.1.8}$$

或等价于

$$0 < r_1 \leqslant \left[\frac{\hat{\beta}_{1*}}{(\beta_2^*)^{\alpha_1}} \right]^{\frac{1}{1-\alpha_1\alpha_2}}. \tag{6.1.9}$$

选取 $r_1 > 0$ 充分小, 于是 (6.1.9) 成立, 且 R_2 充分大.

如果固定 $R_1 = \frac{\beta_1^*}{r_2^{\alpha_1}} + \gamma_1^*$ 于是 (6.1.7) 的第一个不等式成立, 如果 r_2 满足

$$\begin{aligned}
\gamma_{2*} &\geqslant r_2 - \frac{\hat{\beta}_{2*}}{R_1^{\alpha_2}} \\
&= r_2 - \hat{\beta}_{2*} \cdot \frac{1}{\left(\dfrac{\beta_1^*}{r_2^{\alpha_1}} + \gamma_1^* \right)^{\alpha_2}} \\
&= r_2 - \hat{\beta}_{2*} \cdot \frac{1}{\left(\dfrac{\beta_1^* + \gamma_1^* \cdot r_2^{\alpha_1}}{r_2^{\alpha_1}} \right)^{\alpha_2}} \\
&= r_2 - \hat{\beta}_{2*} \cdot \frac{r_2^{\alpha_1\alpha_2}}{(\beta_1^* + \gamma_1^* \cdot r_2^{\alpha_1})^{\alpha_2}},
\end{aligned}$$

或等价于

$$\gamma_{2*} \geqslant f(r_2) := r_2 - \hat{\beta}_{2*} \cdot \frac{r_2^{\alpha_1\alpha_2}}{(\beta_1^* + \gamma_1^* \cdot r_2^{\alpha_1})^{\alpha_2}}. \tag{6.1.10}$$

通过

$$\begin{aligned}
f'(r_2) &= 1 - \hat{\beta}_{2*} \cdot \frac{1}{(\beta_1^* + \gamma_1^* \cdot r_2^{\alpha_1})^{2\alpha_2}} \cdot [\alpha_1\alpha_2 r_2^{\alpha_1\alpha_2-1}(\beta_1^* + \gamma_1^* \cdot r_2^{\alpha_1})^{\alpha_2} \\
&\quad - r_2^{\alpha_1\alpha_2}\alpha_2(\beta_1^* + \gamma_1^* \cdot r_2^{\alpha_1})^{\alpha_2-1}\alpha_1\gamma_1^* r_2^{\alpha_1-1}] \\
&= 1 - \frac{\hat{\beta}_{2*}\alpha_1\alpha_2 r_2^{\alpha_1\alpha_2-1}}{(\beta_1^* + \gamma_1^* \cdot r_2^{\alpha_1})^{\alpha_2}} \left[1 - \frac{r_2^{\alpha_1}\gamma_1^*}{\beta_1^* + \gamma_1^* \cdot r_2^{\alpha_1}} \right] \\
&= 1 - \alpha_1\alpha_2\beta_1^*\hat{\beta}_{2*} r_2^{\alpha_1\alpha_2-1}(\beta_1^* + \gamma_1^* \cdot r_2^{\alpha_1})^{-1-\alpha_2}, \tag{6.1.11}
\end{aligned}$$

我们有 $f'(0) = -\infty, f'(+\infty) = 1$, 于是存在一个 r_{21} 使得 $f'(r_{21}) = 0$, 且

$$\begin{aligned}
f''(r_2) = &-[\alpha_1\alpha_2\beta_1^*\hat{\beta}_{2*}(\alpha_1\alpha_2 - 1)r_2^{\alpha_1\alpha_2-2}(\beta_1^* + \gamma_1^* \cdot r_2^{\alpha_1})^{-1-\alpha_2} \\
&+ \alpha_1\alpha_2\beta_1^*\hat{\beta}_{2*} r_2^{\alpha_1\alpha_2-1}(-1-\alpha_2)(\beta_1^* + \gamma_1^* \cdot r_2^{\alpha_1})^{-2-\alpha_2}\gamma_1^*\alpha_1 r_2^{\alpha_1-1}] > 0. \tag{6.1.12}
\end{aligned}$$

于是函数 $f(r_2)$ 在 r_{21} 取得最小值, i.e., $f(r_{21}) = \min\limits_{r_2 \in (0,+\infty)} f(r_2)$.

注意到 $f'(r_{21}) = 0$, 于是有

$$1 - \alpha_1\alpha_2\beta_1^*\hat{\beta}_{2*} r_{21}^{\alpha_1\alpha_2-1}(\beta_1^* + \gamma_1^* \cdot r_{21}^{\alpha_1})^{-1-\alpha_2} = 0,$$

或等价于

$$r_{21}^{1-\alpha_1\alpha_2}(\beta_1^* + \gamma_1^* \cdot r_{21}^{\alpha_1})^{1+\alpha_2} = \alpha_1\alpha_2\beta_1^*\hat{\beta}_{2*}. \tag{6.1.13}$$

取 $r_2 = r_{21}$, 于是 (6.1.7) 的第一个不等式成立, 如果 $\gamma_{2*} \geqslant f(r_{21})$, 这刚好满足 (6.1.5) 的条件. R_2 的选取保证了第二个不等式的成立, 于是只要证明 $r_{21} < R_2$ 和 $r_{10} < R_1$. 这些不等式成立如果 R_2 充分大且 r_1 充分小.

类似地, 我们有下面的定理.

定理 6.1.4   假设 (H_1) 且 (H_2) 成立. 如果 $\gamma_1^* \leqslant 0, \gamma_{2*} \geqslant 0$ 且

$$\gamma_{1*} \geqslant r_{11} - \hat{\beta}_{1*} \cdot \frac{r_{11}^{\alpha_1\alpha_2}}{(\beta_2^* + \gamma_2^* r_{11}^{\alpha_2})^{\alpha_1}}, \tag{6.1.14}$$

其中 $0 < r_{11} < +\infty$ 是方程

$$r_1^{1-\alpha_1\alpha_2}(\beta_2^* + \gamma_2^* \cdot r_1^{\alpha_2})^{1+\alpha_1} = \alpha_1\alpha_2\beta_2^*\hat{\beta}_{1*}$$

的唯一正解 (6.1.1).

情形 4 $\gamma_{1*} < 0 < \gamma_1^*, \gamma_{2*} < 0 < \gamma_2^*$

定理 6.1.5   假设 (H_1) 和 (H_2) 成立. 如果 $\gamma_{1*} < 0 < \gamma_1^*, \gamma_{2*} < 0 < \gamma_2^*$ 且

$$\gamma_{1*} \geqslant r_{10} - \hat{\beta}_{1*} \cdot \frac{r_{10}^{\alpha_1\alpha_2}}{(\beta_2^* + \gamma_2^* r_{10}^{\alpha_2})^{\alpha_1}}, \tag{6.1.15}$$

$$\gamma_{2*} \geqslant r_{20} - \hat{\beta}_{2*} \cdot \frac{r_{20}^{\alpha_1\alpha_2}}{(\beta_1^* + \gamma_1^* r_{20}^{\alpha_1})^{\alpha_2}}, \tag{6.1.16}$$

其中 $0 < r_{10} < +\infty$ 是方程

$$r_1^{1-\alpha_1\alpha_2}(\beta_2^* + \gamma_2^* \cdot r_1^{\alpha_2})^{1+\alpha_1} = \alpha_1\alpha_2\beta_2^*\hat{\beta}_{1*} \tag{6.1.17}$$

的唯一正解且 $0 < r_{20} < +\infty$ 是方程

$$r_2^{1-\alpha_1\alpha_2}(\beta_1^* + \gamma_1^* \cdot r_2^{\alpha_1})^{1+\alpha_2} = \alpha_1\alpha_2\beta_1^*\hat{\beta}_{2*} \tag{6.1.18}$$

的唯一正解, 那么 (6.1.1) 存在一个正解.

证明   下面证明 $A : K \to K$, 只需要找到 $r_1 < R_1, r_2 < R_2$ 满足

$$\frac{\hat{\beta}_{1*}}{R_2^{\alpha_1}} + \gamma_{1*} \geqslant r_1, \quad \frac{\beta_1^*}{r_2^{\alpha_1}} + \gamma_1^* \leqslant R_1. \tag{6.1.19}$$

且

$$\frac{\hat{\beta}_{2*}}{R_1^{\alpha_2}} + \gamma_{2*} \geqslant r_2, \quad \frac{\beta_2^*}{r_1^{\alpha_2}} + \gamma_2^* \leqslant R_2. \tag{6.1.20}$$

如果固定 $R_1 = \frac{\beta_1^*}{r_2^{\alpha_1}} + \gamma_1^*, R_2 = \frac{\beta_2^*}{r_1^{\alpha_1}} + \gamma_2^*$, 于是 (6.1.20) 的第一个条件 r_2 成立. 且

$$\gamma_{2*} \geqslant g(r_2) := r_2 - \hat{\beta}_{2*} \cdot \frac{r_2^{\alpha_1\alpha_2}}{(\beta_1^* + \gamma_1^* \cdot r_2^{\alpha_1})^{\alpha_2}}. \tag{6.1.21}$$

我们有

$$g'(r_2) = 1 - \alpha_1\alpha_2\beta_1^*\hat{\beta}_{2*}r_2^{\alpha_1\alpha_2-1}(\beta_1^* + \gamma_1^* \cdot r_2^{\alpha_1})^{-1-\alpha_2}, \tag{6.1.22}$$

于是有 $g'(0) = -\infty, g'(+\infty) = 1$, 因此存在 r_{20} 满足 $g'(r_{20}) = 0$ 和

$$g''(r_2) = -[\alpha_1\alpha_2\beta_1^*\hat{\beta}_{2*}(\alpha_1\alpha_2 - 1)r_2^{\alpha_1\alpha_2-2}(\beta_1^* + \gamma_1^* \cdot r_2^{\alpha_1})^{-1-\alpha_2}$$
$$+ \alpha_1\alpha_2\beta_1^*\hat{\beta}_{2*}r_2^{\alpha_1\alpha_2-1}(-1-\alpha_2)(\beta_1^* + \gamma_1^* \cdot r_2^{\alpha_1})^{-2-\alpha_2}\gamma_1^*\alpha_1 r_2^{\alpha_1-1}] > 0. \tag{6.1.23}$$

于是函数 $g(r_2)$ 处 r_{20} 得到最小值, i.e., $g(r_{20}) = \min\limits_{r_2\epsilon(0,+\infty)} g(r_2)$.

注意到 $g'(r_{20}) = 0$, 于是有

$$r_{20}^{1-\alpha_1\alpha_2}(\beta_1^* + \gamma_1^* \cdot r_{20}^{\alpha_1})^{1+\alpha_2} = \alpha_1\alpha_2\beta_1^*\hat{\beta}_{2*}. \tag{6.1.24}$$

类似地,

$$\gamma_{1*} \geqslant g(r_1) := r_1 - \hat{\beta}_{1*} \cdot \frac{r_1^{\alpha_1\alpha_2}}{(\beta_2^* + \gamma_2^* \cdot r_1^{\alpha_2})^{\alpha_1}}. \tag{6.1.25}$$

$g(r_{10}) = \min\limits_{r_1\epsilon(0,+\infty)} g(r_1),$

$$r_{10}^{1-\alpha_1\alpha_2}(\beta_2^* + \gamma_2^* \cdot r_{10}^{\alpha_2})^{1+\alpha_1} = \alpha_1\alpha_2\beta_2^*\hat{\beta}_{1*}. \tag{6.1.26}$$

取 $r_1 = r_{10}$ 和 $r_2 = r_{20}$, 于是式 (6.1.19) 的第一个不等式成立. 由 R_1 和 R_2 的选取知第二个不等式成立. 下面需要证明 $r_{10} < R_1$ 和 $r_{20} < R_2$ 成立.

$$\begin{aligned}
R_1 &= \frac{\beta_1^*}{r_{20}^{\alpha_1}} + \gamma_1^* \\
&= \frac{\beta_1^* + \gamma_1^* \cdot r_{20}^{\alpha_1}}{r_{20}^{\alpha_1}} \\
&= \frac{(\alpha_1\alpha_2\beta_1^*\hat{\beta}_{2*})^{\frac{1}{1+\alpha_2}} \cdot r_{20}^{\frac{\alpha_1\alpha_2-1}{1+\alpha_2}}}{r_{20}^{\alpha_1}} \\
&= (\alpha_1\alpha_2\beta_1^*\hat{\beta}_{2*})^{\frac{1}{1+\alpha_2}} \cdot r_{20}^{-\frac{1+\alpha_1}{1+\alpha_2}}.
\end{aligned}$$

证明类似于 $R_1, R_2 = (\alpha_1 \alpha_2 \beta_2^* \hat{\beta}_{1*})^{\frac{1}{1+\alpha_1}} \cdot r_{10}^{-\frac{1+\alpha_1}{1+\alpha_1}}$.

下面证明 $r_{10} < R_1, r_{20} < R_2$, 或等价于

$$r_{10} r_{20}^{\frac{1+\alpha_1}{1+\alpha_2}} < (\alpha_1 \alpha_2 \beta_1^* \hat{\beta}_{2*})^{\frac{1}{1+\alpha_2}},$$

$$r_{20} r_{10}^{\frac{1+\alpha_2}{1+\alpha_1}} < (\alpha_1 \alpha_2 \beta_2^* \hat{\beta}_{1*})^{\frac{1}{1+\alpha_1}}. \tag{6.1.27}$$

于是,

$$r_{10}^{1+\alpha_2} r_{20}^{1+\alpha_1} < \alpha_1 \alpha_2 \beta_1^* \hat{\beta}_{2*}, \quad r_{20}^{1+\alpha_1} r_{10}^{1+\alpha_2} < \alpha_1 \alpha_2 \beta_2^* \hat{\beta}_{1*}. \tag{6.1.28}$$

另一方面,

$$r_{20}^{1-\alpha_1\alpha_2} (\beta_1^*)^{1+\alpha_2} \leqslant \alpha_1 \alpha_2 \beta_1^* \hat{\beta}_{2*}.$$

于是

$$r_{20} \leqslant (\alpha_1 \alpha_2 (\beta_1^*)^{-\alpha_2} \hat{\beta}_{2*})^{\frac{1}{1-\alpha_1\alpha_2}}. \tag{6.1.29}$$

类似地,

$$r_{10} \leqslant (\alpha_1 \alpha_2 (\beta_2^*)^{-\alpha_1} \hat{\beta}_{1*})^{\frac{1}{1-\alpha_1\alpha_2}}. \tag{6.1.30}$$

通过式 (6.1.29) 和式 (6.1.30),

$$r_{10}^{1+\alpha_2} r_{20}^{1+\alpha_1} \leqslant (\alpha_1 \alpha_2 (\beta_2^*)^{-\alpha_1} \hat{\beta}_{1*})^{\frac{1+\alpha_2}{1-\alpha_1\alpha_2}} (\alpha_1 \alpha_2 (\beta_1^*)^{-\alpha_2} \hat{\beta}_{2*})^{\frac{1+\alpha_1}{1-\alpha_1\alpha_2}}.$$

如果选取

$$(\alpha_1 \alpha_2 (\beta_2^*)^{-\alpha_1} \hat{\beta}_{1*})^{\frac{1+\alpha_2}{1-\alpha_1\alpha_2}} (\alpha_1 \alpha_2 (\beta_1^*)^{-\alpha_2} \hat{\beta}_{2*})^{\frac{1+\alpha_1}{1-\alpha_1\alpha_2}} < \alpha_1 \alpha_2 \beta_1^* \hat{\beta}_{2*}, \tag{6.1.31}$$

于是

$$r_{10}^{1+\alpha_2} r_{20}^{1+\alpha_1} < \alpha_1 \alpha_2 \beta_1^* \hat{\beta}_{2*}.$$

事实上,

$$(\alpha_1 \alpha_2)^{\frac{2+\alpha_2+\alpha_1-1}{1-\alpha_1\alpha_2}} \cdot \left(\frac{\hat{\beta}_{1*}}{\beta_1^*}\right)^{\frac{1+\alpha_2}{1-\alpha_1\alpha_2}} \cdot \left(\frac{\hat{\beta}_{2*}}{\beta_2^*}\right)^{\frac{\alpha_1(1+\alpha_2)}{1-\alpha_1\alpha_2}} < 1,$$

因为 $\hat{\beta}_{i*} \leqslant \beta_i^*, i = 1, 2$. 类似地, 我们有 $r_{20}^{1+\alpha_1} r_{10}^{1+\alpha_2} < \alpha_1 \alpha_2 \beta_2^* \hat{\beta}_{1*}$. 于是得到 $r_{10} < R_1, r_{20} < R_2$. 证明完毕.

因为证明方法类似, 我们省去下述定理的证明, 只给出定理.

情形 5　$\gamma_1^* \leqslant 0, \gamma_{2*} < 0 < \gamma_2^*$ $(\gamma_2^* \leqslant 0, \gamma_{1*} < 0 < \gamma_1^*)$

定理 6.1.6　假设 (H_1) 和 (H_2) 成立. 如果 $\gamma_1^* \leqslant 0, \gamma_{2*} < 0 < \gamma_2^*$ 且

$$\gamma_{2*} \geqslant \left(1 - \frac{1}{\alpha_1 \alpha_2}\right) \left[\alpha_1 \alpha_2 \frac{\hat{\beta}_{2*}}{(\beta_1^*)^{\alpha_2}}\right]^{\frac{1}{1 - \alpha_1 \alpha_2}}, \tag{6.1.32}$$

$$\gamma_{1*} \geqslant r_{11} - \hat{\beta}_{1*} \cdot \frac{r_{11}^{\alpha_1 \alpha_2}}{(\beta_2^* + \gamma_2^* r_{11}^{\alpha_2})^{\alpha_1}}, \tag{6.1.33}$$

其中 $0 < r_{11} < +\infty$ 是方程

$$r_1^{1 - \alpha_1 \alpha_2}(\beta_2^* + \gamma_2^* \cdot r_1^{\alpha_2})^{1 + \alpha_1} = \alpha_1 \alpha_2 \beta_2^* \hat{\beta}_{1*} \tag{6.1.34}$$

的唯一正解. 因此 (6.1.1) 存在唯一正解.

定理 6.1.7　假设 (H_1) 且 (H_2) 成立. 如果 $\gamma_2^* \leqslant 0, \gamma_{1*} < 0 < \gamma_1^*$ 且

$$\gamma_{1*} \geqslant \left(1 - \frac{1}{\alpha_1 \alpha_2}\right) \cdot \left[\alpha_1 \alpha_2 \frac{\hat{\beta}_{1*}}{(\beta_2^*)^{\alpha_1}}\right]^{\frac{1}{1 - \alpha_1 \alpha_2}}, \tag{6.1.35}$$

$$\gamma_{2*} \geqslant r_{21} - \hat{\beta}_{2*} \cdot \frac{r_{21}^{\alpha_1 \alpha_2}}{(\beta_1^* + \gamma_1^* r_{21}^{\alpha_1})^{\alpha_2}}, \tag{6.1.36}$$

其中 $0 < r_{21} < +\infty$ 是方程

$$r_2^{1 - \alpha_1 \alpha_2}(\beta_1^* + \gamma_1^* \cdot r_2^{\alpha_1})^{1 + \alpha_2} = \alpha_1 \alpha_2 \beta_1^* \hat{\beta}_{2*}$$

的唯一正解. 因此方程 (6.1.1) 存在唯一正解.

情形 6　$\gamma_{1*} \geqslant 0, \gamma_{2*} < 0 < \gamma_2^*$ $(\gamma_{2*} \geqslant 0, \gamma_{1*} < 0 < \gamma_1^*)$

定理 6.1.8　假设 (H_1) 且 (H_2) 成立. 如果 $\gamma_{1*} \geqslant 0, \gamma_{2*} < 0 < \gamma_2^*$ 且

$$\gamma_{2*} \geqslant r_{22} - \hat{\beta}_{2*} \cdot \frac{r_{22}^{\alpha_1 \alpha_2}}{(\beta_1^* + \gamma_1^* r_{22}^{\alpha_1})^{\alpha_2}}, \tag{6.1.37}$$

其中 $0 < r_{22} < +\infty$ 是方程

$$r_2^{1 - \alpha_1 \alpha_2}(\beta_1^* + \gamma_1^* \cdot r_2^{\alpha_1})^{1 + \alpha_2} = \alpha_1 \alpha_2 \beta_1^* \hat{\beta}_{2*} \tag{6.1.38}$$

的唯一正解. 因此 (6.1.1) 存在唯一正解.

定理 6.1.9　假设 (H_1) 且 (H_2) 成立. 如果 $\gamma_{2*} \geqslant 0, \gamma_{1*} < 0 < \gamma_1^*$ 且

$$\gamma_{1*} \geqslant r_{12} - \hat{\beta}_{1*} \cdot \frac{r_{12}^{\alpha_1 \alpha_2}}{(\beta_2^* + \gamma_2^* r_{12}^{\alpha_2})^{\alpha_1}}, \tag{6.1.39}$$

其中 $0 < r_{12} < +\infty$ 是方程

$$r_1^{1-\alpha_1\alpha_2}(\beta_2^* + \gamma_2^* \cdot r_1^{\alpha_2})^{1+\alpha_1} = \alpha_1\alpha_2\beta_2^*\hat{\beta}_{1*}$$

的唯一正解. 因此 (6.1.1) 存在唯一正解.

结　　论

本书主要研究了奇异半正微分方程与积分方程正解的存在性, 以及奇异微分方程与积分方程多重正解的存在性; 进一步地, 又讨论了方程组的正解存在性, 还给出了具体的例子. 本书借助的主要工具是 Leray-Schauder 二择一原则和锥不动点定理以及 Schauder 不动点定理. 对于 $G(t,s) \geqslant 0$ 的情况下, 不能构造锥, 传统的方法很难研究正解的存在性. 而本书独辟蹊径, 巧妙地给出了弱奇性条件下奇异微分方程周期正解的存在性, 得到了非常漂亮简洁的结果. 同时将微分方程的结果推广到积分方程, 进而推广到二阶奇异耦合积分方程组. 在以往的文献中, 求解耦合方程组的实际例子很难找到, 解决半正问题更是少之又少, 而本书就解决了这类问题. 特别指出的是, 针对弱奇性 $(k, n-k)$ 耦合边值问题, 主要通过构造格林函数并应用 Schauder 不动点定理研究其正解的存在性. 本书系统地研究了脉冲微分方程, 对于二阶脉冲奇异半正定 Dirichlet 系统, 利用上下解方法及非负凹函数的性质得到其一个和多个正解的存在性; 对于一维 p–Laplace 二阶脉冲奇异微分方程, 主要利用 Leray–Schauder. 非线性变换获得存在性原则, 并利用 Arzela–Ascoli 定理证明系统存在多个正解. 对于弱奇性条件下求解一般积分方程组的研究是开放的, 还有待于更进一步的思考和研究.

参 考 文 献

[1] Guo D J, Lakshmikantham V. Nonlinear Problems in Abstract Cones[M]. SanDiego: Academic Press, 1988.

[2] 郭大钧. 非线性算子方程的正解及其对非线性积分方程的应用 [J]. 数学进展, 1984, 13: 294–310.

[3] 郭大钧. 非线性分析中的半序方法 [M]. 济南: 山东科学技术出版社, 2000.

[4] 郭大钧, 孙经先. 非线性积分方程 [M]. 济南: 山东科学技术出版社, 1987.

[5] 郭大钧, 孙经先, 刘兆理. 非线性常微分方程的泛函方法 [M]. 济南: 山东科学技术出版社, 1995.

[6] Deimling K. Nonlinear Functionional Anaylsis[M]. Berlin: Spriniger-Verlag, 1985.

[7] 郭大钧, 孙经先. 抽象空间的微分方程. 2 版 [M]. 济南: 山东科学技术出版社, 2005.

[8] Lakshmikantham V, Leela S. Nonlinear Differential Equations in Abstract Spaces[M]. Oxford: Pergamon, 1981.

[9] 郭大钧. 非线性泛函分析 [M]. 济南: 山东科学技术出版社, 2004.

[10] Guo D J. Lakshmikantham V, Lin X. Nonlinear Integral Equations in Abstract Spaees[M]. Dordrecht: Kluwer Academic Press, 1996.

[11] Deimling K. Ordinary Differential Equations in Banach Spaces. Berlin: Springer, 1977.

[12] 郭大钧, 孙经先. Banach 空间常微分方程理论的若干问题 [J]. 数学进展, 1994, 23(6): 492–503.

[13] O'Regan D. Theory of Singular Boundary Vule Porblems[M]. Singapore: World Scientic Press, 1994.

[14] Massera J L. The existence of periodic solutions of systems of differential equations[J]. Duke.Math.J.,1950, 17: 457–475.

[15] Yoshizawa T. Stability Theory and the Existence of Periodic Solutions and Almost Periodic Solutions[M]. New York: Springer-Verlag, 1975.

[16] Chu J F, Torres P J, Zhang M R. Periodic solutions of second order nonautonomous Singular dynamical systems[J]. J.Differential Equations, 2007, 239: 196–212.

[17] Ding X, Jiang J. Multiple periodic solutions in delayed Gause-type ratiodependent predator-Prey systems with nonmonotonic numerical responses[J]. Mathematical and Computer Modelling, 2008, 47: 1323–1331.

[18] Gaines R E, Mawhin J L. Coincidence Degree and Nonlinear Differntial Equations[J]. Lecture Notes in Math., 1997, 568: 242–260.

[19] Gao H J, Bu C. Almost Periodic Solution for a Model of Tumor Growth[J]. Appl.Math.Comp., 2003, 140: 127–133.

[20] Jiang D Q, Chu J F, Zhang M R. Multiplicity of positive periodic solutions to superlinear repulsive singular equations[J]. Differential Equations, 2005, 211: 282–302.

[21] Jing Z. Periodic solutions of second order differential equations[J]. Kexue Tongbao, 1981, 26(16): 964–967.

[22] Jing Z. On the existence of periodic solutions of the second-order differntial equations[J], Acta Math. Appl. Sinica, 1982, 5(1): 15–18.

[23] Jing Z. On the existence of periodic solutions for second-order nonautonomous differential equations[J]. Acta Math. Appl. Sinica, 1982, 25(4): 403–409.

[24] Lei J, Jbrres P J, Zhang M R. Twist charaeter of the fourth order resonant periodic solotion[J]. Dynam.Differential Equations, 2005, 17: 21–50.

[25] Li Y, Lin Z. A construetive proof of the Poinear-Birkhoff theorem[J]. Tran. Amer. Math. Soc., 1995, 6(347): 2111–2125.

[26] Li Y, Lu X. A Continuation theorems to boundary value problems[J]. J.Math. Anal. Appl., 1995, 190: 32–49.

[27] Shen Z. On the periodic solutions to Newtonian equation of motion[J]. Nonl. Anal., 1989, 13(2): 145–150.

[28] You J G. Quasiperiodic Solutions for a class of quasiperiodieally forced differential equations[J]. Math. Anal. Appl., 1995, 192(3): 855–866.

[29] You J L, Qian D B. Periodic Solutions of forced seceond order equations with the Osillatory time[J]. Diff. Integral. Equ., 1983, 6(4): 793–806.

[30] Zhang M R. Periodic solutions of equations of Emarkov-pinney type[J]. Advanced Nonlinear Stud., 2006, 6: 57–67.

[31] 丁同仁, 李承治. 常微分方程教程 [M]. 北京: 高等教育出版社, 1991.

[32] 丁伟岳. 扭转映射的不动点与常微分方程的周期解 [J]. 数学学报, 1982, 25(2): 227–235.

[33] 张恭庆. 临界点理论及其应用 [M]. 上海: 上海科学技术出版社, 1986.

[34] 张芷芬, 丁同仁等. 微分方程定性理论 [M]. 北京: 科学出版社, 1985.

[35] Bevc V, Palmer J L, Süsskind C. On the design of the transition region of axisymmetric magnetically focusing beam valves[J]. J. British Inst. Radio Engineers, 1958, 18: 696–708.

[36] Ding T R. A boundary value problem for the periodic Brillouin focusing system[J]. Acta Sci. Natur. Univ. Pekinensis, 1965, 11: 31–38.

[37] Zhang M R. Periodic solutions of Liénard equations with singular forces of repulsive type[J]. J. Math. Anal. Appl., 1996, 203: 254–269.

[38] Zhang M R. A relationship between the periodic and the Dirichlet BVPs of singular differential equations[J]. Proc. Royal Soc. Edinburgh, 1998, 128A: 1099–1114.

[39] del Pino M A, Manásevich R F. Infinitely many T-periodic solutions for a problem arising in nonlinear elasticity[J]. J. Differential Equations, 1993, 103: 260–277.

[40] del Pino M A, Manásevich R F, Montero A. T-periodic solutions for some second order differential equations with singularities[J]. Proc. Royal Soc. Edinburgh , 1992, 120A: 231–243.

[41] Lei J, Li X, Yan P, Zhang M R. Twist character of the least amplitude periodic solution of the forced pendulem[J]. SIAM J. Math. Anal.,2003, 35, (4): 844–867

[42] Bonheure D, De Coster C. Forced singular oscillators and the method of lower and upper solutions[J]. Seminaire de Mathematique, Univ. Catholique de Louvain, Rapport320, 2002.

[43] Dong Y. Invariance of homotopy and an extension of a theorem by Habets-Metzen on periodic solutions of Duffing equations[J]. Nonlinear Anal., 2001, 46: 1123–1132.

[44] Fonda A. Periodic solutions of scalar second order differential equations with a singularity[J]. Mém. Classe Sci. Acad. Roy. Belgique, 1993, 68–98.

[45] Habets P, Sanchez L. Periodic solution of some Liénard equations with singularities[J]. Proc. Amer. Math. Soc., 1990, 109: 1135–1144.

[46] Jiang D Q. On the existence of positive solutions to second order periodic BVPs[J]. Acta Math. Sinica New Ser., 1998, 18: 31–35.

[47] Rachunková I, Tvrdý M, Vrkoč I. Existence of nonnegative and nonpositive solutions for second order periodic boundary value problems[J]. J. Differential Equations, 2001, 176: 445–469.

[48] Torres P J. Existence of one-signed periodic solutions of some second-order differential equations via a Krasnoselskii fixed point theorem[J]. J. Differential Equations, 2003, 190: 643–662.

[49] Mawhin J. Topological degree and boundary value problems for nonlinear differential equations[J]// Furi M, Zecca P, et al. Topological Methods for Ordinary Differential Equations Lecture Notes Math., Vol. 1537, pp. 74–142, Springer, New York/Berlin, 1993.

[50] Fonda A, Manásevich R, Zanolin F. Subharmonic solutions for some second order

differential equations with singularities[J]. SIAM J. Math. Anal., 1993, 24: 1294–1311.

[51] 陈传璋, 侯宗仪, 李明忠. 积分方程论及其应用 [M]. 上海: 上海科学技术出版社, 1987.

[52] Kline M. Mathematical thought from ancient to modem times[M]. New York: Oxfrod University Press, 1972.

[53] Kythe P K, Puri P. Computational methods for linear integral equations, Birkhauser Bosten, c/o Springer-Verlag, New York,lnc., 175 Fifth Avenue, New York, USA, 2002.

[54] Lonseth A T. Sources and applications of integral eqautions[J]. SIAM Review, 1977, 19: 241–278.

[55] 沈以淡. 积分方程 [M]. 北京: 北京理工大学出版社, 1989.

[56] 云天全. 积分方程及其在力学中的应用 [M]. 广州: 华南理工大学出版社, 1990.

[57] 张石生. 积分方程 [M]. 重庆: 重庆出版社, 1988.

[58] Hilldert D. Grundzüge either allgemeinen Theorie der linearen Integraigleichungen, Chelsea, 1912(reprint in 1953).

[59] 李信富, 李小凡, 张美根. 地震波数值模拟方法研究综述 [J]. 防灾减灾工程学报, 2007, 27: 241–248.

[60] Agarwal R P, O' Regan D, Wong P J Y. Positive solutions of differential difference and integral equations[M]. London:Kluwer Academic Publishers, 1998.

[61] Adachi S. Non-collision periodic solutions of prescribed energy problem for a class of singular Hamiltonian systems[J]. Topol. Methods Nonlinear Anal., 2005, 25: 275–296.

[62] Ferrario D L, Terracini S. On the existence of collisionless equivariant minimizers for the classical n-body problem[J]. Invent. Math., 2004, 155: 305–362.

[63] Franco D, Webb J R L. Collisionless orbits of singular and nonsingular dynamical systems[J]. Discrete Contin.Dyn.Syst., 2006, 15: 747–757.

[64] Ramos M, Terracini S. Noncollision periodic solutions to some singular dynamical systems with very weak forces[J]. J.Differential Equations, 1995, 118: 121–152.

[65] Schechter M. Periodic non-autonomous second-order dynamical systems[J]. J.Differential Equations, 2006, 223: 290–302.

[66] Zhang S, Zhou Q. Nonplanar and noncollision periodic solutions for N-body problems[J]. Discrete Contin.Dyn.Syst., 2004, 10: 679–685.

[67] Gordon W B. Conservative dynamical systems involving strong forces[J]. Trans.Amer.Math.Soc., 1975, 204: 113–135.

[68] Poincaré H. Sur les solutions périodiques et le priciple de moindre action[J]. C.R.Math.Acad.Sci.Paris, 1896, 22: 915–918.

[69] Yan P, Zhang M. Higher order nonresonance for differential equations with singularities[J]. Math.Methods Appl.Sci., 2003, 26: 1067–1074.

[70] De Coster D, Habets P. Upper and lower solutions in the theory of ODE boundary value problems: Classicaland recent results[J]// Zanolin F et al. Nonlinear Analysis and Boundary Value Problems for Ordinary Differential Equations. 1–78, CISM-ICMS 371, New York: Springer-Verlag, 1996.

[71] O'Regan D. Existence Theory for Nonlinear Ordinary Differential Equations[M]. Dordrecht: Kluwer Academic, 1997.

[72] Lazer A C, Solimini S. On periodic solutions of nonlinear differential equations with singularities[J]. Proc. Amer.Math.Soc., 198, 99(7): 109–114.

[73] Gordon W B. A minimizing property of Keplerian orbits[J]. Amer.J.Math., 1977, 99: 961–971.

[74] Bonheure D, Fabry C, Smets D. Periodic solutions of forced isochronous oscillators at resonance[J]. Discrete Contin.Dyn.Syst., 2002, 8(4): 907–930.

[75] Habets P, Sanchez L. Periodic solutions of some Liénard equations with singularities[J]. Proc.Amer.Math.Soc., 1990, 109: 1135–1144.

[76] Jiang D Q, Chu J F, Zhang M R. Multiplicity of positive periodic solutions to superlinear repulsive singular equations[J]. J.Differential Equations, 2005, 211(2): 282–302.

[77] del Pino M, Manásevich R, Murua A. On the number of 2π-periodic solutions for $u'' + g(u) = s(1 + h(t))$ using the Poincaré-Birkhoff theorem[J]. J. Differential Equations, 1992, 95: 240–258.

[78] Torres P J. Bounded solutions in singular equations of repulsive type[J]. Nonlinear Anal., 1998, 32: 117–125.

[79] Torres P J, Zhang M. Twist periodic solutions of repulsive singular equations[J]. Nonlinear Anal., 2004, 56: 591–599.

[80] Zhang M R. A relationship between the periodic and the Dirichlet BVPs of singular differential equations[J]. Proc. Roy.Soc. Edinburgh Sect. A, 1998, 128: 1099–1114.

[81] Torres P J. Weak singularities may help periodic solutions to exist[J].J. Differential Equations, 2007, 232(1): 277–284.

[82] Erbe L H, Mathsen R M. Positive solutions for singular nonlinear boundary value problems[J]. Nonlinear Anal., 2001, 46: 979–986.

[83] Erbe L H, Wang H. On the existence of positive solutions of ordinary differential equations[J]. Proc. Amer. Math. Soc., 1994, 120: 743–748.

[84] Torres P J, Zhang M. A monotone iterative scheme for a nonlinear second order equation based on a generalized anti-maximum principle[J].Math. Nachr.,2003,251: 101–107.

[85] Jiang D Q, Chu J F, Donal O' Regan, Agarwal R P. Multiple positive solutions to superlinear periodic boundary value problems with repulsive singular forces[J]. J. Math. Anal. Appl., 2003, 286: 563–576.

[86] Agrawal R P, O'Regan D, Wong P J Y. Eigenvalues of a System of Fredholm Integral Equations[J]. Mathematical and Computer Modelling, 2004, 39: 1113–1150.

[87] Agrawal R P, O'Regan D. Existence of Solutions to Singular Integral Equations[J]. Computers and Mathematics with Applications, 1999, 37: 25–29.

[88] Agrawal R P, O'Regan D. Singular Volterra Integral Equations[J]. Applied Mathematics Letters, 2000, 13: 115–120.

[89] O'Regan D. A Fixed Point Theorem for Condensing Operators and Applications to Hammerstein Integral Equations in Banach Spaces[J]. Computers Math. Appl., 1995, 30(9): 39–49.

[90] Meehan M, O'Regan D. Existence Principles for Nonlinear Resonant Operator and Integral Equations[J]. Computers Math. Applic., 1998, 36 (8): 41–52.

[91] Meehan M, O'Regan D. Existence Principles for Nonresonant Operator and Integral Equations[J]. Computers Math. Applic., 1998, 35(9): 79–87.

[92] O'Regan D, Meehan D. Periodic and almost periodic solutions of integral equations[J]. Applied Mathematics and Computation, 1999, 105: 121–136.

[93] Agarwal R P, O'Regan D. Existence Results for Singular Integral Equations of Fredholm Type[J]. Applied Mathematics Letters, 2000, 13: 27–34.

[94] Chu J F, Torres P J. Applications of schauder's fixed point theorem to singular differential equations[J]. Bull.London Math.Soc., 2007, 39: 653–660.

[95] Jiang D Q, Liu H Z, Xu X J. Nonresonant singular fourth-order boundary value problems[J]. Appl.Math.Letters, 2005, 18: 69–75.

[96] Lin X N, Jiang D Q. Existence and uniqueness of solutions for singular $(k, n - k)$ conjugate boundary value problems[J]. Comput.Math.Appl., 2006, 52: 375–382.

[97] Agarwal R P, O'egan D. Multiplicity results for singular conjugate, focal and (n, p) problems[J]. J. Differential Equations, 2001, 170: 142–156.

[98] Eloe P W, Henderson J. Singular nonlinear $(k, n - k)$ conjugate boundary value problems[J]. J. Differential Equations, 1997, 133: 136–151.

[99] Jiang D Q. Multiple positive solutions to singular boundary value problems for super linear higher order ODEs[J]. Comput. Math. Appl., 2000, 40: 249–259.

[100] Mengseng L. On a fourth order eiqenvalue problem[J]. Adv. Math., 2000, 29: 91–93.

[101] Agarwal R P, O'egan D. Singular differential, integral and discrete equations: The semipositone case[J]. Mosc. Math. J., 2002, 2: 1–5.

[102] Agarwal R P, Grace S R, O'egan D. Discrete semipositone higher order equations[J]. Comput. Math. Appl., 2003, 45: 1171–1179.

[103] Agarwal R P, Grace S R, O'egan D. Existence of positive solutions to semipositone Fredholm integral equations[J]. Funkcial. Ekvac., 2002, 45: 223–235.

[104] Agarwal R P, O'Regan D. Existence theorem for single and multiple solutions to singular positone boundary value problems[J]. Jour. Differential Equations, 2001, 175: 393–414.

[105] Zu L, Jiang D Q. O'Regan D. Existence theory for multiple solutions to semiposi-tone Dirichlet boundary value problems with singular dependent nonlinearities for second-order impulsive differential equations[J]. Applied Mathematics and Computa-tion. 2008, 195: 240–255.

[106] Lee E L, Lee Y H. Multiple positive solutions of singular two point boundary value problems for second order impulsive differential equations[J]. Appl. Math. Compute, 2004, 158: 745–759.

[107] Jiang D Q, Xu X, Multiple positive solutions to semipositone Dirichlet boundary value problem with singular dependent nonlinearities[J]. Fasc. Math., 2004, 34: 25–37.

[108] Agarwal R P, O'Regan D. Semipositone Dirichlet boundary value problem with sin-gular dependent nonlinearities[J]. Houston. J. Math., 2004, 30: 297–308.

[109] Guo D. The order methods in nonlinear analysis[M]. Jinan: Shandong Technical and Science Press, 2005.

[110] Zu L, Lin X N, Jiang D Q. Existence Theory for Single and Multiple Solutions to Sin-gular Boundary Value Problems for Second Order Impulsive Differential Equations[J]. Topological Methods in Nonlinear Analysis, 2007, 30: 171–191

[111] Jiang D Q, Xu X J. Multiple Positive Solutions to a Class of Singular Boundary Value Problems for the One-dimensional p-laplacian[J]. Computers and Mathematics with Applications, 2004, 47: 667–681

[112] Cabada A, Tomecek J. Extremal Solution for Nonlinear Functional ϕ-Laplacian Im-pulsive Equations[J]. Nonlinear Analysis, 2007, 62: 827–841.

[113] Wang J Y, Gao W J, Lin Z H. Boundary Value Problems for General Second Order Equation and Similarity Solutions to the Rayleigh Promblem[J]. Tohoku Math. J., 1995, 47: 327–344.

[114] Hristova S G, Bainov D D. Monotone-iterative Techniques of V. Lakshmikantham for a Boundary value Problem for Systems of Impulsive Differential-difference Equations[J]. J. Math. Anal. Appl., 1996, 1997: 1–13.

[115] Wei Z. Periodic Boundary Value Problems for Second Order Impulsive Integrodifferential Equations of Mixed Type in Banach Spaces[J]. J. Math. Anal. Appl., 1995, 195: 214–229.

[116] Lakshmik ntham V, Bainov D D, Simeonov P S. Theory of Impulsive Differential Equations[M]. Singapore: J. World Scientific, 1989.

[117] Agarwal R P, O'Regan D, Multiple Nonnegative Solutions for Second Order Impulsive Differential Equations[J]. Appl. Math. Comput., 2000, 114: 51–59.

[118] 郭大钧, 等. 非线性常微分方程泛函方法. 济南: 山东科学技术出版社, 2005.